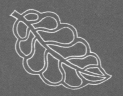

江　南　　　　　理景艺术

庭院理景

园林理景

村落理景

邑郊理景

沿江理景

名山理景

景观建筑

江南

理景艺术

潘谷西　等　著

中国建筑工业出版社

前

言

我是从空间艺术的视角进入"园林"研究再进入"理景"研究的。

1953年我参加了刘敦桢先生领导的苏州园林科研队列，当我第一次去拙政园、留园、狮子林时，并没有感觉它们有多美，相反觉得繁琐、拥挤。后来分工承担"园林布局"的专项研究，接着写了两篇关于园林布局和观赏路线的文章分别发表于《南工学报》及《建筑学报》，这才开始真正领略到中国传统园林的精妙之处。由于我学的是建筑学专业，接受的是西方现代建筑的熏陶，所以刚接触苏州古典园林时，在审美感情上是错位的，直到对它进行了较深入的体察和分析，才发现代建筑所推崇的空间理论，在苏州园林中有它独特的、精湛的表现。这是一种纯粹的东方式的空间艺术品质，例如园林布局中的巧于因借、旷奥相济、小中见大、欲扬先抑、明暗相衬、塑造意境等，都体现出深厚的传统中国文化的积淀和阐发。

20世纪60年代，我把研究视线延伸到城郊风景点，发现了一批品位极高的佳例，例如苏州天平山云泉晶舍、南通狼山准提庵（葵竹山房）、杭州西湖西泠印社等，前二者是僧侣所建，后者则是清末一批金石书画艺术家的杰作。在这些作品中，他们把建筑与环境有机地结合在一起，巧妙利用地形，精心组织空间，采用适宜的建筑形式，没有繁琐堆砌，没有矫揉造作，一切显得那么朴素、真实，和私家园林相比，别有一番意趣。20世纪70年代我又考察了绍兴郊外的东湖、柯岩、石佛寺、吼山几处由历代开山采石形成的景点，深深为古人在向自然索取时不忘为后人留下一个个美景而折服、赞叹，虽然那时还没有"系统工程"和"可持续发展"的理念，可是他们的行为比那些只顾眼前利益而肆无忌惮掠夺自然资源、破坏人类自身生存环境的现代人，不知要高明多少倍。

20世纪80年代的皖南考察则使我惊异于徽州山乡村落对环境景观建设所取得的成就以及他们所表现出来的艺术水平。例如歙县的唐模、棠樾、雄村、许村，黟县的宏村、南屏、西递等，都有自己独特而优美的村头文化中心或"水口"理景，这些景点有山环水绕的美好环境，有反映宗教信仰、宗族文化、耕读传统、风水观念的多项设施，集中反映着村民的生活理想与文化追求，它们所共有的疏朗、淳朴、幽静、闲适的氛围以及山乡田园风光，则又是城郊风景点所不具备的。

至此，我对中国传统景观建设的范畴、特色、成就有了进一步的体验与理解，并由此走出"园林"的局限，进入到"理景"的层面来构想本书的框架，形成从庭院到名山六个理景组成部分的总体结构。

本书书稿的完成经历了一个漫长的过程。

始于 1962 年的研究本打算和刘先觉教授合作出版一套《江南园林图录》，把历年测绘实习的成果公诸于世。可是 1964 年的"设计革命运动"和随之而来的"文化大革命"彻底冲垮了我们的计划。相隔十余年后，才得收拾残局，由学校自印发行了一册《江南园林图录·庭院》。20 世纪 80 年代中期，我以博士点基金为支撑，开始了"江南理景艺术"课题研究，在陈薇、殷永达、成玉宁、陆檬诸君的支持参与下，陆续完成了各章的撰写，并补充测绘各地实例和拍摄照片。拖延了很长时间的项目终于有了一个较为满意的结果。

本书所用 300 余幅测绘图，其巨大的工作量都是由东南大学建筑系的老师和研究生、本科生完成的，为了对他们的辛勤劳动表示感谢和永志于书，谨将历次测绘记录载于本书的后记之中。

本书编写过程中曾得到江苏省文管会、浙江省文物考古研究所和各文保单位的支持与帮助；浙江大学丁承朴教授则以普陀山、天台山的照片相助。对此均表诚挚谢意。

潘谷西

2001 年 3 月

目录

第 5 章　沿江理景

绪论 从"园林"到"理景"

使用"理景"一词的目的是想对景观建筑学的内容作更本质的概括，进而能更全面和更深刻地加以把握与探求。20世纪五六十年代，人们用"园林"一词来代表景观建筑学范畴的全部内容（包括城市绿化和各种公园），这种泛园林化的倾向，不免带来某些概念上的含混。随着风景名胜区工作的开展，后来又有了"风景园林"这样一个复合名词，意在把风景区、城市绿化和各种公园都包括进去。其实，不管园林也好，风景名胜区也好，中心内容乃是一个"景"字。无景不成其为园林，无景也不成其为风景区（点），景是它们的灵魂。也就是说，两者都以求得自然美的享受为其主旨，只是它们的营造方式不同：园林之景以人工建造为主，而自然山水风景不能人造，只能以开发、利用为主。当然，这种营造方式上的区别也不是截然分开的，造园中也有如何充分开发利用原有天然景物的问题，而风景点、风景区也有如何进行人为加工以改善景观的问题，二者互有交叉渗透。所以我们不妨将这两种景域的加工处理以"理景"二字概括之——"理"者，治理也。理的方法可有不同：或者是"造"，如造园、造盆景；或者是"就"，依山就水，巧妙布置，使山水之美得到充分发挥和利用，如风景点、风景区。

我国传统的"理景"可以按其规模与特点分为四个层次：庭景、园林、风景点和风景名胜区。

0.1 庭景

庭景是指在建筑物的外部附属空间——庭院中凿池、置石、莳花、种树，人为地创造少而精的自然景色。庭景都是依附于其建筑物的，不具有对外单独使用的功能。由于它和人们的日常起居生活结合紧密，因此无论过去、现在、将来都是人们追求自然意趣的良好形式，具有很大的实用价值和现实意义。过去，我们把庭景和园林混在一起统称"园林"，造成了概念上的混淆。

0.2 园林

园林是指围入一定范围之内的、可独立使用的自然景观区域。童寯先生在《江南园林志》中所说的一段话很有趣味：

“园之布局，虽变幻无尽，而其最简单需要，实全含于‘園’字之内。今将‘園’字图解之：‘口’者围墙也。‘土’者形似屋宇平面，可代表亭榭。‘口’字居中为池。‘𧘇’在前似石似树。”

园林和庭景的不同之处在于前者可独立使用，即使一二百平方米的小园，也有单独的门可供出入；而庭景则完全从属于厅堂斋馆一类的建筑物，没有自身的独立性。虽然有些庭景也冠以园名，如“芥舟园”、“壶园”之类，但这是文人的浪漫之笔，其性质如同以石峰象征山岳一样，都是一种艺术夸张，而非真实。从规模上看，园林大都比庭院大，但也不是绝对的，例如苏州的“残粒园”，面积仅 140 平方米，比留园冠云峰庭院小得多，但有门可单独出入，仍不失为一座真正的“园”。

0.3 风景点

风景点是指利用城邑郊外或市区依托某一佳山好水形成的游览胜地。一般都有亭阁、寺观等建筑。虽然这些风景的规模并不很大，但都是向所有的人开放，具有公开性和公共性，不同于私家园林和皇家园林。像南京的鸡鸣寺，无锡的锡山和惠山，杭州的西湖等。

0.4 风景名胜区

这是规模较大的、由众多风景点组成的区域性景观，自然景观和人文景观资源都较丰富。如扬州瘦西湖—蜀岗风景名胜区，九华山、普陀山等佛教名山风景区等。

以上四种景观都有或多或少、或简或繁的使用要求，是人们活动于其中的一种生存环境：庭景的游息功能较简单，但它和人们的日常生活紧密结合，使用价值很高；园林除游息外，还有居住、待客、宴饮等生活内容；风景点有众多公共活动容纳于其中；风景名胜区就更复杂，有内外交通及公众食宿问题等等。也就是说，随着规模的扩大，内容也多样而复杂起来。这种情况和建筑很相似，只是建筑的功能更为复杂而密集，所用的材料和设备也更加多样。

除了上述四者之外，盆景也属于理景艺术。但盆景没有空间环境可供人们使用，是只供观赏的纯艺术品，而其他四种理景的艺术性是和实用性紧密地结合在一起的，既是人类社会的精神产品，又是物质财富。正如建筑既属物质，又是一种艺术一样，具有双重性质。不过风景作为一种自然资源，有其不可再生的属性（如天然地形地貌），和建筑的纯产品性质（即全由人工建造而成的）还是有某些根本性的区别。

　　纵观历史上对理景的认识大致可分为三个阶段：第一是实用为主的阶段。即利用自然环境作为畋猎、渔樵、林果、游娱的场所，对自然美的欣赏不占主导地位，这个时期在我国相当于汉代以前。第二是美学价值认知阶段。由于人们对现实社会的种种厌恶，在返璞归真、回归自然思想的指导下，开展对自然美的发掘、讴歌、创造：表之于文字，则为山水、田园诗文；表之于绘画，则为山水画；表之于实际生活，则为山居岩楼、隐逸江湖，或在宅旁人为地创造山水景观，或在邑郊因借山水，增建亭阁、种植花木，建设游览胜地。这个时期是从两晋南北朝开始一直延续到近代。第三是生态意义的认知阶段。风景园林除了上述两阶段的实用与美学价值外，还提高到改善全人类居住环境和生态条件的层面上来认识，这是由于到了工业化与后工业化时期，人类生存环境受到严重污染与破坏而陷于极大的危机之中。生态环境已成为全球关注的重大问题。因此，作为在生态平衡中占有重要地位的风景园林，其意义已远远超出了传统的美学意义和旅游资源价值，而对整个社会的可持续发展，进而对子孙后代的生存条件都起着不容忽视的作用。

　　江南地区山川秀丽，气候温润，景观建设的自然条件极为优越，自古以来，经济文化较为发达，理景艺术历史悠久。早在春秋时期，就有吴、越、楚诸国苑园、离宫的兴建：吴有阖闾的长洲苑、姑苏台；越有勾践"五台之游"的众多台榭；楚有章华台、乾溪台等离宫。从《楚辞》有关篇章中可以感知，楚国宫中也是"川谷径复，层台累榭"，水流潺湲，花木交映，一派优美的园林景象。六朝时期，中国政治、文化中心南移，江南地区出现了理景活动的高潮，皇室、豪族麇集之地，理景活动尤其活跃。如建康城内外，遍布天子与公卿的苑园和离宫别馆，而"南朝四百八十寺，多少楼台烟雨中"，正是唐人对建康佛寺兴盛的写照。会稽（今绍兴）也是豪族、名士聚居之处，山居别墅、风景游息地的开发也有很大发展，其中最著名的是谢灵运的东山别业和王羲之等名士的雅集地——兰亭。唐宋以后，江南地区由于经济文化高度发展，景观建设水平极高，成为我国理景艺术最具代表性的地区之一。

　　在江南理景的各个品类中，除了人们熟知的私家园林之外，下列几方面尤其值得引起我们的注意。

　　邑郊景点：大致在唐宋时期已十分发达，著名的如杭州西湖，绍兴兰亭，苏州虎丘、石湖，无锡惠山，扬州的平山堂等。到了明清更加兴盛，如扬州的瘦西湖、嘉兴的南湖、南通的狼山、苏州的天平山等。这些风景点，都靠近城市，可朝往而夕返，便于市民游览，内容也很丰富，既有宗教的朝拜，又有节日的热闹游娱，再加上优美的自然风光，实际上起到了城市郊区公园的作用。

村落景点：主要是在经济、文化发达地区，如皖南的徽州、苏南的苏州、浙东的楠溪江等地。这些地区人多地狭，多经商者与为官者。巨富商官着意修饰本乡本村，兴建道路、桥梁、书院、牌坊、祠堂、路亭，修造风水林、风水楼阁塔宇，力图使故土的环境达到完善、优美的境界，因而造就了一大批村头文化中心。其性质和上述邑郊景点相似，只是规模较小，内容稍简，可谓具体而微。在艺术风格上则别具一番纯朴、敦厚的乡土气息。

沿江景点：对自然美的追求，使骚人墨客在旅途也不放过游览的机会。于是沿交通热线的风景点也发展起来，如长江沿岸有樊楚三山、石钟山、小孤山、天门山、金山、焦山、狼山以及龙蟠矶、道士洑矶、东坡赤壁、采石矶、燕子矶等一连串的著名景点出现。沿富春江有富阳鹳山、桐庐桐君山、严子陵钓台、建德双塔、新安江歙县太白楼等。沿江城市为了临眺江景和标志本城，往往在江边建造高耸的楼阁成为著名胜景，如宜昌、九江、安庆、南京、镇江等，莫不如此，其中最著名的是武昌黄鹤楼、岳阳岳阳楼、南昌滕王阁，号称江南三大名楼。

名山风景区：历朝的山川祀典使五岳五镇处于被特殊关注的地位而闻名于世，江南有南岳（天柱山、衡山）、南镇（浙江会稽山）之胜，而宗教活动的兴盛又使远处深山的佛教道场和道教洞天福地不断开发，成为广大人民游览胜地。明清时佛教四大名山中的九华山（地藏菩萨道场）和普陀山（观音菩萨道场）都在江南地区，还有齐云山、龙虎山、茅山、武当山等道教胜地。这些名山都已成为风景名胜、历史文化遗存丰富的著名游览区。

我国对于传统理景艺术的研究，长期以来局限于皇家园林和私家园林，近年又出现了对寺庙园林的探讨。但是，这三者还是远远涵盖不了我国丰富的理景艺术内涵与成就。就园林而言，除了以上三种园之外，唐宋以降还出现了大量在官衙中建造的"郡圃"，一般的书院、驿馆也都建有园林或庭景，这些园林和庭景都具有公共性质，不同于私家园林之仅供少数家庭成员使用。更重要的是，在这些园林之外，还存在着众多可朝至夕归的邑郊风景点，质朴而富有生活气息的村落景点，佛教、道教的名山风景旅游胜地以及沿长江、富春江等的沿江景点。这样历史悠久而范围广阔的风景名胜建设，在世界上是独一无二的，我们没有理由予以忽视。因此，局限于园林，尤其局限于皇家园林、私家园林和寺庙园林的研究还不能全面反映我国在景观建设方面的历史成就。

关于"寺庙园林",是指寺观中的园林而言。但是,现在很多情况下被指为"寺庙园林"的往往不是园林,而是布置得具有园林气息的寺庙。例如一些山区的佛寺,由于地形关系,采取不对称的自由布局,依山就势,一路设置山门、天王殿、观音殿、大殿、罗汉堂、藏经楼、斋堂、僧房等建筑,其间有天然的山丘、溪流、奇峰、异石、修竹、乔木穿插交错,鸟语花香,极富自然之趣,真可谓不是园林,胜似园林。但是,这种格局仍是按寺观的要求来布置,而不是按园林布置的,其本质是寺观而不是园林,我们不妨称之为"山水寺观"或"园林化寺观",还不能称之为园林。举例来说,四川乐山的乌尤寺,确是利用地形布置建筑群的优秀实例,但它的布局完全是按佛寺的要求展开:山门—休息亭—普门殿—天王殿—弥勒佛—弥勒殿—大雄宝殿—藏经楼—罗汉堂。即使是沿山崖而建的旷怡亭、尔雅台、听涛轩、山亭等景观建筑也只是利用地势之优越,作为因借山水风景的观赏点,而并非作为"园林"来规划建设的。四川青城山的常道观,安徽齐云山的太素宫等道观也大致如此。北京的潭柘寺更是布局规整的佛寺,显而易见,不能入园林之列。当然,也有些佛寺和道观确实设有园林,这些园林可称之为"寺观园林",如苏州西园寺(明戒幢律寺)的西园和昆明太华寺的西院、北京白云观的后院等,这些园林和寺观本身紧密相连,但仍有一定的区别,它们不是寺本身,而只是寺观的一个局部。

这里再谈谈"郡圃"的情况。

"郡圃"就是在州县衙后堂设置山池林木以为官吏宴集、待客及游观之所,也就是衙署园林。早在南齐时,吴兴郡衙后堂就有人工开凿的山池,吸引了隐士沈麟士前往欣赏。据《南史·沈麟士传》记载:"征北(将军)张永为吴兴(太守),请麟士入郡。麟士闻郡后堂有好山水,即戴安道游吴兴因古墓为山池也,欲一观之,乃住停数月。"利用古墓为假山,再开凿水池而成好山水,确是妙想。到隋唐间,郡圃开始多起来,现存的山西绛县"绛守居园池"就是创建于隋代的郡圃。唐代虢州刺史官邸的郡圃,韩愈曾有诗 21 首咏其事。据韩愈《奉和虢州刘给事使君三堂新题二十一咏》序言称:"虢州刺史宅连水池竹林,往往为亭台岛渚,目其处为三堂(按:古代官衙有大堂、二堂、三堂,三堂即后堂,亦称退思堂,是日常理事之处)。刘兄自给事中出刺此州,在任逾岁,职修人治,州中称无事,颇复增修,从子弟而游其间。又作二十一诗以咏其事,流行于京师,文士争和之。予与刘善,故亦同作。"韩愈的 21 首诗描绘了当时虢州郡圃的大致景色,其中有北湖、月池、竹林、流水、孤屿、花岛、渚亭、柳巷、稻畦、荷池、方桥、梯桥、月台、镜潭、北楼诸胜,规模相当宏伟开阔。诗人白居易每到一处任官,也爱在官署内开池、种树。到了宋代,在州县署内设守居园池已成一时风尚,甚至一些僻远的州县也有后园池亭,供官吏休娱宴集之用。南宋时平江府地处军事、经济要冲,郡圃更发达,除了府衙有郡圃外，苏州、长洲县以及府属的几个机构如司户厅、提举司、提刑司也都有后园。作为官办的贵宾招待所"姑苏馆"的园林则更大，包含了整个城西百花洲。建康府在南宋也是一个上府和重镇，它的郡圃在衙署东侧，规模很可观，包括了青溪的一段水面在内，亭阁花石极盛。真州（今江苏仪征市）是宋代江淮两浙荆湖发运使的驻地，设有规模达六七万平方米的园林，称为"东园"。宋代郡圃由于都由官办，规模都比较大，又因衙署内有众多吏属及宾客宴集活动，故楼堂斋馆等建筑数量也较多，具有显著的公共活动性质。可惜这类郡圃，随着历代衙署的不断被改造，至今未发现较为完整的遗例。

几年前，一位美国耶鲁大学的教授问我：现在海外学界有一种较为普遍的说法，中国的住宅受儒家思想支配，而园林是受道家思想影响，你对这种说法怎么看？我说这种说法有一定道理，但不完整。中国园林受道家思想影响，同时也受儒家思想影响，因为在中国古代社会，儒道是互补的。秦亡以后，道家思想曾两度在汉初及六朝占主导地位，而其他时间则大体上是儒家思想占主导地位。而且，即使一家占上风时，另一家仍在社会上流行。一般士大夫也往往兼修儒、道二学（加上佛学则是三学）。所以，在观察园林的指导思想时不能把两者机械地分割开来。更重要的是，道家崇尚回归自然，儒家也强调亲和自然，孔子的名言"知者乐水，仁者乐山"，被历代士人奉为至理，常以之作为论析风景的理论依据。二者在对待自然的态度上并无根本冲突，因此都能对发展山水园林起到推动作用。只是由于儒家着重研究经世之术，而作为个人生活环境要素的园林，却是六朝时期在道家阐发个体精神的思想影响下得以发展、升华为一种真正的艺术品类的。从这一点上说，此时的道家思想对中国园林的发展起了巨大的推动作用。但是"知者乐水，仁者乐山"是"圣人"之教，后人谁不对之尊崇有加？因而同样推动着隋唐以后士大夫们对自然山水的倾心领略与对园林的建造。没有这种推动，唐宋明清各代园林和风景名胜的繁荣是不可想象的。这是一个十分复杂的过程，需由一部园林史来作出全面回答，下面只是一个简单的历史回顾：

汉武帝罢黜百家，独尊儒术之后，儒家被奉为正统思想。但两汉的儒学已不是孔、孟儒学，而是经过改造的、渗入了谶纬迷信的儒学，经学则已流于繁琐考证和荒诞说教而走向穷途末路。汉末至六朝，中国经历了最混乱、最痛苦的时代，儒家的独尊地位也在社会大动乱中被冲垮，自由思想得到发挥，原来处于"在野"状态的道家思想重新受到士人的青睐。随着玄学和清谈的兴起，"三玄"（《老子》、《庄子》、《易经》）成了当时的热门学问，儒学相对受到冷落。通过"名教"与"自然"等问题的争论，一方面唤起了人们对个性追求的觉醒，同时也激发了倾心自然山水的热情，进而滋润、孕育了纯粹的、有独立意义的山水审美意识。虽然在先秦的诗赋中也描述山水，但那是作为兴、比的手段和背景材料出现的，它们并不具有独立的、自成一体的欣赏价值。只有到了六朝，这种独立的、自成一体的山水审美对象才广泛出现在诗赋之中。这时人们对山水的认知已从物欲享受和兴、比手段进入到"畅神"的精神享受阶段。王羲之的"寄畅山水"①，谢安的"寄傲林丘"②，都是把自身的精神追求和山水融合在一起，这已经不是一般意义上的亲和山水，而是抛弃一切功利要求而全身心地投入山水，把山水视为至善至美。这种对山水的执着追求，终于成就了中国特有的山水审美心态以及它的外化成果——山水诗文、山水画、山水园林艺术的诞生。

隋代统一中国，结束了 300 年分裂局面。唐代则在此基础上发展并达到古代社会的鼎盛时期。由于科举制度的实行，儒学的正统地位又得以恢复。仕官一途，也成了儒家的专利，儒学再度盛行。虽然道、佛也常常受到朝廷提倡，但远不如儒家实际地位之巩固。一般士人也是儒、道、佛兼收并蓄，"三教"合流的倾向明显。当士人积极进取、仕途得意之时，儒家济世治国的思想占支配地位；而失意消极之时，则往往以道、佛思想作为避风港和护身符。而作为儒者，不仕而退，也要像颜回那样，一箪食，一瓢饮，居陋巷，乐而不改其志。所以司马光被黜后，在洛阳建"独乐园"，是以颜回来自勉。朱长文在苏州筑"乐圃"，也是这个寓意，他在《乐圃记》中说："用于世，则尧吾君，虞我民，其膏泽流乎天下。苟不用于世，则或渔或筑，或农或圃，劳乃形，逸乃心，穷通虽殊，其乐一也。故不以轩冕肆其欲，不以山林丧其志"。在儒者看来，造园也是一种修身养性之举。苏东坡在评论灵璧张氏园林时说得更清楚："使其子孙开门而仕，跬步市朝之上；闭门而隐，则俯仰山林之下，於以养生治性，行义求志，无适而不可"（《灵璧张氏园亭记》）。作为儒者，在家隐居治园是一种养生治性、行义求志之举，和做官的道理是一致的。其实这是"身在江湖，情驰魏阙"的隐晦表述，因为儒者的志向在于治国平天下，居于山林江湖，那是不得已而为之。所以儒者造园的指导思想仍是入世的，和道家的出世思想有所不同。这也就是为什么唐宋以后的园林趋于世俗化，园中充满居住、待客、宴乐、听戏、读书、课子等世俗生活内容，并且形成和禅味甚浓的日本庭园迥然有异的造园风格，其根本原因就在于此。

注释

①王羲之诗："取欢仁智乐，寄畅山水阴。清泠涧下濑，历落松竹林。"
②谢安诗："伊昔先子，有怀春游。契兹言执，寄傲林丘。"

第1章 庭院理景

1.1 我国庭院理景的演进

庭院是建筑的外部空间，其作用为室内活动的外延与补充。无论古今中外，凡建筑有室外附属空间，必然带来庭院布置问题，而庭院一旦要求具备观赏价值，则庭院理景由此产生。所以今天研究传统的庭院理景，仍有其普遍的现实意义。

庭院式建筑组合是我国传统建筑的基本群体组合方式。早期的庭院多着眼于实用。如"公庭万舞"（《诗经》）、"八佾舞于庭"（《论语》），说的是天子朝堂前院常作为歌舞场所来使用。而从《礼记·明堂》的记述可知，庭院也是诸侯朝见天子的重要场所。到汉代，已有在庭院内开池供游观的例子。山东诸城出土的汉墓画像石上就表示了一所豪门住宅在二门内凿有水池，池中还有人泛舟。在庭院内植树作点缀，在当时已不是个别现象。魏晋南北朝时期，随着对自然美深入发掘，庭院中栽竹、植松、种梅供朝夕观赏的例子日益增多。如东晋王徽之"寄居空宅中，便令栽竹。或问其故，啸咏指竹曰：'何可一日无此君耶？'"（《晋书·王徽之传》）。南朝著名学者陶弘景隐居茅山，特爱松风，筑三层楼居之，庭院皆植松，每闻其响，欣然为乐（《南史·陶弘景传》）。庭中种梅的例子更多，如南朝宋时诗人鲍照《梅花落》诗有句曰：

中庭杂树多，偏为梅咨嗟。

萧梁时庾肩吾诗有句咏梅曰：

窗梅朝始发，庭雪晚初消。

鲍泉《咏梅花》诗有句曰：

可怜阶下梅，飘落逐风回。

陈苏子卿《梅花落》诗有句曰：

中庭一树梅，寒多叶未开。

梅花在庭院中的地位非常突出，而以奇石装点庭院的最早例子是梁武帝的大臣之宅：

"溉第居近淮水（即建康城内秦淮河），斋前山池有奇礓石，长一丈六尺，（梁武）帝戏与之赌，并《礼记》一部，溉并输焉……石即迎置华林园宴殿前。移石之日，倾城纵观，所谓'到公石'也"（《南史·到溉传》）。这里说的奇礓石"长一丈六尺"，应是石笋一类的含石砾的长条石，按当时 1 尺 = 0.245 米折算，总高约 4 米。江南园林用石笋为饰，到溉实开其端。

唐宋时期对自然美的品味更深，园林小型化受到关注，庭院理景也随之更受重视，在庭院内挖池、堆山、置石、种花木、建亭榭的活动日益普遍。

首先，在自己庭院里挖小池的做法大受人们的青睐，吟咏小池的诗文也多起来。在这方面首倡其风的倒是唐太宗李世民。他有一篇《小池赋》，是为许敬宗家的小池写的：

> 引泾渭之余润，萦咫尺之方塘。
> 竹分丛而合响，草异色而同芳。
> ……
> 牵狭镜兮数寻，泛芥舟而已沉。
> 虽有惭于溟渤，亦足莹乎心神。

——《全唐文》卷八

凿咫尺小池的目的是以池为镜，以芥为舟，在小中寓大，从池边兰竹、宿鸟及池中菱莲、游鳞、彩霞、明月得到的乐趣，虽不及溟渤大海，也足以陶冶心神。唐代方干的《于秀才小池》诗，也同样描述了凿小池的意趣：

> 一泓潋滟覆澄明，半日功夫剧小庭。
> 占地无过四五尺，浸天应入两三星。
> 鹢舟草际浮霜叶，渔火沙边驻水萤。
> 才见规模识方寸，知君立意在沧溟。

在四五尺方圆的水池里，把浮在水面的红叶当作船只，把水边的驻萤当作渔火。可以看出，作者的心意是想由此而造成苍茫大海的联想。白居易则从另一个角度道出了小池的作用：

> 沧浪峡水子陵滩，路远江深欲去难。
> 何如家池通小院，卧房阶下插渔竿。

——白居易《家园三绝》诗

汉水和长江三峡以及富春江严子陵滩虽然好，但路远江深，去游览太困难，哪有家里的水池通到小院近便，在卧房之前就可垂钓。

白居易在江州做司马时，在官舍院内凿小池，池底铺白砂，别具一番景象：

> 帘前开小池，盈盈水方积。
>
> 中底铺白沙，四隅甃青石。
>
> 勿言不深广，但足幽人适。
>
> 泛滟微雨朝，泓澄明月久。
>
> 岂无大江外，波浪连天白。
>
> 未如床席间，方丈深盈尺。
>
> 清浅可狎弄，昏烦聊漱涤。
>
> 最爱晓暝时，一片秋天碧。

——《官舍内新凿小池》诗

诗人以特别丰富的情感把庭中开凿小池的意趣淋漓尽致地描绘出来了。无怪唐宋两代文人都要在院子里求得一片小小水面，哪怕弄个澡盆大小的"盆池"或埋个瓦盆什么的在院子里，聊以慰藉对江湖美好景色的情思。例如文学大师韩愈是个正统的儒者，他对盆池的兴趣也不亚于一般喜爱风雅的文士，他曾写《盆池》诗五首，其中有一首写道：

> 老翁真个学童儿，汲水埋盆作小池。
>
> 一夜青蛙鸣到晓，恰如方口钓鱼时。
>
> 莫道盆池作不成，藕梢初种已齐生。
>
> 从今有雨君须记，来听萧萧打雨声。
>
> 瓦沼明朝水自清，小虫无数不知名。
>
> 忽然分散无踪影，惟有鱼儿作队行。

诗人杜牧也在庭前作盆池，有《盆池》诗一首：

> 凿破苍苔地，偷他一片天。
>
> 白云生镜里，明月落阶前。

唐浩虚舟则有《盆池赋》，同样表达了士大夫对盆池的心态：

达士无羁，居闲创奇。陷彼陶器，疏为曲池。

小有可观，本自絜瓶之注，满而不溢，宁逾凿池

之规，原夫深浅。随心方圆，任器分玉，甃之余润，

写莲塘之远思……

这些盆池都只是咫尺方圆的小池，但从中可以听到夜间的蛙声、荷叶上的雨声；看到水中游鳞和小虫的活动，蓝天、白云、明月、星星都倒映在池中。于是回忆起江边垂钓、湖上泛舟、临溪闲居、荷塘观莲的种种情景。这就是庭院里一片池水所起的作用。

庭院置石、植松、种竹也是唐宋文士的喜好。白居易还创造了庭中铺白砂的方法，让庭院显得格外干净、洁白而有纤尘不染的感觉。他曾在长安新昌坊买了一所住宅，庭院里有十棵松树，他特别喜欢这些松树，在松树周围铺成白砂台：

堂下何所有？十松当我阶。

……

接以青瓦屋，承之白沙台。

朝昏有风月，燥湿无尘泥。

——白居易《庭松》诗

新昌十株松，依仁万茎竹。

松前月台白，竹下风池绿。

——白居易

《闻崔十八宿新昌敝宅，

时予亦宿崔家依仁坊新亭

一霄，偶同两兴暗合，因

而成咏，聊以述怀》诗

白居易除在庭中铺白砂外，还曾在池底铺白砂。笔者看到日本庭院也喜用白砂铺垫，两者是巧合？还是有前后启承关系？尚待进一步考证。不过由于白居易的诗曾在日本宫廷内传播，因而从中得到启示也不是没有可能的。

白居易爱在庭中植松是一种癖好，每到一处都要在官舍植松，从年轻时任周至县吏起，到后来的江州司马、忠州刺史，都有植松的记录。

对于庭中栽竹，唐宋两代士大夫们更是钟爱。竹子不仅姿态优美，而且耐寒，常年葱翠可爱，具有极高的观赏价值。文人们又赋予其人格特质，比作孤直、有节、虚心、

坚韧的君子。苏东坡对竹子的颂扬达到了登峰造极的地步：

> 可使食无肉，不可居无竹。
>
> 无肉令人瘦，无竹令人俗。
>
> 人瘦尚可肥，俗士不可医。
>
> ……

——苏轼《於潜僧绿筠轩》诗

相比之下，梧桐和杨柳就成了阿谀逢迎、动摇变节的小人：

> 曾将秋竹竿，比君孤且直。
>
> ……
>
> 始嫌梧桐树，秋至先改色。
>
> 不爱杨柳枝，春来软无力。

——白居易《酬元九对新栽竹有怀见寄》诗

在庭院中栽植各种花卉如牡丹、芍药、杜鹃、紫藤、兰花、紫薇、荷、桂、菊等也很普遍，如白居易描写某豪宅：

> 谁家起甲第，朱门大道边。
>
> ……
>
> 绕廊紫藤架，夹砌红药栏。
>
> 攀枝折樱桃，带花移牡丹。

——白居易《伤宅》诗

可见当时长安、洛阳豪门巨宅十分重视庭院观赏物栽植和景观的设置。西安郊区出土一座唐代住宅明器，其后院有八角亭、水池和假山，假山上有树木、禽鸟，是很典型的"山池院"。我们经常在唐代诗文中见到"山池院"这个名称，一些上层贵戚、官员的府邸和长安佛寺中都有这类庭院，如唐段成式《寺塔记》即记述佛寺山庭院中"古木崇阜，幽若山谷"。北宋吕大防长安图中所刻"宁王山池院"、"太极宫山池院"，其规模较大，可能属于独立院落的造景，和小型园林相近。特别值得提出的是：北宋时杭州法惠院僧人法言，曾在居室东轩院内，汲水为池，累石为小山，洒石粉于峰峦之上以像飞雪，苏轼见而爱之，为之取名"雪山"、"雪峰"、"雪斋"。于是此院此斋名声大噪（秦观《雪斋记》，苏轼《雪斋·杭州僧法言作雪山于斋中》诗）。这种以石粉代雪的构想，可视为后来日本发展以白砂代水的枯山水庭园的滥觞。

综上所述，我国唐宋时庭院理景内容多样，意境丰富，已趋于成熟。明清时，在庭院中开池、堆山、置石、莳花已成江南上层社会一时风尚，即使是一般庶民下户，也多在房前院内用盆景作玩饰。

1.2 庭院理景的特点

庭院理景的客观条件是空间狭小，处于封闭状态。在这种环境中处理景物要做到：①突出主题；②少而精；③尽量利用天然景物；④处理好墙面与地面。

1.2.1 主题突出

庭院理景的题材，无非是水、石、花木、亭榭四者。

以水为主——是最易做到而且效果很好的一种办法。因为池水清澈如镜，可以映照天空、云霞、明月、繁星和池边的景物，获得双倍空间，而且水中碧藻、红鱼、绿荷、红莲，可增添无限生趣。欧阳修《小池诗》曰：

> 深院无人锁曲池，莓苔绕岸雨生衣。
> 绿萍合处蜻蜓立，红蓼开时蛱蝶飞。

非常平凡的庭院小池，雨后莓苔绕岸，蜻蜓飞舞在红蓼边，多美的一幅图画！以水为主的极端例子是水院，即院中除了水以外几乎没有其他景物。实例如绍兴兰亭右军祠（参见图 1.145），周围由房屋环绕，池中设一亭、一台，别无他物，虽然有些单调，却也干净利落，主题鲜明，富有生气。再如苏州拙政园小沧浪水院，也用桥、亭、廊、树将水池一湾围合而成小院。所不同的是这里空间流通，层次丰富，景色生动，没有上述祠宇的那种严肃气氛。安徽黟县西递村某宅堂前满院是水，前廊设有半亭伸入水面，亭内坐槛设飞来椅（鹅颈椅），在此倚栏而坐，可充分领略小池所带来的种种快意，这是和日常起居结合得很紧密的水院（图 1.1）。这种利用溪流和泉源引入庭院供居民生活用水的例子在皖南山区并不少见。杭州文澜阁和宁波天一阁的庭院水面虽未大到足以成水院的程度，但水池相

图 1.1　黟县西递村某宅水院之半亭

当突出，这是由它的防火功能决定的。这两处藏书楼所藏大量图书，需要足够的水来保证灭火的需求。

以石为主——以石代山，这是江南各地庭院理景最常用的办法。长期以来，中国士大夫之间已形成一种观念：水令人性淡，石令人近古。石头本身也具有了审美价值和人格象征，所以自唐宋以来成了文士们热衷追求的对象。白居易爱石，从苏州卸任回洛阳，带回太湖石置于履道坊宅园中。唐代宰相牛僧孺、李德裕都在家园中罗列奇石。苏轼、米芾嗜石成癖。米芾任无为州知州时，看到一块巨石状貌奇特，竟具袍笏而拜，呼之为"石丈"。他所制定的"瘦、皱、漏、透"四字品石标准，被后人奉为圭臬。苏洵则取漂浮在水旁的枯木疙瘩，作为木假山（苏洵《木假山记》）。至今四川眉山市三苏祠仍奉木假山于斋中（图 1.2）。此后奇石也具有了象征山岳的性能，所谓"一勺而江湖万顷，一拳而太华千寻"。从石的起伏皱隙中联想崇山峻岭的陡峭崔巍，高耸入云。于是，就有苏州铁瓶巷某宅花厅前放五块湖石峰，匾曰："五岳起方寸"，意思是看到五块石头，心里就升起五岳的崇高景象（图 1.3）。了解这些，也就能理解古人对奇石为何如此狂热追求。

江南各地多产奇石，其中尤以太湖洞庭西山等地所产最为知名，即所谓"太湖石"，是石灰岩在雨水中被碳酸长期腐蚀而成各种奇特形态。宋徽宗在汴京（今开封）营御园"艮岳"，曾大量采运太湖石，致使石源枯竭，佳石日益稀少。为了满足各地造园的需求，出现人工凿成瘦、皱、漏、透形状后放在水中经年冲蚀后出售的"种石"现象。后来又出现了以小石块拼成石峰的做法，这表示对石峰的追求已到了穷途末路。

对湖石峰的品味着眼于它的轮廓、质地、纹理、皱隙、孔洞组成的形态以能达到瘦、皱、漏、透的要求。它是适合在小空间内近观细玩的景物，最理想的环境是庭院。

图 1.2　眉山市三苏祠木假山

图 1.3　苏州铁瓶巷某宅庭院内石峰

图 1.4　苏州洞庭西山堂里村、后埠村住宅庭院内石峰

在庭院里既有合宜的空间尺度，又可以利用房屋作背景，或白墙，或门窗，都能衬托出浅灰色太湖石的质感与轮廓，收到如在白色或深色的纸上作画的效果。近年不少地方让湖石峰上街，或置于空无遮挡之处，环境空阔、喧闹，品石之趣全失。

以湖石峰为主景的庭院理景实例，在苏州地区极为普遍，甚至在乡间也能见到不少此类遗例（图1.4），只是数十年来经历种种变易之后，目前所剩极少，主要是在受国家保护的园林之中，著名的如苏州留园冠云峰庭院、上海豫园玉玲珑庭院等。

以花木为主——庭院中只要有了古树、修竹，虽然无水无石，也可以绿荫满地，清风拂案，市廛尘嚣之气一扫而去。所以自古理景以得古树为最可贵。计成《园冶》也认为"雕栋飞楹构易，荫槐挺玉成难。"他主张"倘有乔木数株，仅就中庭一二"，而这一二株大树，就可成为庭院理景的骨干。笔者曾在连云港云台山三元宫及滁县琅琊山碧霞宫的重建中，利用基地原有古树，组合到殿庭中，使新建的建筑群和古树有机地结合起来，增加了它的历史深沉感。在江南园林中，以花木为庭院主景的也很多，如苏州网师园殿春簃以芍药为主景，拙政园枇杷园以枇杷树的金黄嘉实为主景，听雨轩以芭蕉为主景，海棠春坞以海棠为主景，玉兰堂以玉兰为主景，绍兴青藤书屋以紫藤为主景，一些荷花厅、桂花厅、梅花厅则以荷、桂、梅为主景。花木是理景中最活跃、最吸引人的因素，它以四季变换的姿态为庭院、园林增添无限生机。所以庭院中无论以水池为主或以山石为主，花木的配植所起的作用仍是十分重要的。

1.2.2 少而精

庭院面积小，景物不可能多，只能是少，但少而不简陋，不单调，就必须做到精，布局精、水精、石精、花木精、建筑精。

布局精就是主次分明，一院有一院的主题和特色，不能贪多求全。景物靠墙是一种较好的小庭院布局。

水精就是水一定要清澈，池岸须精致，或曲折，或平直，或自然，或工整，都经过认真推敲。

石精就是用石切不可多，多必滥。现在好石难得，有好石则用，无好石宁可不用。江南园林多以湖石、黄石作花台栽牡丹等不耐涝花卉，将石块作连珠式排列，十分可憎，不足为法，不如以条石、砖等砌成花台为佳。

花木须近观细赏，品种必选枝、干、叶、花、果皆可观赏者为佳。并力求作四季交替开花的配植，如春天的玉兰、牡丹、紫藤，夏天的荷花、紫薇，秋天的桂花，冬天的蜡梅、南天竹等，大致都以多年生木本为主（草本仅青睐于菊花、萱草等）。如作为配景，必然只能少量、单株配景；如作为主景，则可丛植，如牡丹台、芍药台等。夹竹桃、绣球花、竹丛等阻挡空间的植物不宜当庭栽植，而宜靠墙布置。如留园石林小院，就因夹竹桃、绣球居于中庭而使狭小的庭院更显拥挤。

建筑精就是亭廊要小巧玲珑，宜靠墙布置。半亭效果更好，这种半亭有亭的外貌，实则是贴在墙上的 1/2 或 2/3 亭，实例如各园门亭、网师园冷泉亭、留园石林小院静中观亭、扬州匏庐及风箱巷 6 号半亭等（图 1.5、图 1.8、图 1.77、图 1.112）。独立式的亭，尺寸都甚小，对径止于 2~3 米，檐高仅 2 米多。

1.2.3　利用天然景物

能利用天然的山石、泉水围入院内造成庭院景观是最理想的选择，一则不烦人工，节省财力、物力；二则天造地设，富有天趣，无人工斤斧痕迹。不过，这种条件比较难得。苏州天平山云泉精舍得天独厚，有白云泉自山中流出，在山腰石壁下凿一小池，引泉注入池中，使之成为一处有山有水的天然景观；南通狼山准提庵也是利用石壁引水注池而成"水云深处"庭院。这两处庭院都十分成功。笔者亦曾利用山之石壁与矶头石作成水石庭院两处与枯山水庭院一处。其所在为：连云港云台山屏竹禅院水石庭院；琅琊山同乐园水石庭院；连云港海滨公园枯山水庭院。其中前两者是利用开山石塘形成的石壁，凿池引水而成；后者是利用地面上的石脉露头，选其形状如峰峦起伏者，围入院中，周围填以白沙而成。

1.2.4　围墙与地面

高围墙对庭院来说是不可避免的。墙之高者可达 6~7 米，通常也在 3~4 米。要使高墙的平淡刻板化为活泼动人，常用的办法是：①以漏窗、砖刻、石刻等破墙面，使之产生变化；②用半亭、走廊、山石、花木来遮挡，也就是"以粉壁为纸，以石为绘"（《园冶·掇山》）的办法，使墙面构成一幅幅画面。尤其是利用走廊的"之"字曲线形成小院，使墙面产生光影变化，增加空间层次；③用云墙破墙之平直。

铺地是庭院理景的重要一环，原则上是除山石、花台、树池之外，全部满铺，不留寸土，免受尘土泥泞之扰，也有利于庭院内活动与清扫。铺地方式有用整齐的长方形、方形石板，冰裂纹石块，或用碎石、卵石等作花街铺地（见本书第 7.2.3 节砖瓦作·室外铺地）。

1.3 庭院理景实例选录

现存江南庭院理景遗存均为清代或近百年之物。就其性质而言，大体分为四类：即住宅庭院、园中庭院、祠寺庭院和公共建筑庭院。

1.3.1 住宅庭院

此类庭院多设在花厅、后堂、书房（签押房）前后，其数量最多，遍及江南大小城市以及像苏州洞庭东山、西山经济文化发达地区的乡村。但随着时代变迁，由于房产易手和改造等原因，拆毁日多，能保存到今天的已为数不多。

1）扬州风箱巷 6 号庭院（图 1.5、图 1.6，图 1.11~图 1.13）

原为住宅内花厅前院，名为"蔚圃"。建于清末，20 世纪 50 年代后改为公房，现归广陵街道办事处。庭院位于住宅后进的花厅前，面积约 150 平方米（东西 17 米，南北 9 米），倚南墙有湖石假山一座，作"壁山"式。假山前有花台，植紫藤等花卉，构成庭院内的主景。庭院西侧小花台上立湖石峰一块作为假山之辅翼。西墙南端设半亭一座（约 3 米 × 3 米），亭下凿曲尺形水池，绕亭之东、北两面，其小如盆，宽仅 1 米余，有唐宋"盆池"余意。"覆杯水于坳塘之上，则芥为之舟"《庄子·逍遥游》，如果抱有庄子的浪漫主义思想，那么这个水池已可视为是一片大湖面了。

2）扬州匏庐庭院（图 1.7、图 1.8，图 1.14~图 1.17）

这是一座花厅庭院，其布局几乎与上例一个样，不同的只是依南墙所作湖石假山稍偏于东，花台较大，水池用黄石砌岸而非方整的条石，以及花木配植有所不同。

3）扬州地官第 14 号庭院（图 1.9、图 1.10，图 1.18~图 1.21）

为近代某商人所建住宅内花厅庭院，题额曰"可栖迟"，现归扬州制花厂。其布局也是在庭院西南隅设半亭，以廊与花厅相连，再在院内布置树石。但此例不用假山、水池，仅用三处花台植以桂花、玉兰、木香、芭蕉、南天竹等构成院景。较为别致的是在花厅与庭院之间加了一道隔墙，把庭院分成内、外两层空间，内院铺条石与方砖，供日常活动之用，外院则用碎石作花街铺地，并作"瓶升三戟"（谐"平升三级"之音）及寿字图案。隔墙上开圆洞门及漏窗。此宅内除这座花厅庭院外，还有庭院理景两处，都以花木湖石为题材，其中"小苑春深"庭院规模稍大。

图 1.5　扬州风箱巷 6 号庭院半亭（1996 年摄）

图 1.6　扬州风箱巷 6 号庭院院景（1962 年摄）

图 1.7　扬州匏庐花厅前庭院

图 1.8　扬州匏庐花厅前庭院半亭及水池

图 1.9　扬州地官第 14 号庭院（1962 年摄）

图 1.10　扬州地官第 14 号庭院隔墙

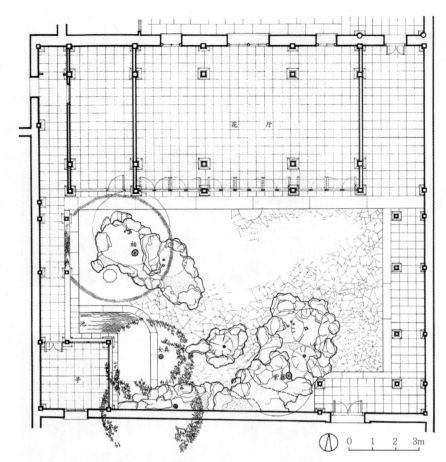

花　厅

柏

池

石瓶

亭

0 1 2 3m

图 1.11　扬州风箱巷 6 号庭院平面图

图 1.12　扬州风箱巷 6 号庭院西视剖面图

图 1.13　扬州风箱巷 6 号庭院南视剖面图

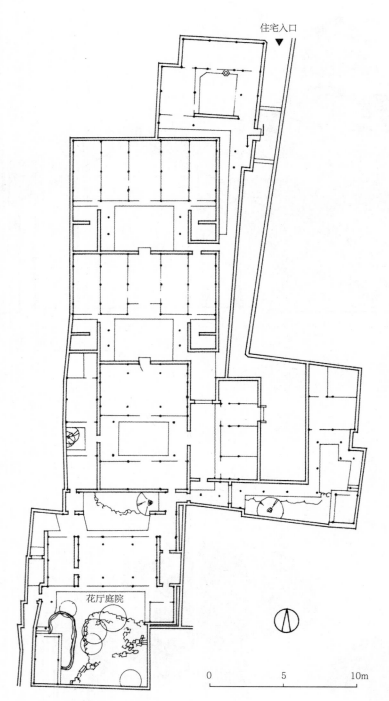

住宅入口
▼

花厅庭院

0　　　　5　　　　10m

图 1.14　扬州匏庐住宅总平面图

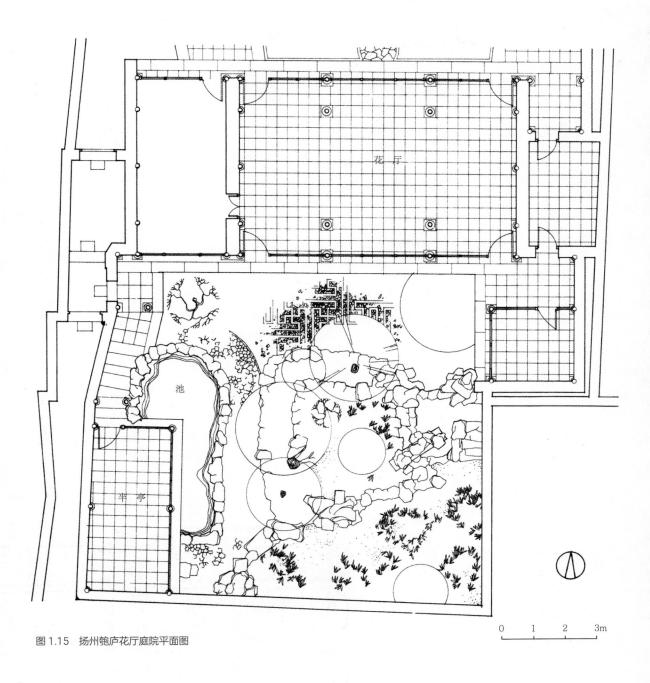

花厅

池

平亭

0　1　2　3m

图1.15　扬州匏庐花厅庭院平面图

图 1.17　扬州匋庐花厅庭院西视剖面图

图 1.16　扬州匏庐花厅庭院东视剖面图

0　　1　　2　　3m

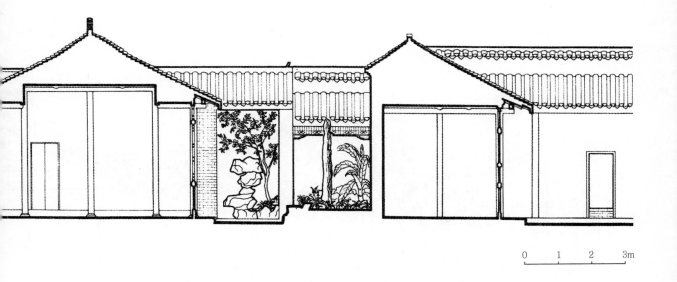

0　　1　　2　　3m

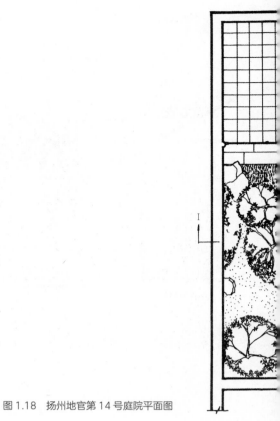

图 1.18　扬州地官第 14 号庭院平面图

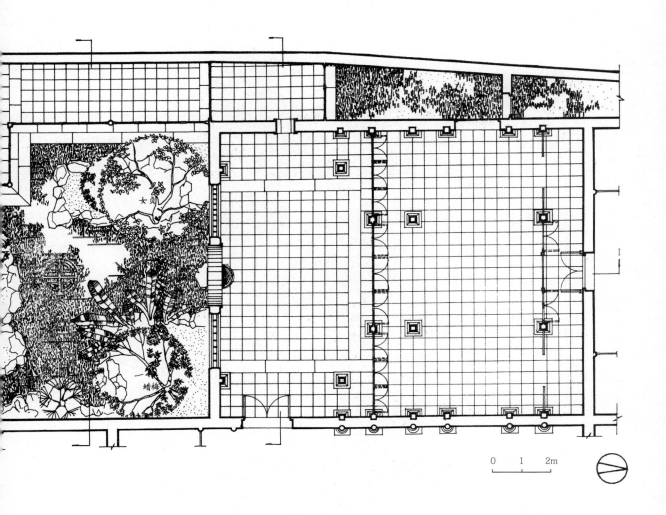

女贞

蜡梅

0 1 2m

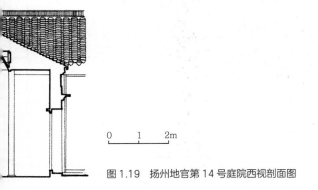

0 1 2m

图 1.19 扬州地官第 14 号庭院西视剖面图

图1.20　扬州地官第14号花厅外庭院南视剖面图

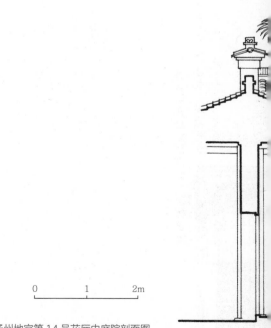

图1.21　扬州地官第14号花厅内庭院剖面图

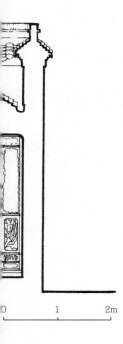

0　　　1　　　2m

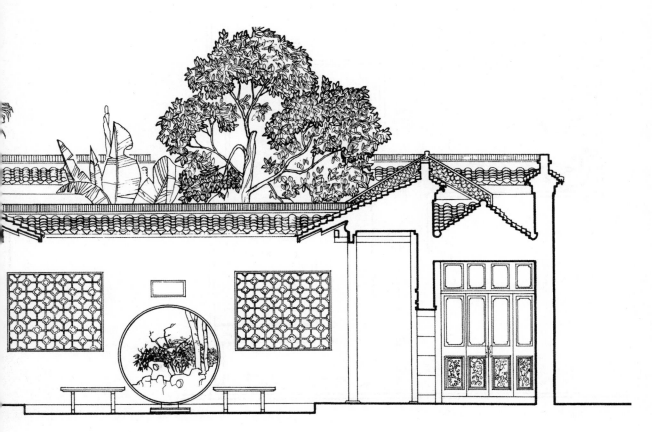

4）南通丁古角 13 号某宅庭院（图 1.22~ 图 1.24）

庭院由蝴蝶厅、花厅、船厅、书房环绕而成。院内以竹石为主景,配以黄杨、海棠等花木,风格疏简、淳朴,颇与苏州庭院之细腻精致不同,究其原因,一是地面采用较粗糙的石块铺成冰裂纹；二是散置石及花台都用轮廓顽夯,线条硬直如绘画中的折带皴法,显得粗犷有力；三是蝴蝶厅与其他建筑之间用游廊相连,而各个庭院不以墙相隔,空间有曲折而又连成一片,无一般庭院的封闭感。此例可称是苏北地区罕见的优秀住宅庭院理景。

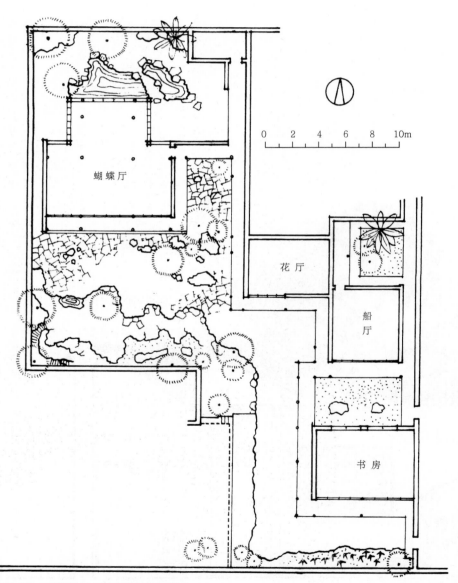

图 1.22　南通丁古角 13 号某宅庭院平面图

图 1.23　南通丁古角 13 号某宅庭院蝴蝶厅前理景（1962 年摄）

图 1.24　南通丁古角 13 号某宅庭院花厅西侧理景（1962 年摄）

5）苏州王洗马巷某宅书房庭院（图 1.25，图 1.29~图 1.32）

此院面积约 200 平方米。书斋有前后院，前院右侧伸出走廊，到墙隅变为半亭，基本格局和上述扬州三例相近。但未用水池，假山较高大，且有山洞。前后院内植桂花、海棠等花木，春秋有花可看。书斋面积为 4.5 米×5.4 米，旁附小室 2.7 米×4.5 米，共约 36 平方米。此院仅一个出入口，四面环墙，环境幽静，真是读书作画的好地方。

6）苏州庙堂巷 7 号住宅花厅庭（图 1.26，图 1.33~图 1.35）

此院额曰"壶园"，院内以水池为中心，池北为花厅，池南为船厅，池东为走廊将两厅联系在一起，中间设一半亭以求得墙面变化。池西为院墙，高约 5 米，因墙外已是他人宅区，故墙上不设漏窗，而以薜荔蔓于墙面以破平板单调。此院水池居中，由两面厅堂相望，水面景色颇为丰富，水上架桥两座，增加了水面的层次。两岸的白皮松、罗汉松、西府海棠与竹丛，姿态优美，为庭院增色不少。这是一处以水景为主的优秀庭院，也是苏州庭院中的精品，可惜因扩建工厂而已将此庭院彻底毁去。

7）苏州洞庭西山春熙堂庭院（图 1.27、图 1.28，图 1.36~图 1.40）

此院位于西山东蔡村，是蔡姓商人住宅内的花厅庭院。创建于清道光年间。花厅位于住宅西侧，有前后庭院各一区，院内布置花木山石。厅南面的前院面积仅 70 平方米左右，院中以黄石筑花坛，植黄杨一株，并有天竹、蜡梅、枇杷等花木。地面用石板作斜方格铺地，南墙有漏窗六方，院景极为简洁。厅北的后院面积约 90 平方米，院中以湖石筑花坛，占据大部分面积。坛上立太湖石峰 3 块，其中一峰高达 3.4 米，高而峻峭，具有瘦、皱、漏、透特点。花台上还有白皮松一株，胸围达 2 米左右，枝叶繁茂，高耸于院内，从村外就能望见此松，这是此院最为珍贵的景物。花坛上植牡丹，也是百年之物花色红艳，较为名贵。南北两院都以花坛为主景，且花坛居中，四周适当配以花木散石，其优点是便于在院中行走活动。

花厅 3 间，通面阔 10 米，进深 9 米。室内以轩分隔成前后两部分（原在内柱上安有屏门与挂落，现已不存），形成鸳鸯厅格局：厅之前（南）面作船篷轩顶；后（北）面作连续的鹤颈轩顶，并带前廊作船篷轩。显然，此厅以北面为主要活动场所，因此，不仅进深较大（因带前廊），而且做成花篮厅形式，在空间大小与装修繁简上分出了主次关系。此厅的这种结构做法在苏州园林中尚未见过，弥足珍贵。从总平面上看，由住宅进入花厅，也以北面为先，且北面庭院面积较大，景物较丰富，处处体现出以北面为主的设计构思。

图 1.25 苏州王洗马巷某宅书房庭院（1962 年摄）

图 1.26 苏州庙堂巷 7 号住宅花厅庭院（1962 年摄）

图 1.27　苏州洞庭西山春熙堂庭院外景（潘谷西摄）

图 1.28　苏州洞庭西山春熙堂南院（潘谷西摄）

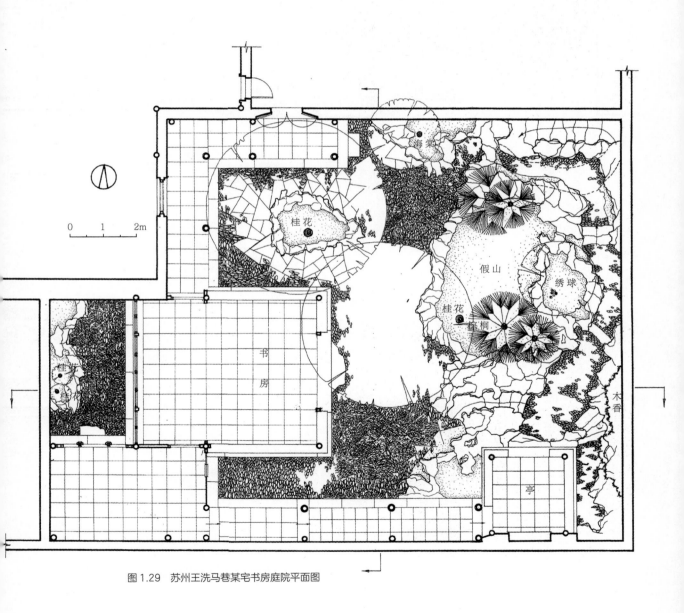

海棠

桂花

假山

绣球

桂花

梧桐

木香

书房

桂花

亭

0 1 2m

图1.29 苏州王洗马巷某宅书房庭院平面图

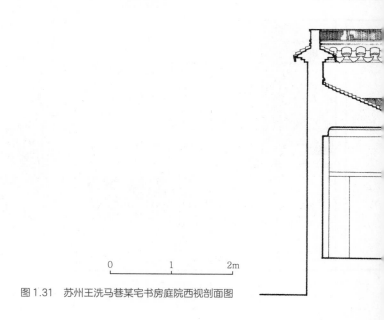

图 1.31　苏州王洗马巷某宅书房庭院西视剖面图

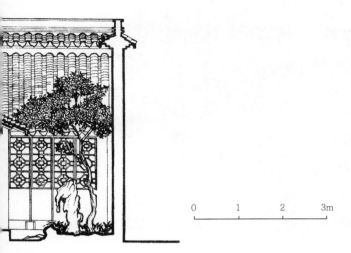

图 1.30　苏州王洗马巷某宅书房庭院南视剖面图

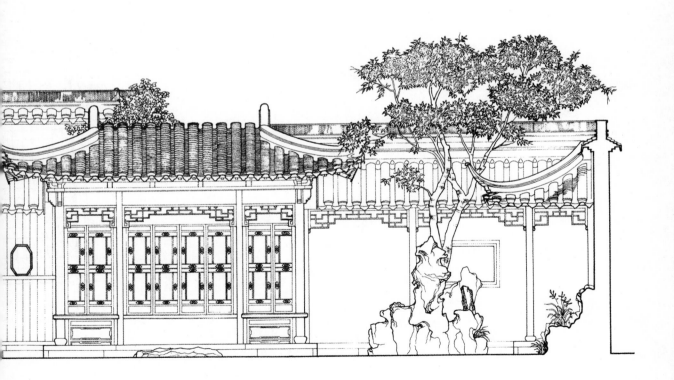

图 1.32　苏州王洗马巷某宅书房庭院鸟瞰

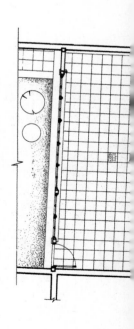

0　1　2　3m

图 1.33　苏州庙堂巷 7 号"壶园"平面图

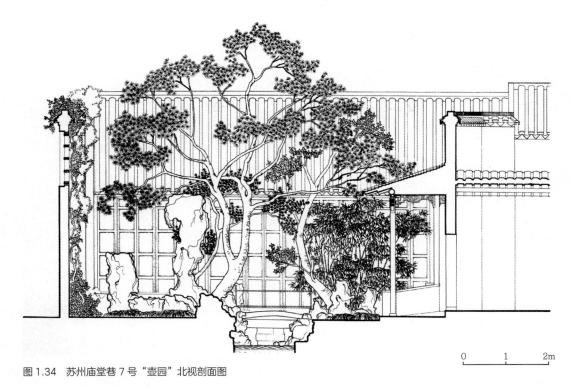

图 1.34　苏州庙堂巷 7 号"壶园"北视剖面图

0　　1　　2m

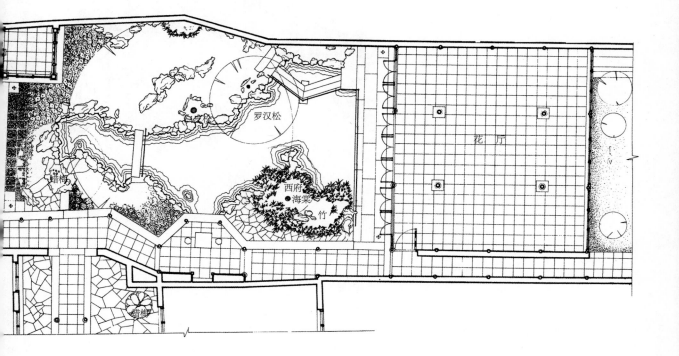

罗汉松

西府
海棠
竹

腊梅

花 厅

蜡梅

图 1.35　苏州庙堂巷 7 号"壶园"鸟瞰图

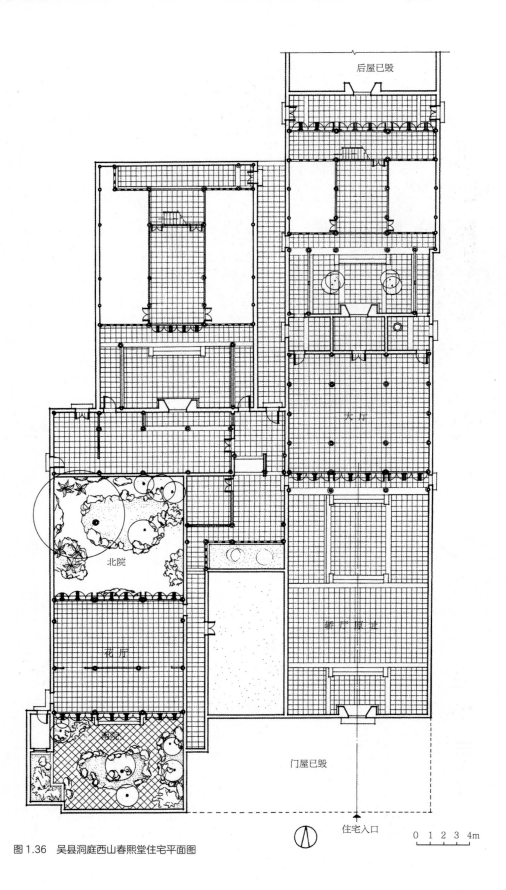

后屋已毁

大厅

轿厅 原址

北院

花厅

春院

门屋已毁

住宅入口

0 1 2 3 4m

图 1.36 吴县洞庭西山春熙堂住宅平面图

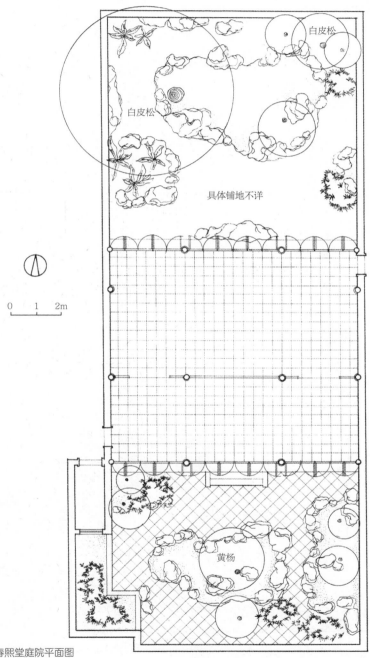

白皮松

白皮松

具体铺地不详

黄杨

0 1 2m

图 1.37　吴县洞庭西山春熙堂庭院平面图

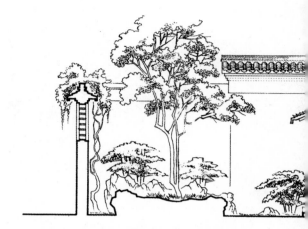

图 1.38　吴县洞庭西山春熙堂庭院西视剖面图

图 1.39　吴县洞庭西山春熙堂南院南视剖面图

图 1.40 吴县洞庭西山春熙堂北院北视剖面图

8) 苏州洞庭西山爱日堂庭院（图 1.41，图 1.43~ 图 1.45）

建造年代约为晚清，位于洞庭西山西蔡村。庭院位于住宅西侧花厅北面，面积约 150 平方米。整个庭院西、北两面均被黄石假山所占。东面为走廊，设坐槛及鹅颈椅，可供坐眺院内景色。西北隅有方亭一座，现已毁去，仅存 3.6 米 ×4.0 米的台基。假山有洞，由厅前拾级进洞可通至方亭。方亭南侧用黄石砌成小池，这就是唐宋以来被诗人们歌颂的盆池。此院的布局意在从厅、亭、廊三面观赏假山及花木等院景，形成山林意趣。但由于庭院面积不大，有拥挤之感。院内有老桂树一株，胸径达 40 厘米，极为珍贵，其余花木为蜡梅、紫薇、梧桐、竹丛、山茶等。

花厅三间，面积约 9 米 ×9 米，内部分隔成南北两部分，中以屏门等作为隔断。现南部因居住要求已被改制成两耳室。北部为厅的主要部分，面向院景，故空间较大，用船篷轩作天花装修。

9) 苏州洞庭西山芥舟园庭院（图 1.46、图 1.47）

芥舟园位于洞庭西山东蔡村，是秦氏宅中的花厅庭院。"芥舟"二字出于《庄子·逍遥游》："覆杯水于坳堂（凹塘）之上，则芥为之舟。"倒一杯水在地上的凹处，则草叶可作为船只。这是以小喻大，小中见大的精辟言论。这里秦氏用以说明其园（实为庭院）之小而寓意之大。根据这二字的题记年代推断，此院创建时间不晚于清嘉庆初年（1796 年）。

此院面积约 10 米 ×12 米，位于花厅之南。院中以黄石叠假山一座，有洞，这是院中的主景。假山西侧配以散石及花坛，北侧用黄石筑盆池一处，其形式与爱日堂相似。假山前有古老的罗汉松一株，胸径达 60 厘米以上，也是苏州一带少见之物，然其上部枝丫已被截去，十分可惜。

花厅面积为 8.5 米 ×11.2 米，面南一侧作花篮厅形式，檐口下亦作虚柱，柱头刻花篮，在苏州园林中未见此式。山墙顶采用观音兜，甚为别致。

10) 洞庭西山南寿轩庭院（图 1.42、图 1.48、图 1.49）

南寿轩庭院位于洞庭西山明湾村。此村在西山最南端，地处明月湾旁，故名明湾村。南寿轩是礼和堂住宅内的花厅庭院，位于宅之东侧。院落面积甚小，仅为 4 米 ×6 米，严格说来，由于庭院过小，日照不足，很难成活花木。但在建园成风的西山，中等以上人家似乎没有"花园"不够体面，因此在如此小的院落中，也要叠石、凿池、栽植花木，以小寓大，以少喻多。这里不仅用湖石叠成花坛，还不甘落后地竖上几块石峰，再挖一小小水池（盆池），种上南天竹、玉兰、牡丹、柏等花木，居然具体而微，成了山水林

图 1.41　苏州洞庭西山东蔡村爱日堂庭院假山

图 1.42　苏州洞庭西山明湾村南寿轩庭院

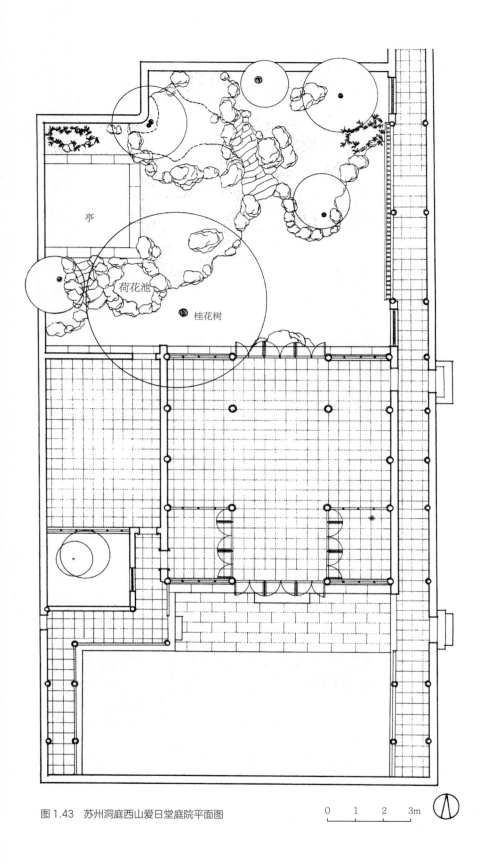

亭

荷花池

桂花树

图 1.43 苏州洞庭西山爱日堂庭院平面图

0 1 2 3m

木齐备的咫尺山林。

　　此院花厅是一座楼房，楼下用轩做成厅堂式样。即《营造法原》所称"楼厅"。厅内梁架采用"贡式"做法，是较简洁的装修，但为追求当地风尚，仍作花篮厅式样，如此则需减去两根明间内柱，使楼层重量架于三间通长的大料上，可见为美观而增加结构的复杂性，自古难免。

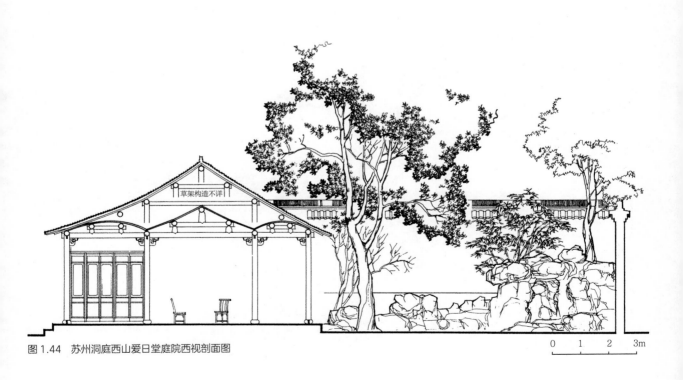

图 1.44　苏州洞庭西山爱日堂庭院西视剖面图

0　1　2　3m

图 1.45 苏州洞庭西山爱日堂庭院北视剖面图

0　1　2　3m

图 1.46 苏州洞庭西山芥舟园平面图

假山

0 1 2 3m

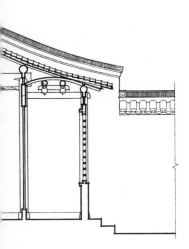

0 1 2 3m

图 1.47 苏州洞庭西山芥舟园西视剖面图

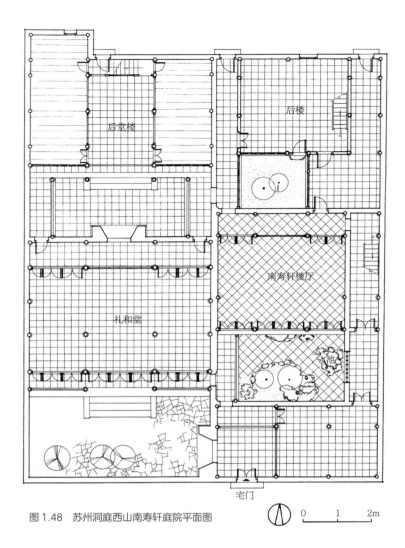

后堂楼

后楼

礼和堂

南寿轩楼厅

池

宅门

图 1.48　苏州洞庭西山南寿轩庭院平面图

0　1　2m

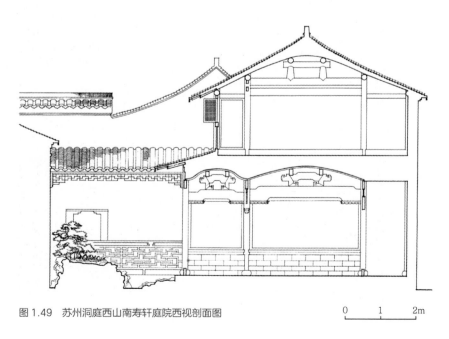

图 1.49　苏州洞庭西山南寿轩庭院西视剖面图

0　1　2m

11）绍兴观巷大乘弄青藤书屋庭院（图1.50、图1.51）

这是明代著名文士徐渭的书房庭院，原名榴花书屋，崇祯末年归画家陈洪绶，改称"青藤书屋"，因院中原有徐渭手植青藤（紫藤）一株而得名。书屋经后世修缮，已非原貌，但院内方池及池中石柱所刻"砥柱中流"、石檐柱楹联"一池金玉如如化，满眼青黄色色真"仍是徐渭旧迹。"文化大革命"中庭院被毁，现存实物是按原样修复，青藤也是近年补栽。

12）安徽黟县城区某宅庭院（图1.52）

院内仅在花坛上植花木二三株，而以大小盆栽十余件构成葱翠而富有生气的院景。此院三面环屋，南面为院墙，墙上施石雕漏窗二孔，与苏扬一带迥然异趣。此类漏窗在皖南民居中应用甚广，且花样繁多，堪称皖南建筑一绝。地面用碎石及仄砌砖瓦铺成。此种庭院虽无山石亭榭之观，却充满生活气息，所费亦少，属一般平民百姓的庭院理景方式。

图1.50 绍兴观巷大乘弄青藤书屋外院

图 1.51　绍兴观巷大乘弄青藤书屋内院

图 1.52　安徽黟县城区某宅庭院

1.3.2 园中庭院

即园内附属于厅堂斋馆的各种庭院，它们是园中景观的重要组成成分。由于园林的主景山池空间总是较为开朗，属于"旷"的境界，而庭院空间较为狭小、封闭，属于"奥"的境界（柳宗元把风景分为"旷"与"奥"两大类，园林理景必须有"旷"有"奥"，使之产生对比变化）。故江南各园中都有不同形式的庭院存在，起着衬托山池主景的作用。

13）扬州瘦西湖小金山月观庭院（图1.53、图1.54，图1.57~图1.59）

月观位于小金山东南隅，东临瘦西湖岸，隔水与"四桥烟雨"楼相望，这里是"近水楼台先得月"，秋夜赏月最饶佳趣。后院桂花厅有走廊与月观相连，院内遍植桂花，并有蜡梅一株，秋冬时节，花香馥郁，最宜游观。月观是一座四面厅式建筑，但仅前、左、右三面设廊，后廊则位于室内，并在后明、次间檐柱上各安飞罩及落地罩，使室内空间得到合宜的分隔。柱上有郑板桥所书楹联："月来满地水，云起一天山"，意境清逸，耐人寻味，是绝妙的点景之作。

14）苏州拙政园东南隅三庭院（图1.55、图1.56，图1.60~图1.71）

即枇杷园、听雨轩、海棠春坞三院。

枇杷园是玲珑馆的前院，因院内多植枇杷而得名。地面用卵石铺成冰裂纹，馆之门窗亦为冰裂纹，故此馆以"玉壶冰"为额，取南朝鲍照诗句"清如玉壶冰"及唐王昌龄诗句"一片冰心在玉壶"之意，标榜一尘不染的高洁品格。院内除种有枇杷外，还配以湖石花台及竹丛。北侧假山上的绣绮亭则是院内借景。

听雨轩在枇杷园东侧，后院多植芭蕉，在此听雨打芭蕉声最有意趣，故匾曰"听雨"。前院开阔，地面以侧砖铺作方格席纹，清素朴雅。院西侧靠玲珑馆有水池一泓，池中有睡莲数丛，环池植桂、竹、玉兰等花木。惜池深而岸高，缺少"池光天影共青青，拍岸才添水数瓶"（韩愈《盆池五首》诗）的小池意趣。

海棠春坞在听雨轩之北，是一座十分精巧的庭院。主体建筑是一座两开间、硬山顶的小屋，而每间面阔不等，一为2.6米，一为3.5米，檐口高3米。原有高大榆树一株（现已不存），海棠二株，配以慈孝竹一丛，景物简洁。地面用卵石铺作海棠形图案，和此院主题相呼应。屋之东西两侧各有一小院，分别植天竹、海棠，作为主庭院的辅助空间。此院的建筑精美，尺度合宜，造型活泼，层次较多，院虽小而颇具魅力，是江南庭院中的佼佼者。

图 1.53 扬州瘦西湖月观庭院

图 1.54 扬州瘦西湖月观内景

图 1.55　苏州拙政园枇杷园庭院

图 1.56　苏州拙政园海棠春坞庭院

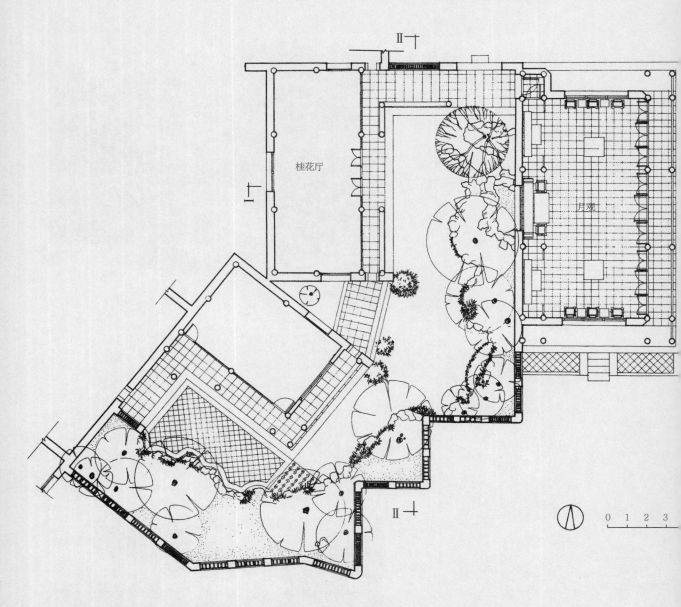

桂花厅

月观

图 1.57 扬州瘦西湖月观庭院平面图

图 1.58　扬州瘦西湖月观庭院南视剖面图（I-I）

0　　1　　2　　3m

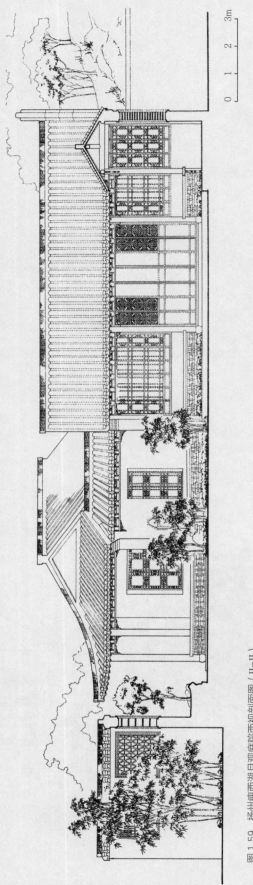

图1.59 扬州瘦西湖月观庭院西视剖面图（Ⅱ-Ⅱ）

0　1　2　3m

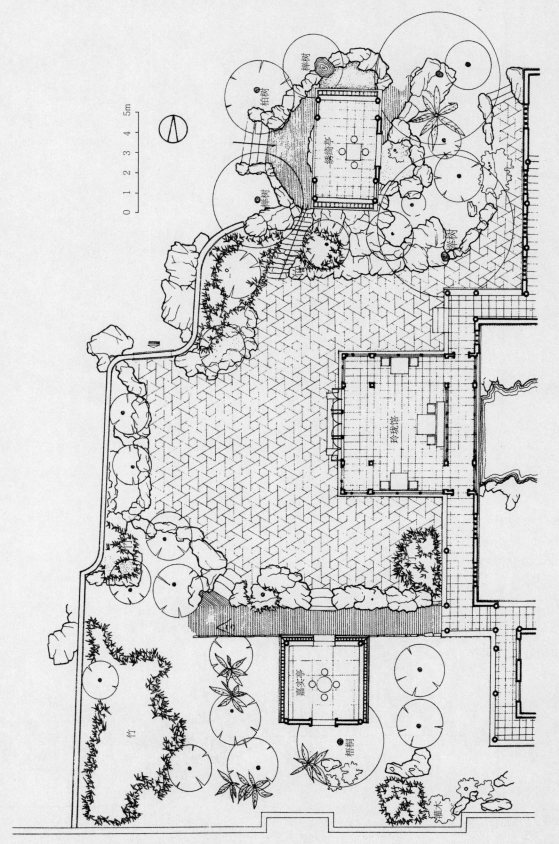

图 1.60 苏州拙政园枇杷园平面图

图 1.62　苏州拙政园枇杷园东视剖面图

图 1.61　苏州拙政园枇杷园北视剖面图

0　1　2m

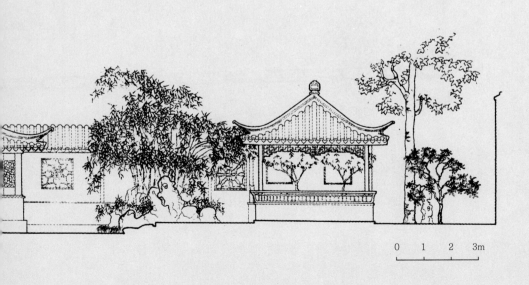

0　1　2　3m

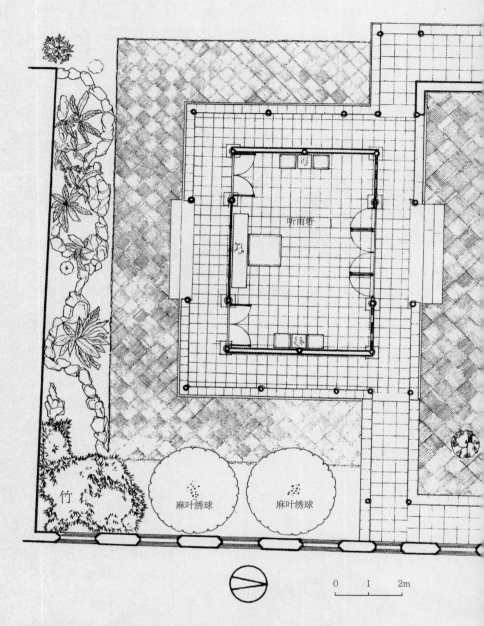

听雨轩

竹

麻叶绣球   麻叶绣球

0   1   2m

图 1.63 苏州拙政园听雨轩庭院平面图

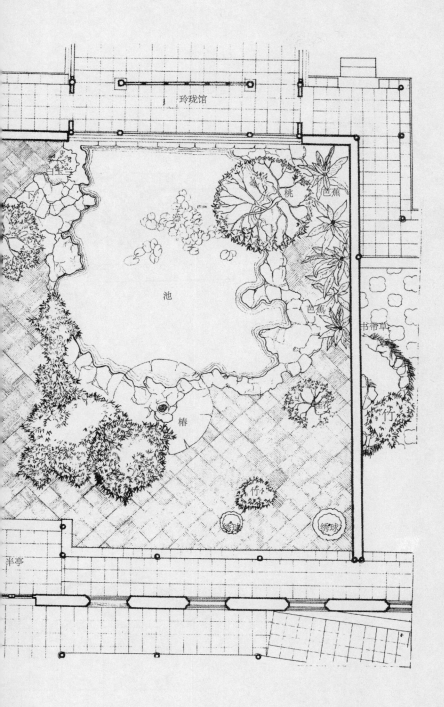

玲珑馆

桃

芭蕉

池

芭蕉

书带草

椿

竹

竹

绣球

半亭

图 1.64　苏州拙政园听雨轩庭院西视剖面图

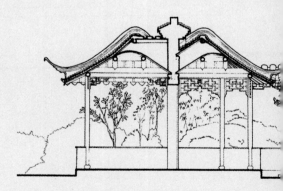

图 1.65　苏州拙政园听雨轩庭院南视剖面图

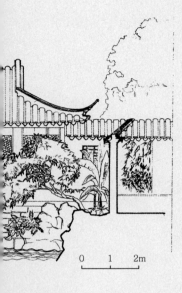

0　　1　　2m

0　　1　　2m

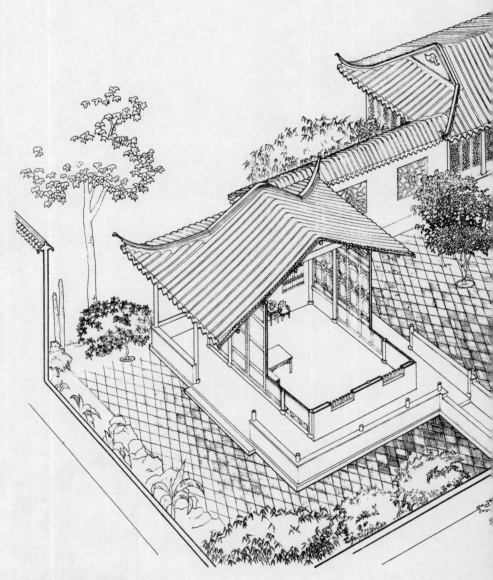

图 1.66　苏州拙政园听雨轩庭院鸟瞰图

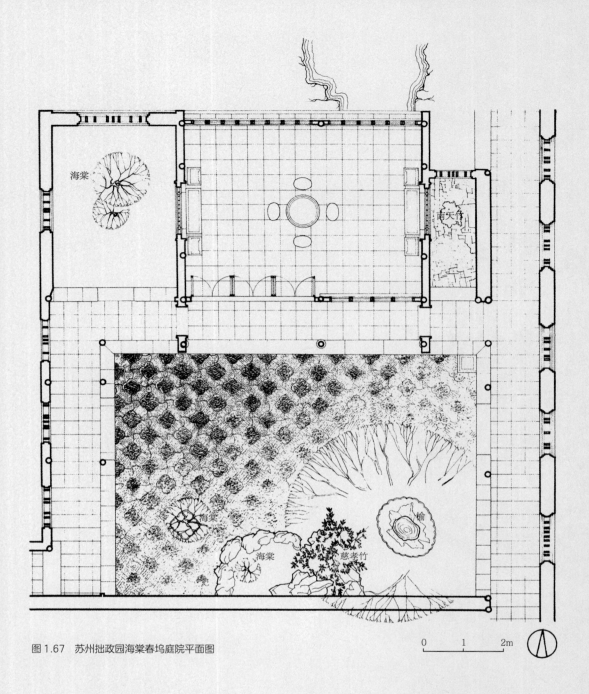

海棠

南天竹

海棠

海棠

榆

慈孝竹

图 1.67 苏州拙政园海棠春坞庭院平面图

0   1   2m

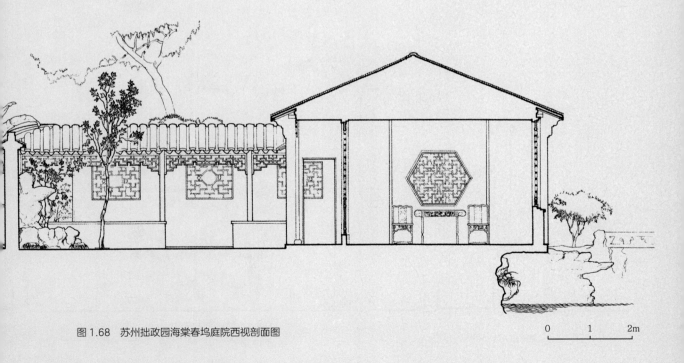

图 1.68 苏州拙政园海棠春坞庭院西视剖面图

0   1   2m

图 1.69 苏州拙政园海棠春坞庭院北视剖面图

0   1   2m

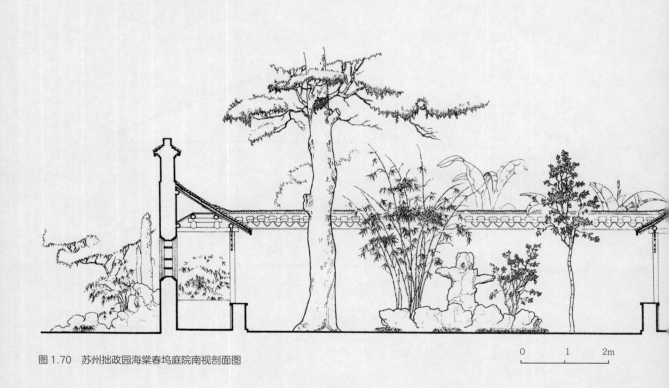

图 1.70 苏州拙政园海棠春坞庭院南视剖面图

0   1   2m

图 1.71　苏州拙政园海棠春坞庭院鸟瞰图

15）苏州拙政园小沧浪庭院（图 1.72、图 1.73，图 1.83~图 1.86）

这是一座水院，主体建筑"小沧浪"是架于水上的三间小屋，后院较小，景物简单，仅沿池植树二三株；前院由"得真亭"、"松风亭"、"小飞虹"廊桥围合而成，亭廊布置错落曲折，建筑组合以透为主，从小沧浪北望，透过廊桥可眺望远处的"荷风四面亭"、"见山楼"等，景色深远，水势浩渺，颇有江湖烟水弥漫之趣。小沧浪以其檐柱上"清斯濯缨"，"浊斯濯足"的楹联而透露出一种哲学的意味。[①]

16）拙政园玉兰堂庭院（图 1.74，图 1.87~图 1.90）

这是一座典型的花厅庭院，以院内有一株高大白玉兰而得名。庭院西侧有厢房两间，南、东两侧为围墙，沿南墙布置花台，缀以竹石，另有盆栽荷、桂，景物疏朗，平淡中透出幽深与宁静。现此院已改为接待室，室内家具均非原貌。

17）苏州留园入口两庭院（图 1.75，图 1.91~图 1.95）

"古木交柯"与"华步小筑"两庭院是留园入口空间序列和山水主景间的联结点。入园门后，经过很长一段低矮晦暗宽约 2 米的走廊。至此走廊加宽至 3.2 米，院子拓宽为 4 米多，从北面的一排漏窗中可隐约见到山池的轮廓。然后稍经转折到达"华步小筑"小院和临水小榭"绿荫"。"华步小筑"是指此园位于花步里（园门前路旧名）。在"绿荫"，可以恣意骋目眺望，园内的山水景色尽收眼底。经历了前面一系列空间过程，至此感到豁然开朗，山池格外宽敞明亮，心情宁静闲适。这是绝妙的空间处理手法。两庭院的景物非常平凡，妙处全在于动态过程中对视觉所起的收放对比作用。

18）留园五峰仙馆庭院（图 1.76，图 1.96~图 1.99）

这是一座典型的花厅庭院。有前后二院：前院以倚靠南墙的假山为主景，山上峙立五座湖石峰，厅之题名由此而来。石峰周围配植松竹及四季花木。由厅内观赏院景，犹如一幅树、石构成的长卷画。院西侧有小楼，可从假山登楼。院东侧有玲珑通透的小过厅"鹤所"。前后左右形成高低起伏、虚实对比的建筑组合。后院较为简单，以曲廊作背景，筑湖石花台，台上疏点树、石、花卉，和前院形成主次分明的布置格局。

19）留园石林小院（图 1.77，图 1.100~图 1.104）

位于五峰仙馆东面，是五峰仙馆的辅助用房"揖峰轩"的前院。揖峰轩是一座三间面阔不等的小屋（面阔分别为 3.8 米，2.8 米，1.8 米），屋前院中以一块高湖石峰为主体，

图 1.72　苏州拙政园小沧浪水院（由小沧浪看小飞虹桥）

图 1.73　苏州拙政园小沧浪水院（由小飞虹桥看小沧浪）

图 1.74　苏州拙政园玉兰堂庭院

图 1.75 苏州留园古木交柯处庭院

图 1.76 苏州留园五峰仙馆后院

辅以花台及若干小石峰，号称"石林"，是以小寓大、托物寄情之举。院周环以走廊、半亭"静中观"及小斋"石林小屋"。由此又在周边形成小天井几处，从而使空间层次增多，景深增加。可惜植物栽植不当，将灌木状的夹竹桃与绣球花栽于中庭，阻挡视线，有拥挤阻梗的局促感。但此院的建筑尺度与空间处理极为成功。

20）留园冠云峰庭院（图1.78，图1.105～图1.109）

这是因峰而建的专题庭院。清末，园主盛康得奇石"冠云峰"，遂就旧园东侧购地扩建此院以置石峰。院中以石峰为中心，环峰配置山水、花木、建筑物。厅在峰南，形成厅—峰为轴线的观赏关系。厅前设平台，台前隔水池。厅与峰的距离为20米，峰高6.7米，景高与视距比例合适。峰后以"冠云楼"为背景，以其深栗色衬托出石峰轮廓。峰前水池也是用水之低柔衬托石之高峻与挺拔。为了不使冠云峰显得孤立，又在东西两侧各置一峰，东为"瑞云峰"，西为"岫云峰"。水池东西两侧的伫云庵、冠云台则是这三座石峰的次要观赏点，和主厅形成品字形布局。院内花木、六角亭都对冠云峰起陪衬作用，故其尺度均较矮小，以免冲击主题。

21）网师园小山丛桂轩庭院（图1.79、图1.80，图1.110～图1.113）

小山丛桂轩是网师园的花厅，紧靠住宅大厅之旁，是会客宴请之所。其西侧"蹈和馆"则可供居住。两屋连以游廊，形成曲折的院落。院内以湖石花台上的花卉作为花厅的主景：春有海棠、玉兰，秋有丹桂、红叶，冬有蜡梅、南天竹。其中桂花数量最多，花台上又相间峙立石峰十余枚，高低错落，列于厅前，故此厅匾曰"小山丛桂轩"。

22）网师园殿春簃庭院（图1.181、图1.182）

这是一处书斋庭院，位于园之西偏僻静处。院内以书斋三间及附属用房两间为室内活动场所，前后设庭院。前院开阔，旧时以芍药花闻名吴下，因芍药花开于春尾故称"殿春"。苏东坡诗曰："多谢化工怜寂寞，尚有芍药殿春风"，暮春时节，群芳开尽，多谢老天让芍药迟放，尤显难得。"簃"是与大屋相连的小披屋，以此喻屋之偏而小。其实，作为书斋，此屋规模已相当可观，称为"簃"，实是为了避俗趋雅。院内有一泉、一亭及湖石花台三处，植有紫藤、白皮松、青枫、紫薇、丹桂等花木，芍药也仅在西墙花台上留有少许，已无当年盛况。泉名"涵碧"，亭名"冷泉"。院内以碎石作花街铺地。作为书斋庭院，颇具安静、雅致的环境气氛。

图 1.77　苏州留园石林小院

图 1.78　苏州留园冠云峰庭院

图 1.79　苏州网师园小山丛桂轩庭院

图 1.80　苏州网师园小山丛桂轩内景

图 1.81　苏州网师园殿春簃庭院（南望）

图 1.82　苏州网师园殿春簃庭院（北望）

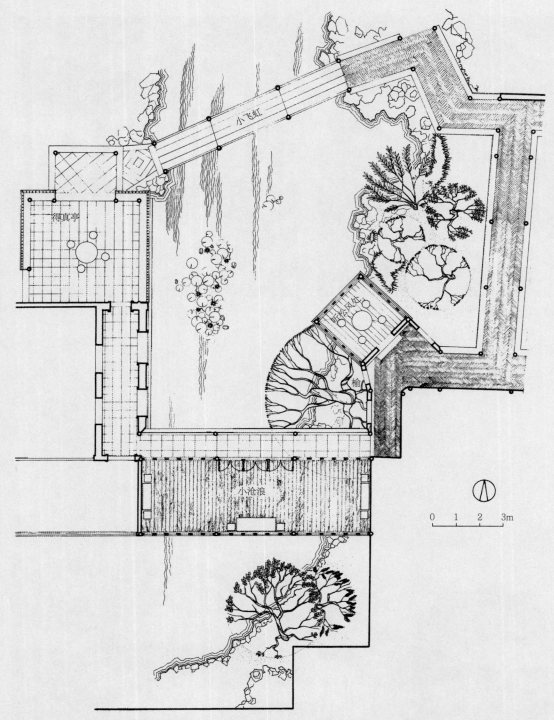

图 1.83　苏州拙政园小沧浪水院平面图

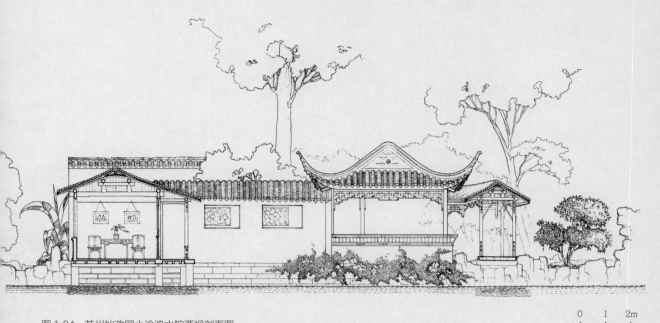

图 1.84　苏州拙政园小沧浪水院西视剖面图

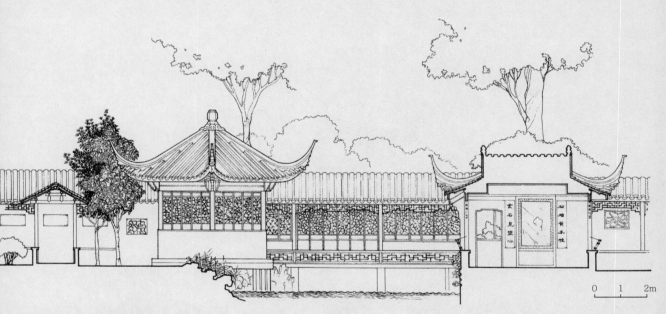

图 1.85　苏州拙政园小沧浪水院南视剖面图

图 1.86 苏州拙政园小沧浪水院鸟瞰图

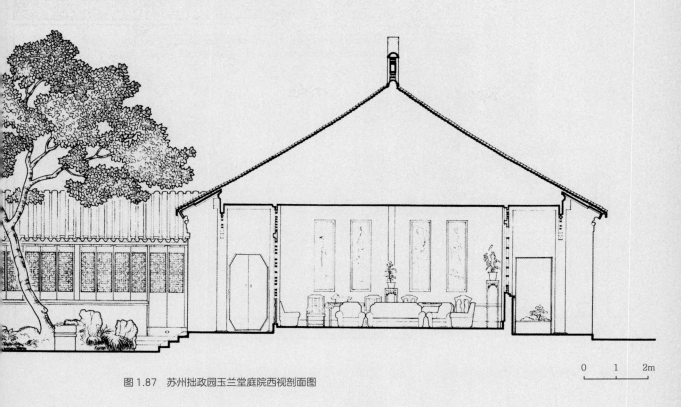

0   1   2m

图 1.87 苏州拙政园玉兰堂庭院西视剖面图

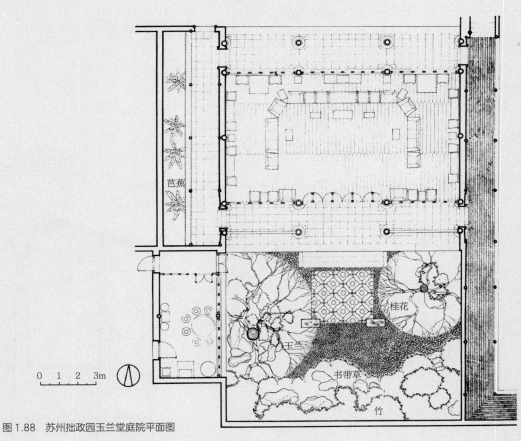

芭蕉

桂花

玉兰

书带草

竹

0   1   2   3m

图 1.88 苏州拙政园玉兰堂庭院平面图

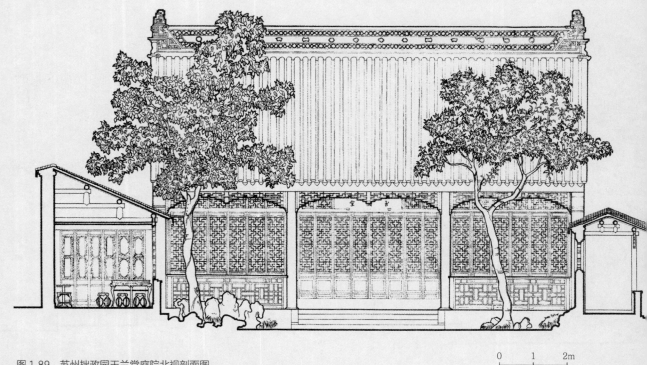

0　　1　　2m

图 1.89　苏州拙政园玉兰堂庭院北视剖面图

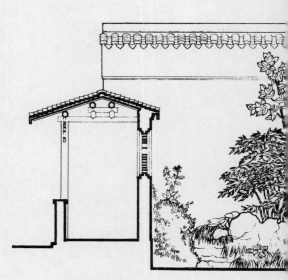

图 1.90　苏州拙政园玉兰堂庭院南视剖面图

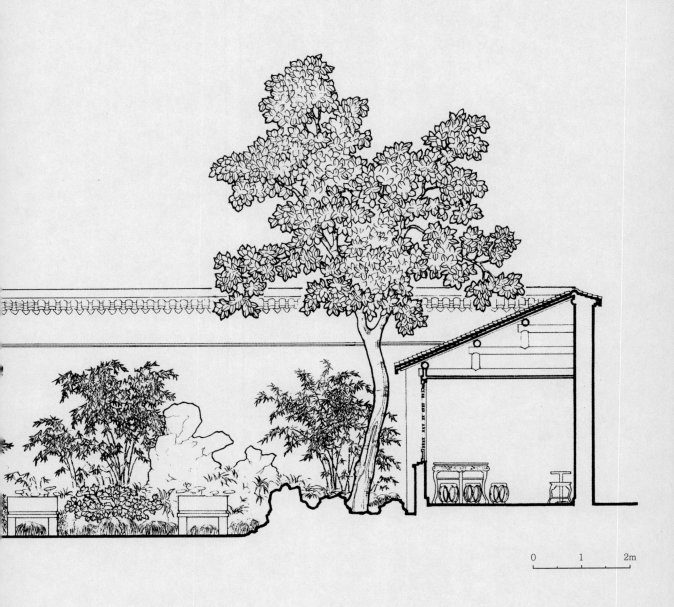

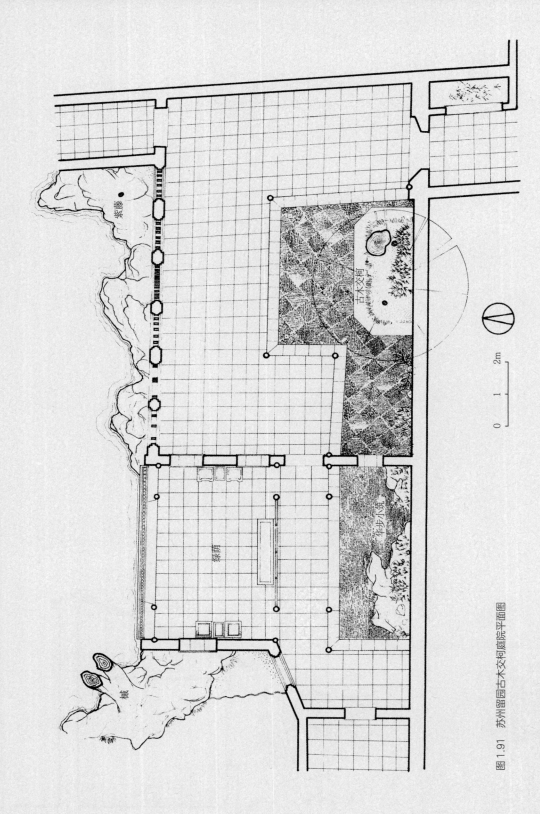

图 1.91 苏州留园古木交柯庭院平面图

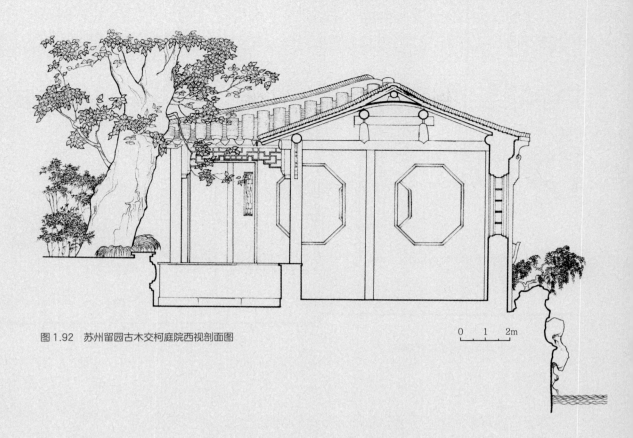

图 1.92　苏州留园古木交柯庭院西视剖面图

0　1　2m

0　1　2m

图 1.93　苏州留园华步小筑庭院东视剖面图

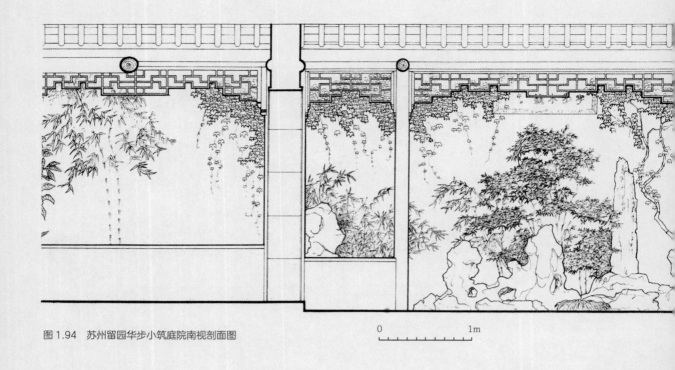

图 1.94　苏州留园华步小筑庭院南视剖面图

0　　　　　　　　1m

图 1.95　苏州留园华步小筑庭院及绿荫剖视图

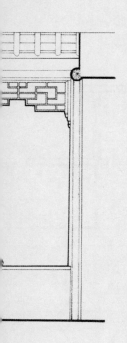

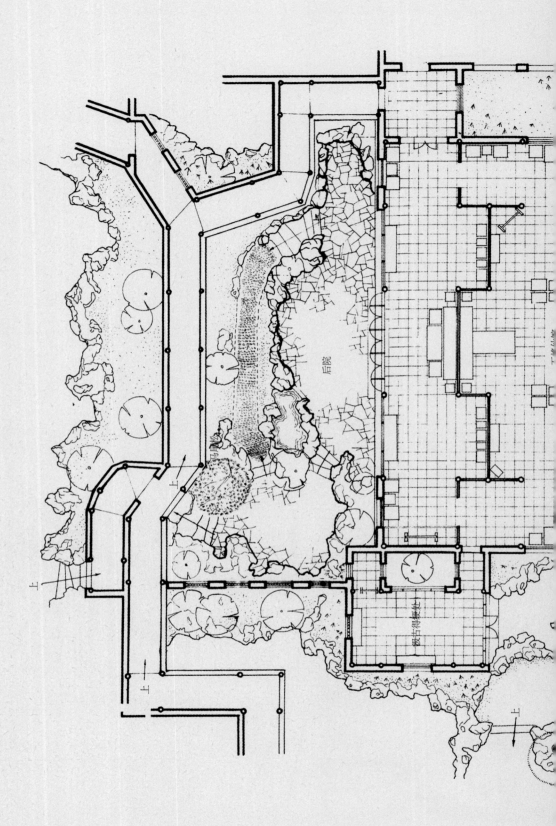

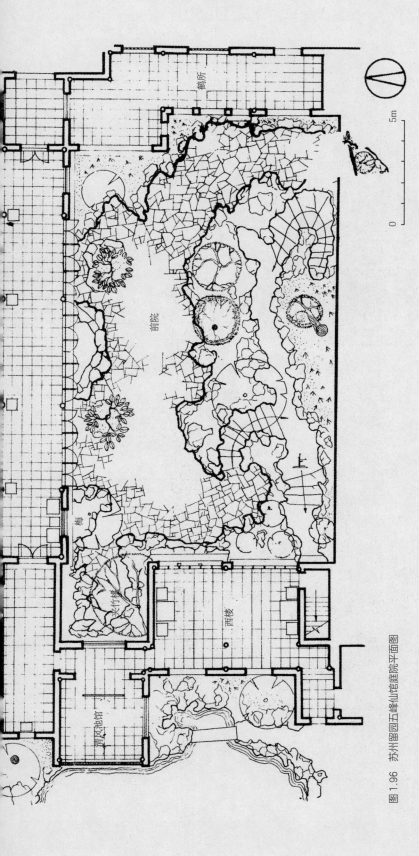

图 1.96 苏州留园五峰仙馆庭院平面图

厕所

前院

西楼

青风池馆

梅

米竹院

上

5m

0

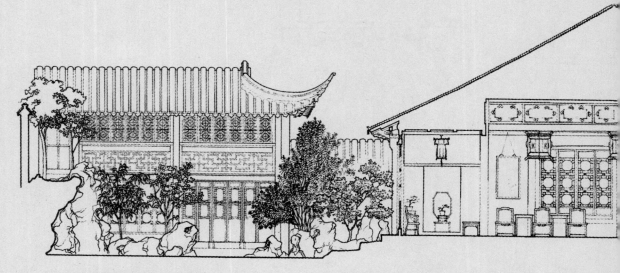

图 1.97　苏州留园五峰仙馆庭院西视剖面图

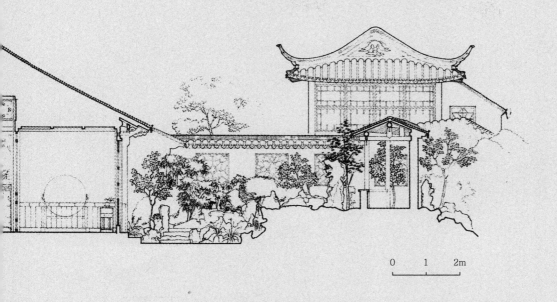

0 1 2m

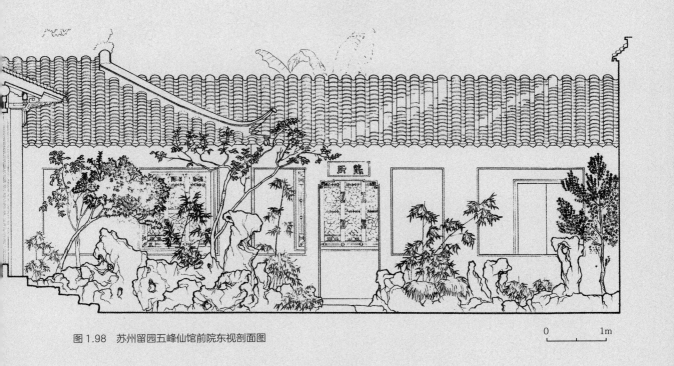

图 1.98　苏州留园五峰仙馆前院东视剖面图

0　　　1m

图 1.99 苏州留园五峰仙馆后院剖视图

图 1.100　苏州留园石林小院西视剖面图

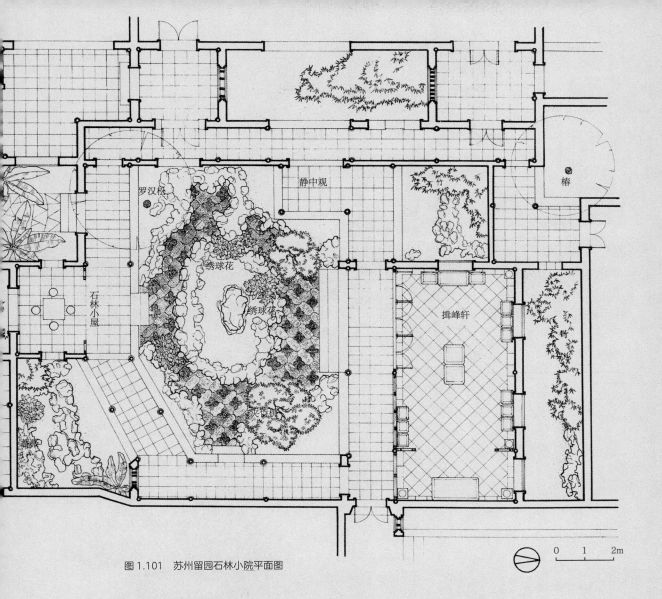

图 1.101　苏州留园石林小院平面图

罗汉松

静中观

椿

竹

石林小屋

绣球花

绣球花

揖峰轩

竹

0　1　2m

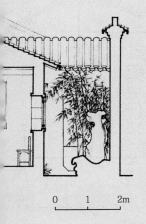

0　1　2m

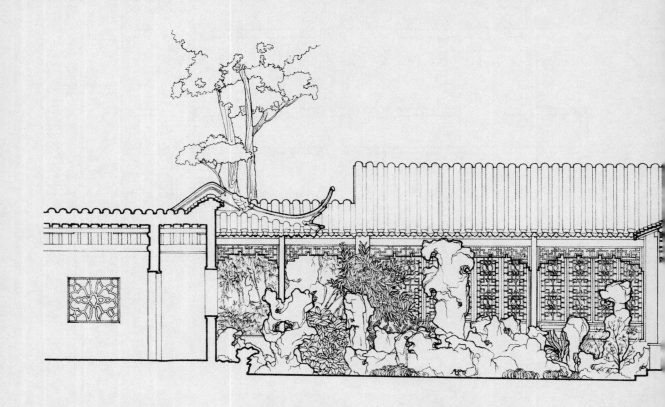

图 1.102　苏州留园石林小院北视剖面图

图 1.103　苏州留园石林小院南视剖面图

0　　1　　2m

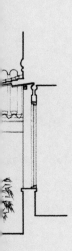

0　　1　　2m

图 1.104　苏州留园石林小院透视图（由静中观东望）

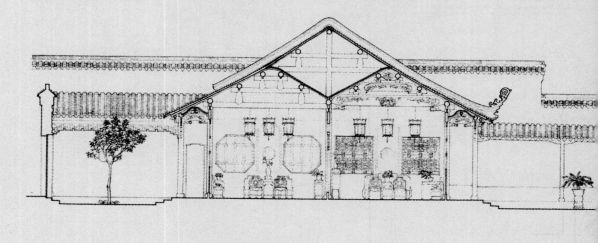

林泉耆硕之馆

图 1.105 苏州留园冠云峰庭院西视剖面图

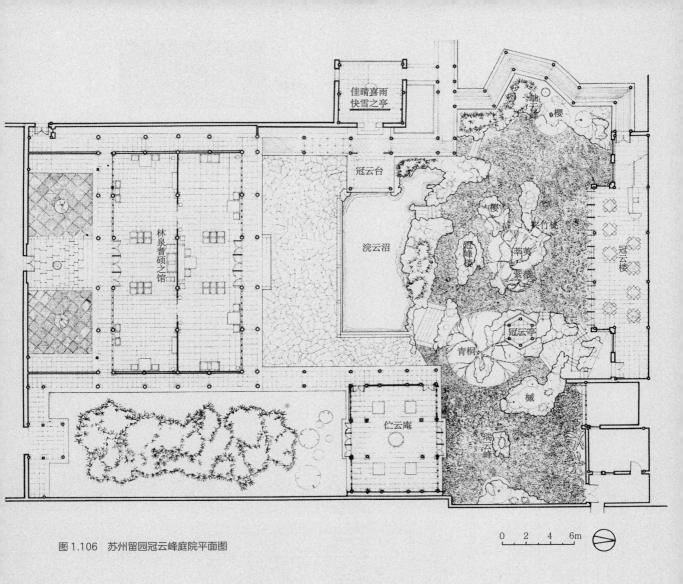

佳晴喜雨
快雪之亭

冠云台

浣云沼

林泉耆硕之馆

冠云楼

岫峰
樱

樱
夹竹桃

恋峰
紫薇
苦黄

青桐

冠云亭

槭

瑞云峰

仁云庵

0 2 4 6m

图 1.106　苏州留园冠云峰庭院平面图

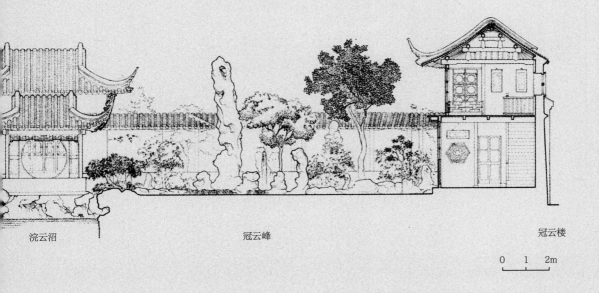

浣云沼　　　　　　　冠云峰　　　　　　冠云楼

0　1　2m

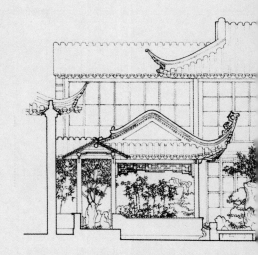

图 1.107 苏州留园冠云峰庭院北视剖面图

图 1.108 苏州留园林泉耆硕之馆内景（由东向西望）

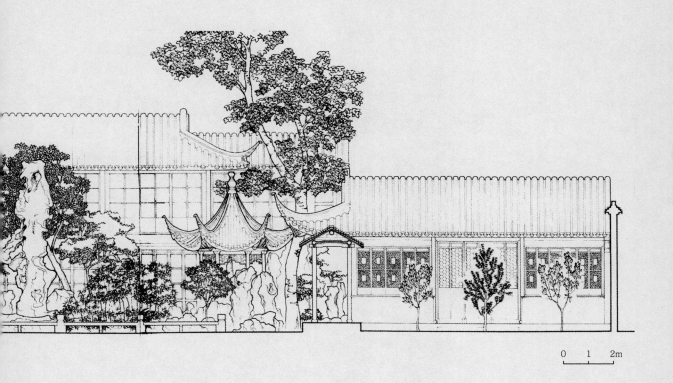

0   1   2m

图 1.109　苏州留园冠云峰庭院鸟瞰图

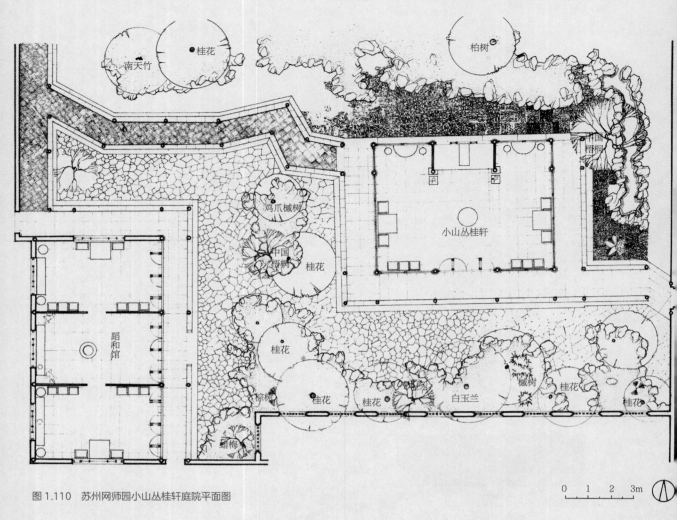

南天竹 桂花

柏树

中国梧桐

鸡爪槭树

中国朴树

桂花

小山丛桂轩

蹈和馆

桂花

棕榈

桂花

桂花 桂花 榉树 白玉兰 桂花 桂花

蜡梅

0 1 2 3m

图 1.110　苏州网师园小山丛桂轩庭院平面图

图 1.111　苏州网师园小山丛桂轩庭院西视剖面图

0 1 2 3m

图 1.112　苏州网师园小山丛桂轩庭院南视剖面图

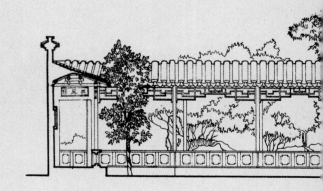

图 1.113　苏州网师园小山丛桂轩庭院北视剖面图

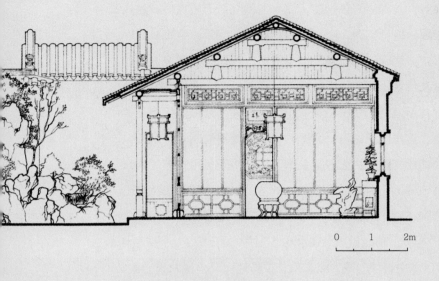

0 1 2m

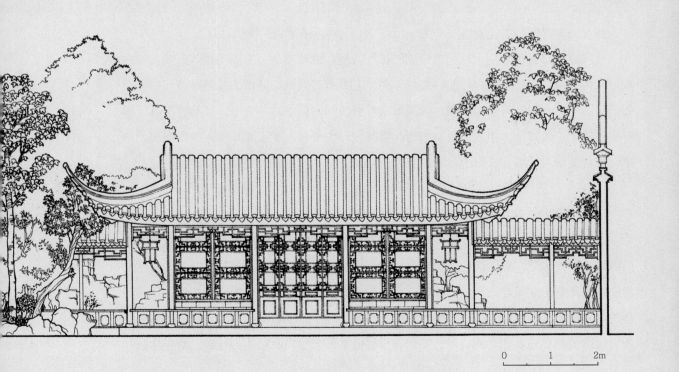

0 1 2m

1.3.3 祠寺庭院

此类庭院为供众人参与活动，规模较大。但僧徒居住部分的庭院又与住宅无甚区别。

23）南通狼山准提庵庭院（图1.114~图1.117，图1.122~图1.124）（参见图5.30）

此庵又名葵竹山房，原属广教寺，是寺之一处别院，属小型佛院兼僧居性质。建筑布局自由活泼，庭院幽静，景物天成，格调高雅，有禅家超凡脱尘的气质。全庵有庭院理景两处：一处在前，为四合院形式。南面"一枝栖"似是僧居，现已改为茶室，东西两厢及北屋"法苑珠林"当是客堂及佛堂。此院依山势布置，前低后高，北屋高踞台地上，故院内有2米左右的高差。北屋踏道两侧散植山茶、玉兰、绣球、紫薇、蜡梅及罗汉松等花木，形成苍翠满目的院景。这里既无奇石，亦无假山，踏道用天然石条筑成，毫无斤斧痕迹，地面用粗放的石块铺成，建筑物无多余装饰，门窗格子仍用古拙的满天星方格与柳条格。整个庭院透露出一种佛门清静、返璞归真的浓郁气氛，和一般江南士大夫住宅庭院迥然有异。另一处庭院在庵之后部，即"水云深处"，这里三面是房屋，一面是山崖，院内依山坡地势，略作构筑，形成院景，有水池、半桥（留云桥）、小亭（半粟亭，已毁）诸景。池岸、半桥均用本山石块作成，粗犷质朴，与地面及山崖融成一体，极为自然。可惜此院现已被僧人另建房屋。院旁有"诗书画禅"及"衔石楼"，似是读书作画之处，故此庭属书房庭院性质。

24）无锡寄畅园秉礼堂庭院（图1.118、图1.119，图1.125~图1.128）

此院原属秦氏贞节祠，是祠堂一侧的花厅庭院。秉礼堂是一座硬山建筑，观音兜山墙，木构架用料工整，室内轩及砖细加工精致，具有清代盛期风格，故当是清代中叶遗物。但走廊、木栏杆等做工粗糙，似属后期修补。院内以水池为中心，环池有走廊、湖石、花木。景色简洁，虽无奇石、古树、巧制，却也平易可亲。尤其院内向西望可借来惠山层嶂叠翠入于画面，为小院增色不少。

25）无锡惠山云起楼庭院（图1.120、图1.121，图1.129~图1.132）

这是惠山寺的一座僧院，筑于惠山东坡，与二泉相邻，是一座典型的山地庭院。院门额曰"隔红尘"，表示此中远离世俗，隔绝红尘。院内前后地面高差达4.8米，使云起楼高高耸立于其他建筑之上。楼前就山势构筑假山，既作为楼基护坡挡土墙，又是登楼的室外磴道，假山中还构筑曲折的山洞，一举而三得。但叠山手法并不高明，用石乱，缺乏大体大面和丘壑虚实的构思，只作石块饾饤堆砌而已。此楼小巧精致，是无锡园林建筑中少见的佳构。尤其二楼廊外另加一道低栏及垂莲柱挂落，极为精致，在江南实属少见的做法。楼上楼下室内属厅堂做法，规格较高。可见此楼经过精心设计与施工。其建造年代当在清中叶。楼前亭廊较之此楼则水平相差甚远，显然与楼不属同期之物。

图 1.114　南通狼山准提庵庭院俯视（正面建筑为"一枝栖"）（1962 年摄）

图 1.115　南通狼山准提庵庭院西厢"常乐我静"（1962 年摄）

图1.116　南通狼山准提庵"水云深处"庭院内水池与石桥（1962
年摄）

图1.117　南通狼山准提庵法苑珠林庭院

图 1.118　无锡寄畅园秉礼堂庭院水池（1962 年摄）

图 1.119　无锡寄畅园秉礼堂庭院

图 1.120　无锡惠山云起楼

图 1.121　无锡惠山云起楼庭院

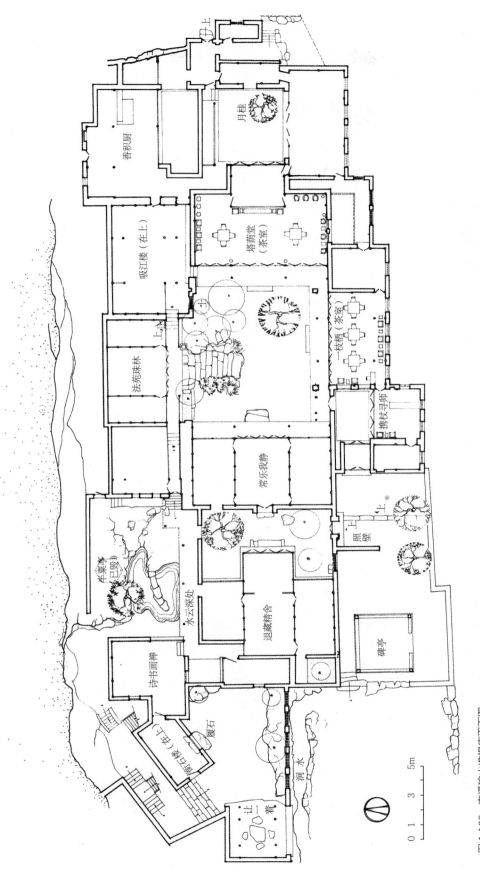

图 1.122 南通狼山准提庵平面图

香积厨

月桂

吸江楼（在上）

搭荫堂（茶室）

法苑珠林

一枝栖（茶室）

携杖寻师

常乐我静

柴栗庵（已毁）

水云深处

退藏精舍

照壁

诗书画禅

碑亭

履石

待行楼（在上）

让一着

洞 水

0 1 3   5m

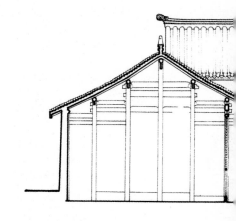

图 1.123　南通狼山准提庵法苑珠林庭院北视剖面图

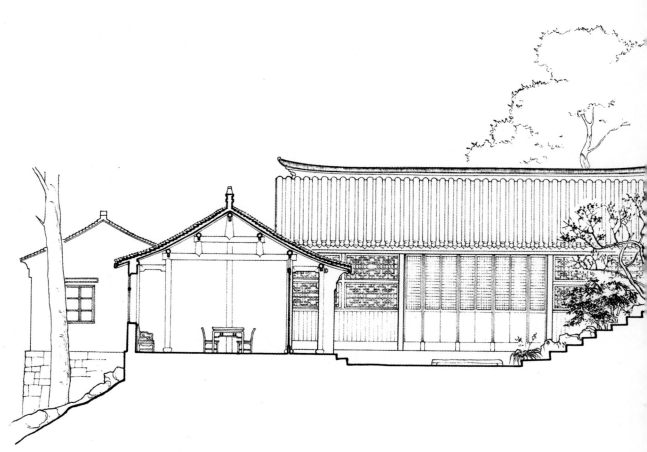

图 1.124　南通狼山准提庵法苑珠林庭院西视剖面图

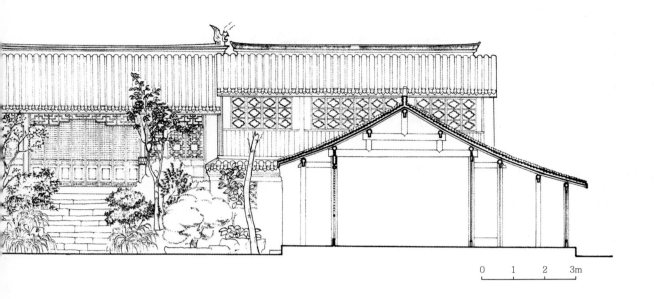

0　1　2　3m

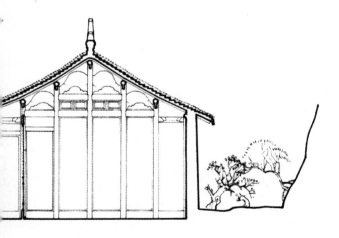

0　1　2　3m

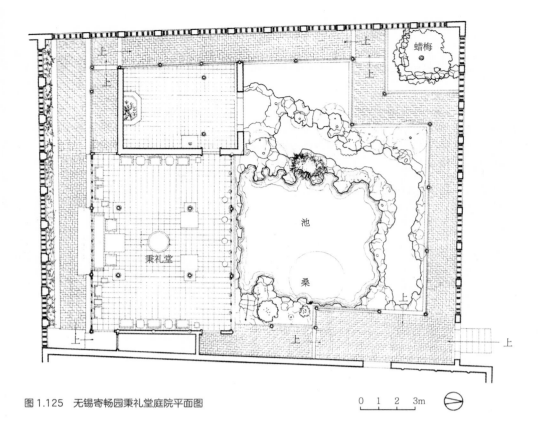

图 1.125　无锡寄畅园秉礼堂庭院平面图

0 1 2 3m

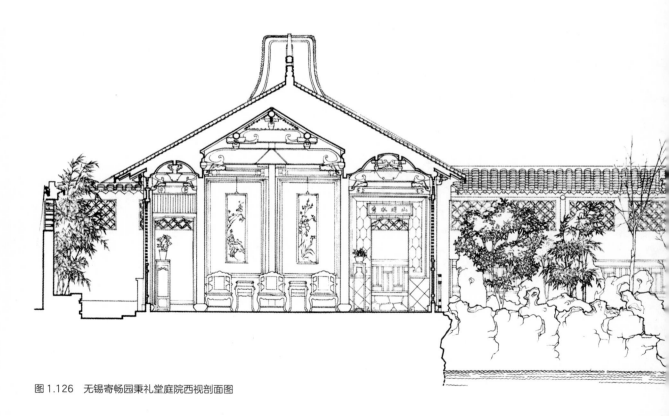

图 1.126　无锡寄畅园秉礼堂庭院西视剖面图

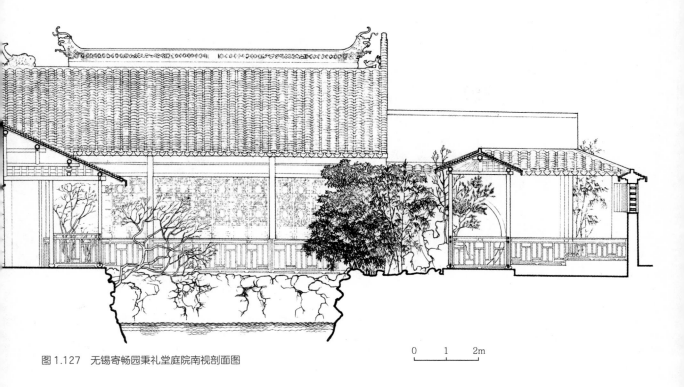

图 1.127　无锡寄畅园秉礼堂庭院南视剖面图

0　　1　　2m

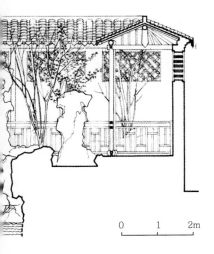

0　　1　　2m

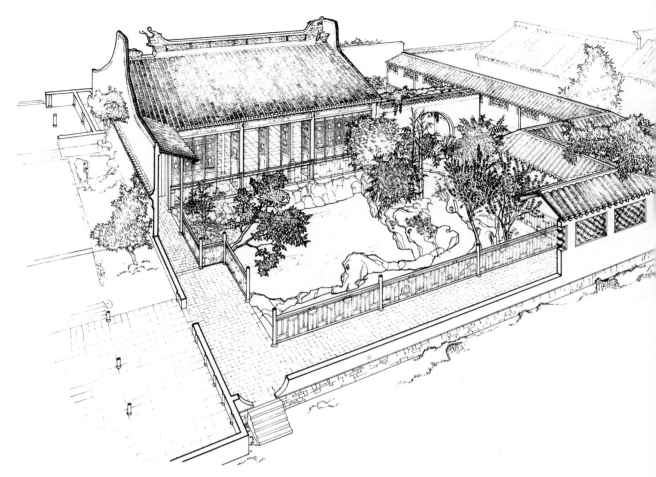

图 1.128　无锡寄畅园秉礼堂庭院鸟瞰图

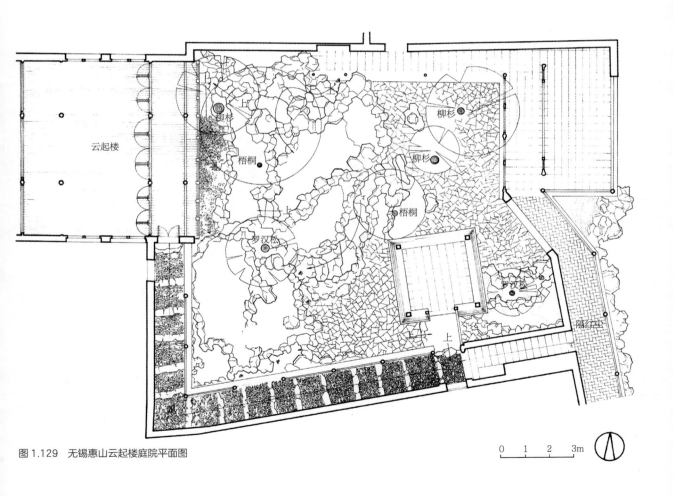

图 1.129　无锡惠山云起楼庭院平面图

0　1　2　3m

图 1.130　无锡惠山云起楼庭院南视剖面图　　0　1　2m

罗汉泉

图 1.131　无锡惠山云起楼庭院西视剖面图　　0　1　2m

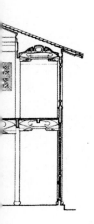

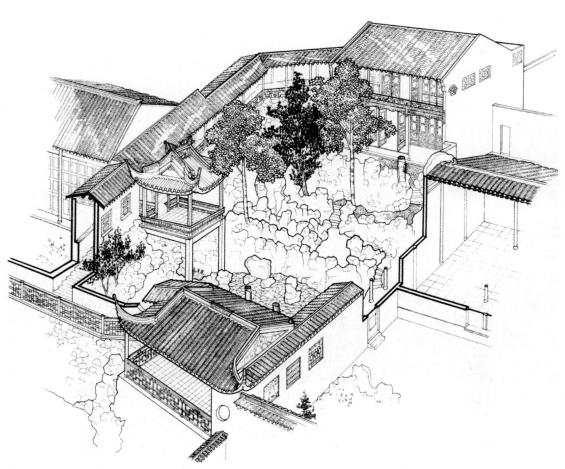

图 1.132　无锡惠山云起楼庭院鸟瞰图

26）苏州天平山云泉晶舍庭院（图 1.133~ 图 1.142）

　　这是一座小巧精致的僧院，位于天平山高义园上方，当是白云禅寺的一处别院。创建于清康熙年间，乾隆三年（1738 年）重建。地处天平山南坡，成狭长台地，内侧面对山崖，外侧可望远山平畴，风景殊胜。沿山崖有池一方，引山上泉水汇集而成，此泉即是著名的白云泉。白居易有诗曰："天平山上白云泉，云自无心水自闲"即指此泉。精舍房屋将池围成庭院，巧妙地利用室内外空间组合，使之在 300 平方米左右的基地上形成一处绝妙的泉石庭院理景。游人从很不起眼的舍门进入后，经过一段故作昏暗的曲廊而到达此庭院，顿觉池光山色，格外明媚，泉声泠泠，倍觉清冽，这种利用对比来衬托景物的手法在留园入口处同样被使用过，而这里似乎更为简练、集中。从这两例入口空间的"欲扬先抑"手法来看，我国园林对"序幕"空间十分重视，并有自己独特的理解与处理手段。

图 1.133　苏州天平山云泉晶舍南面外观（1962 年摄）

此处庭院面积不大，水池一面靠崖，其余两面围以条石凳作护栏，地面铺以冰裂纹石块。院角崖边杂树丛生，山花野葛随处散布，顽石兀兀，峭壁峥嵘，一种天然野趣充塞于窗边檐下。泉水又经竹管引导注入内院小池，供煮茶洗漱之用，与外院观赏水池分开使用，十分得体。精舍房屋空间低矮，兼山阁檐枋仅高2米。室内分隔灵活，造型朴实无华，不用雕镂，不用发戗，亦无挂落，其简略程度与庶民住宅无异。由于向南一面是开敞的格子窗，可推窗远眺，所以尽管房屋高度甚小，已超出于常规做法，但仍不感压抑，这是它的成功之处。这一组庭院，不论从建筑学还是造园学上来看，都称得上是江南极品。可惜"文化大革命"期间已被改建成现代茶室，一代瑰宝，遂难再见。近年虽按原样予以恢复，但当年神韵几许可得再现？

图1.134　苏州天平山云泉晶舍院内山石及泉池（1962年摄）

图 1.135 苏州天平山云泉晶舍庭院内泉池（1962 年摄）

图 1.136 由云泉晶舍兼山阁向外远眺（1962 年摄）

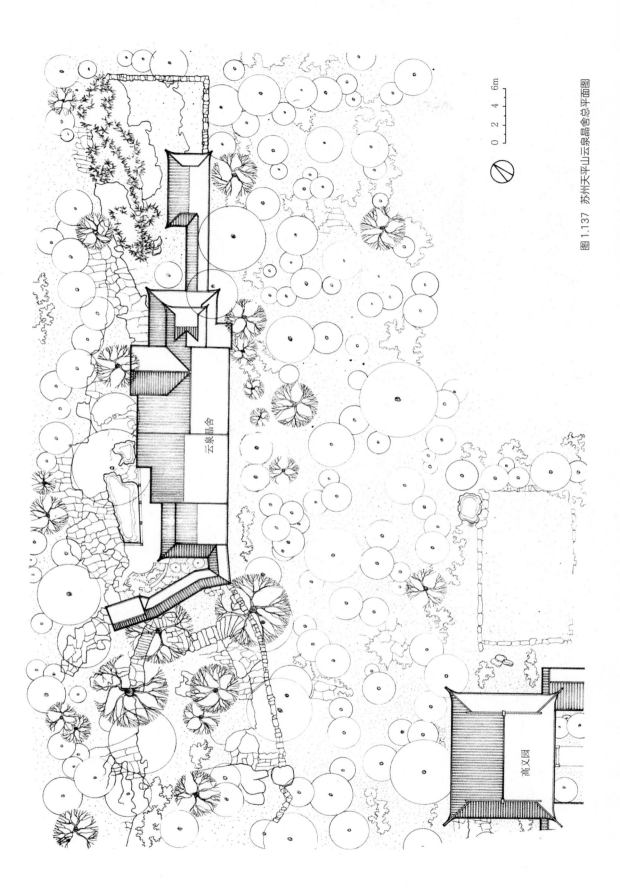

云泉晶舍

高义园

图 1.137 苏州天平山云泉晶舍总平面图

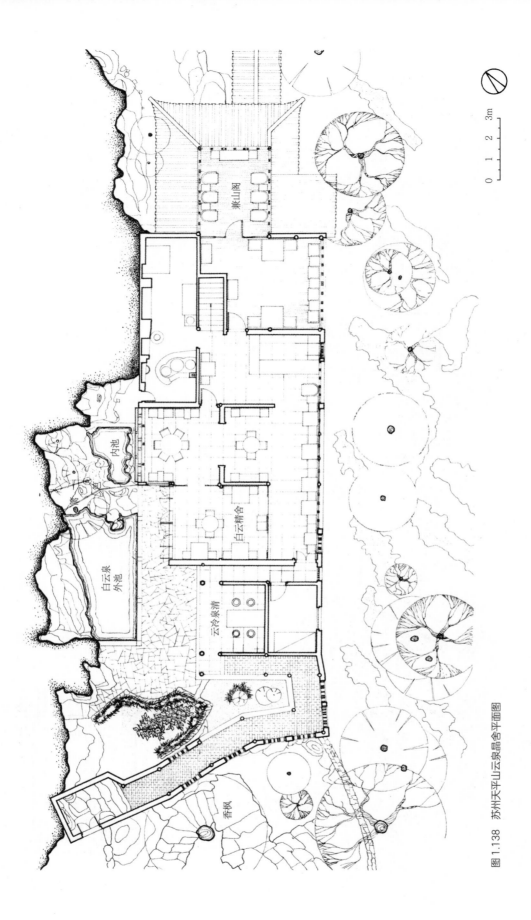

图 1.138 苏州天平山云泉晶舍平面图

兼山阁

内池

白云精舍

白云泉外池

云冷泉清

香枫

0 1 2 3m

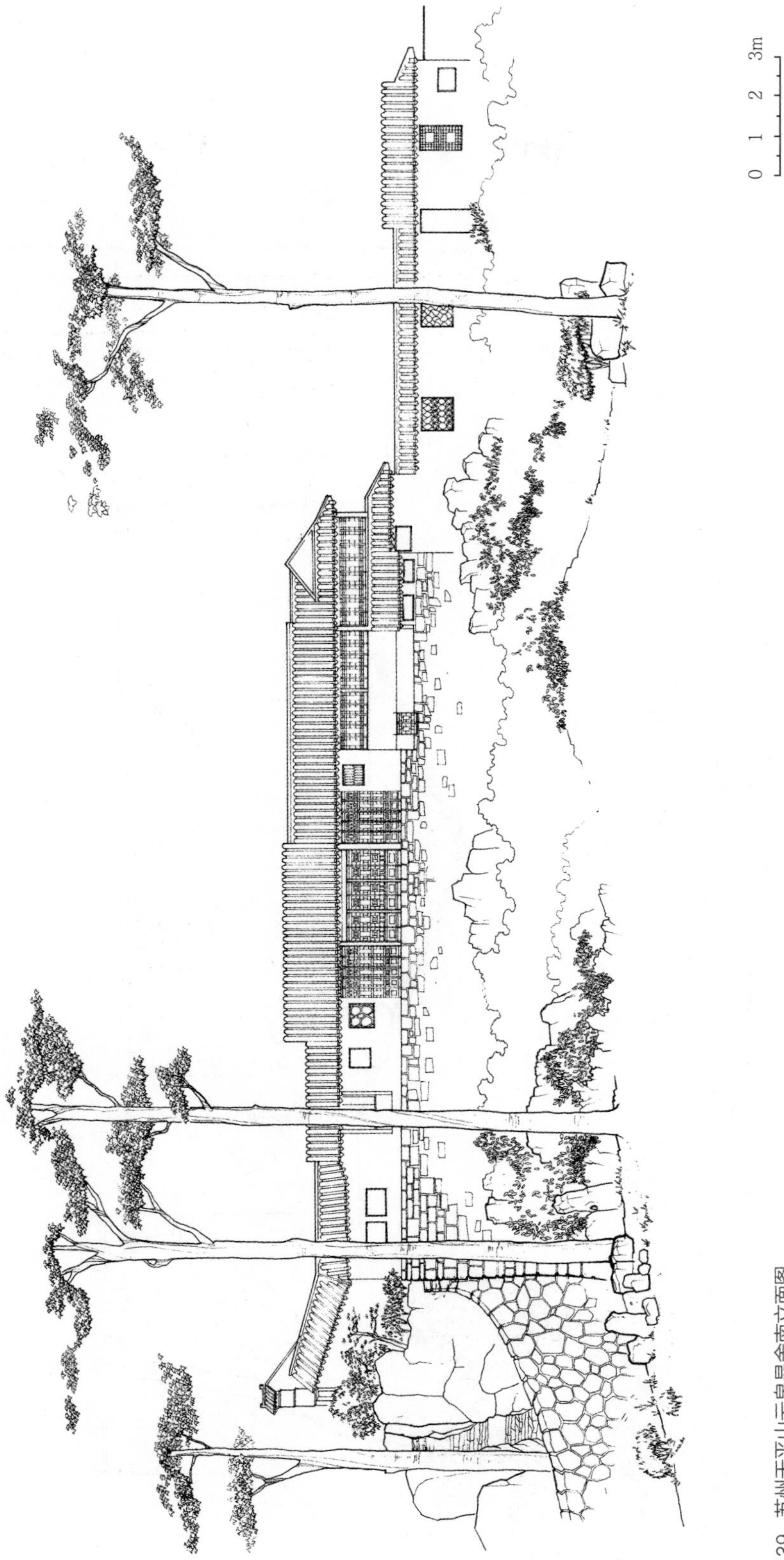

图 1.139 苏州天平山云泉晶舍南立面图

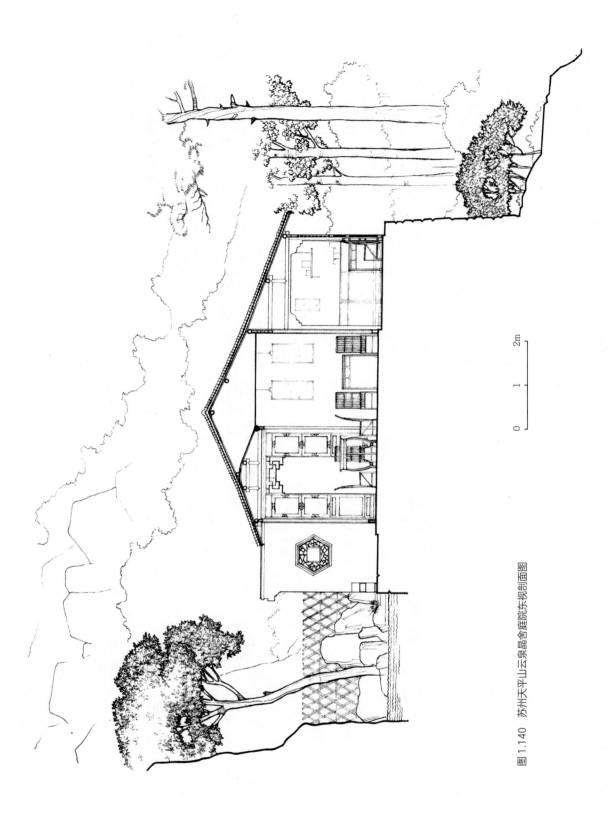

图1.140 苏州天平山云泉晶舍晶庭院东视剖面图

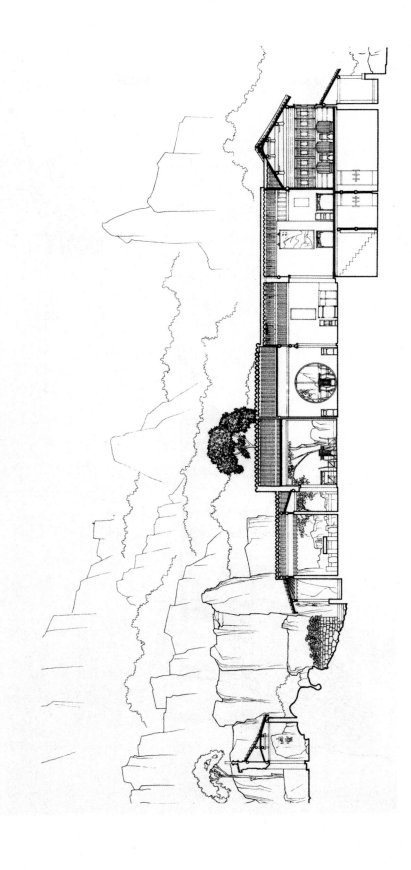

图 1.141　苏州天平山云泉晶舍庭院北视剖面图

0　1　2　3m

图1.142　苏州天平山云泉晶舍剖视图

27）杭州虎跑泉庭院（图1.143、图1.144，图1.152~图1.154）

虎跑在杭州南郊定慧寺内，庭院围泉而建，现存建筑都是清末所建，其中滴翠轩及泉上廊屋建于清光绪年间，罗汉堂则建于1926年。此院南有罗汉堂，北有滴翠轩及附屋，东为叠翠轩，西为廊屋"桂花厅"，四面围合而成曲尺形庭院。泉水汇为上下两池，上池依山傍崖，作不规则状，下池作长方形，两池水面落差约1.7米，院内地面因此分为上下两层，即罗汉堂、叠翠轩为一层，滴翠轩与廊屋桂花厅为另一层。院内多植桂花，下池中以湖石筑小岛，岛上略缀花草，池岛相映衬，呈现出灵秀活泼气息。此院依山傍崖，有清泉穿流而过，周围竹木浓密，极富山林自然意趣，较之城市庭院不知胜过多少倍。可惜建筑较粗放，实为美中不足。

28）绍兴兰亭王羲之祠（右军祠）庭院（图1.145、图1.155、图1.156）

这是一座典型的水院。布局十分简单：进大门两侧为廊，廊内壁上陈列历代《兰亭序》等书法作品的石刻摹本，廊尽端是厅堂三间，中悬王羲之画像，匾曰"尽得风流"，堂前为月台。其余院内空间尽为水池，为纪念王羲之临池学书池水尽黑的故事，池名"墨池"。池中有方亭名"墨华亭"。这是一个严整对称的四合院。除了堂前月台上有杜鹃两株外，别无其他树木，整个庭院严肃有余而活泼不足。幸有满院碧水，映照亭廊与天光云影，增加不少情趣。用水院做名人圣贤祠堂在江南未见他例，可谓别具一格。绍兴盛产石材，建筑物铺地、墙体、檐柱等普遍用石制，可称是绍兴地方风格。此祠也不例外，所用石柱比例高瘦，仍具江南木构建筑清丽秀美的特质。尤其架于墨华亭上的石板桥，微微起拱而又非拱结构，造型十分优美，为此祠增色不少。

图1.143　杭州虎跑泉庭院（自右至左为滴翠轩、桂花厅、泉）（1962年摄）

图 1.144　杭州虎跑泉庭院（右为罗汉堂）（1962 年摄）

图 1.145　绍兴兰亭王羲之祠（右军祠）水院

1.3.4　公共建筑庭院

此类庭院多在风景名胜区，因供公众游览，一般规模较大。

29）无锡惠山二泉庭院（图 1.146、图 1.147，图 1.157~ 图 1.160）

位于惠山东麓惠山寺南侧，是一处以泉池为主景的名胜。泉水被唐代刘伯刍评为天下第二，故称"天下第二泉"[②]。泉有上、中、下三池，上池八角形，中池方形，下池长方形。水由上池经暗道依次而下，最后由螭首口中流出注于下池。上池、中池之上共建一座方亭，其水原来很洁净，可供饮用。下池是观赏性水池，水从螭首下注，其声淙淙，其澜涟漪，故其旁所立三间四面厅建筑称为"漪澜阁"。乾隆曾在此赋诗曰："山中喜有水围堂，晃漾楣栏上下光"在堂的北侧墙上"天下第二泉"五字，是清代王澍所写。我国著名民间乐曲"二泉映月"就是以此背景创作的。至于三池后面高台所建的景徽堂、文昌阁等建筑，则是后人踵事增华，为纪念"茶圣"陆羽及当地乡贤而建的祠宇。

二泉一区庭院较为开阔，三池所在部分占地共约 800 平方米。入口设在东南隅，而不在中轴线上，环池筑花台，用石颇多，树木较稀疏，其中有大榆五六棵，绿荫如盖，使整个二泉显出了山林意趣。

30）苏州天平山高义园庭院（图 1.148~ 图 1.151，图 1.161~ 图 1.164）

高义园位于天平山南麓范氏祠堂西侧。这里原是范氏祖茔所在。北宋庆历四年（1044年），范仲淹奏请将附近的白云庵作为范氏功德香火院，宋仁宗赐额"白云禅寺"。明万历年间，范仲淹 17 世孙范允临在祖茔侧构别墅、修池沼、建亭榭是此处有园之始。清康熙年间，在其西侧增建祠堂。乾隆年间，清高宗四游天平，范氏后人陆续增建牌坊、亭榭、楼堂等建筑，总称高义园，以纪念皇帝数临的殊荣。

现存高义园建筑共五进。地势前低后高，依山逐进升高。头门、二门之内第三进为御书楼（即"宸翰楼"，是存放乾隆所写字稿的地方），楼后为"逍遥亭"，架空而建，踏道从亭下穿登而上，到达最后一进的庭院，即高义园的正堂。堂内有乾隆初游天平时所写"高义园"匾额及"游天平十六韵二首"诗碑。这里虽然仍保持规则对称的四合院布局，显得比较严肃、正规，但因地形高差大，逍遥亭的处理也较别致，因此感到和一般四合院有所区别。院内地面铺石块成冰裂纹，植有桂花、蜡梅、南天竹等花木。在第三进御书楼的两侧各有小院一区，结合山崖，稍作加工，聚泉成池，散置大块卵石，环以丛竹密林，极具山间泉石之胜。东侧有一方亭称"恩纶亭"，是放置乾隆"纶音"（谕旨）的地方。

高义园是一组非常特殊的建筑，应属于纪念性建筑一类。

图 1.146　无锡二泉庭院俯视（1962 年摄）

图 1.147　无锡二泉庭院北侧竹炉山房正门（1962 年摄）

图1.148　苏州天平山高义园牌坊（由景亭南望）

图1.149　苏州天平山高义园御书楼（1962年摄）

图1.150　苏州天平山高义园外景

图1.151　苏州天平山高义园后院逍遥亭

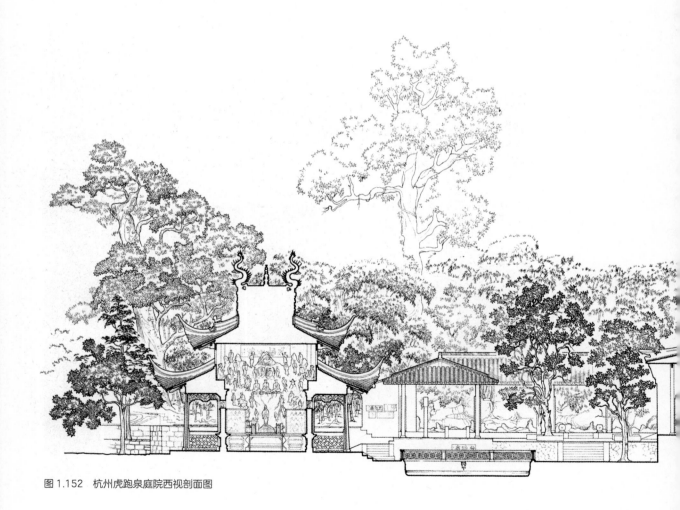

图 1.152　杭州虎跑泉庭院西视剖面图

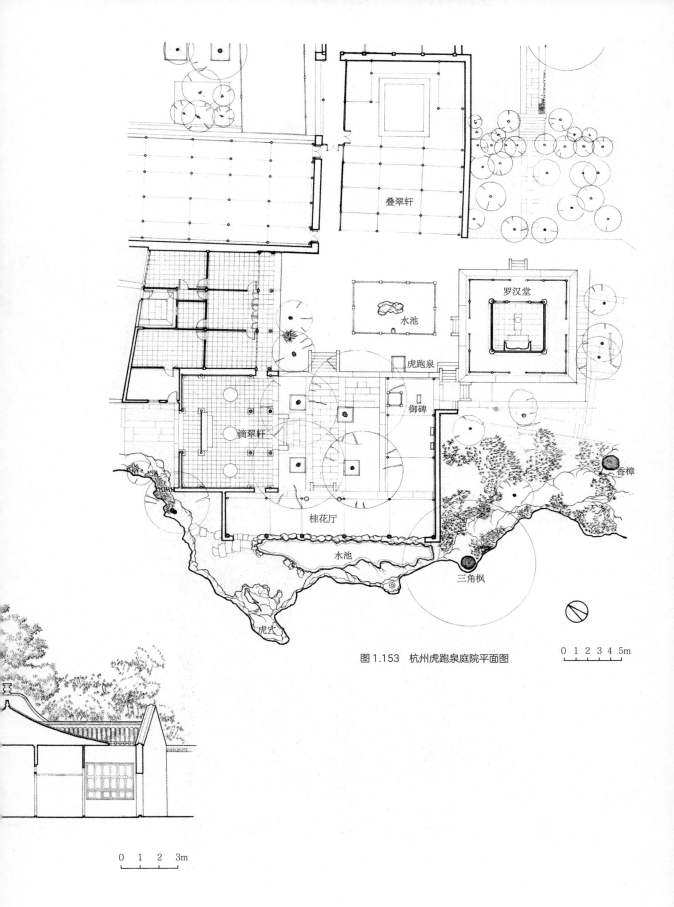

叠翠轩

水池

罗汉堂

虎跑泉

御碑

滴翠轩

香樟

桂花厅

水池

三角枫

虎穴

图 1.153　杭州虎跑泉庭院平面图

0 1 2 3 4 5m

0　1　2　3m

图 1.154　杭州虎跑泉庭院南视剖面图

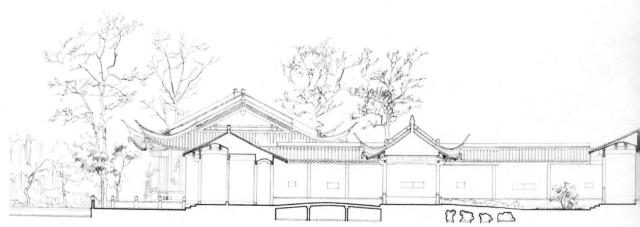

图 1.155　绍兴兰亭王羲之祠（右军祠）西视剖面图

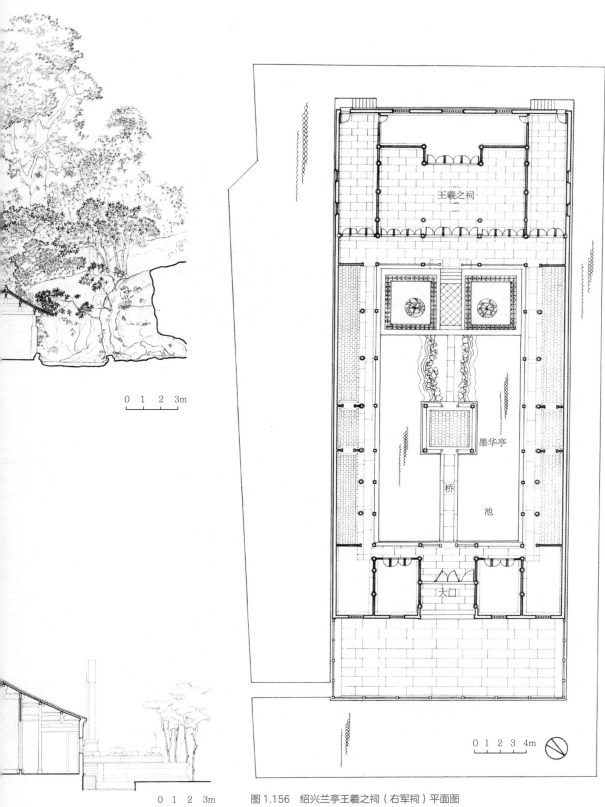

0 1 2 3m

0 1 2 3 4m

0 1 2 3m

图 1.156 绍兴兰亭王羲之祠（右军祠）平面图

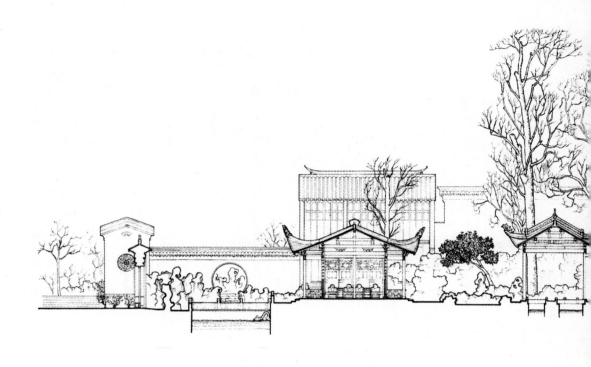

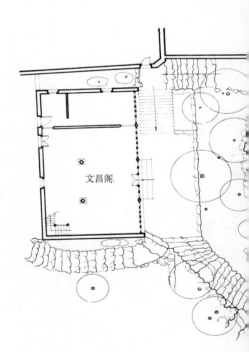

文昌阁.

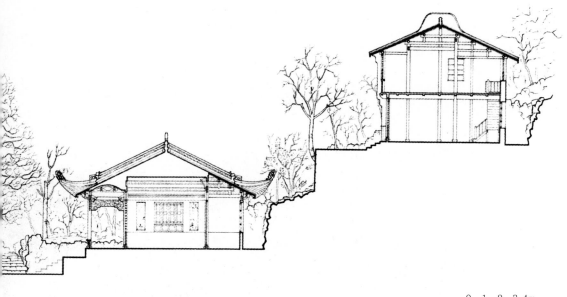

0 1 2 3 4m

图 1.157　无锡惠山二泉庭院南视剖面图

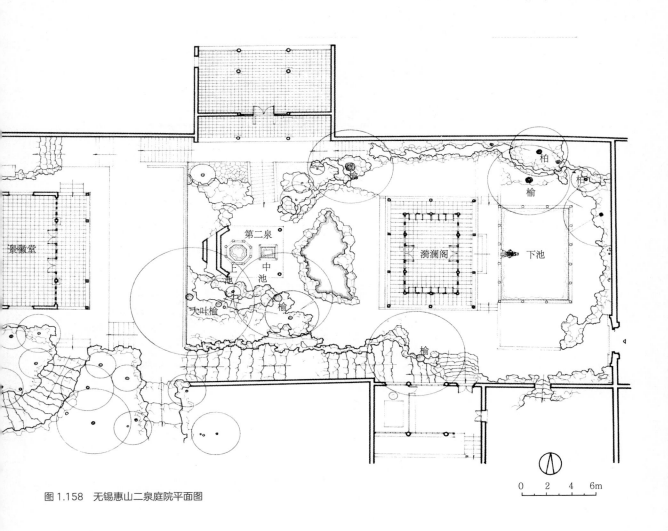

图 1.158　无锡惠山二泉庭院平面图

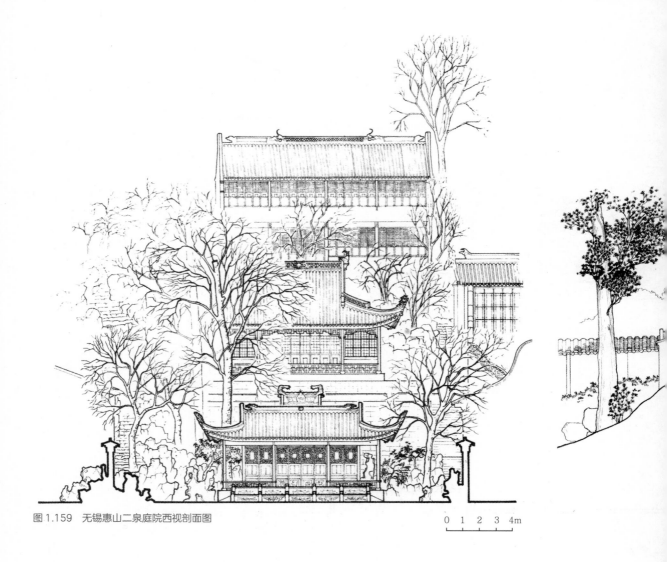

图 1.159　无锡惠山二泉庭院西视剖面图

0　1　2　3　4m

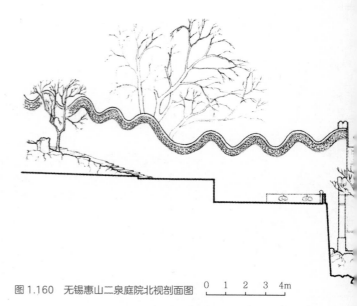

图 1.160　无锡惠山二泉庭院北视剖面图

0　1　2　3　4m

图 1.161　苏州天平山高义园后部庭院南视剖面图

银杏

枫杨

梧桐

柏

桃

枫杨

池

图 1.163 苏州天平山高义园后部庭院北视剖面图

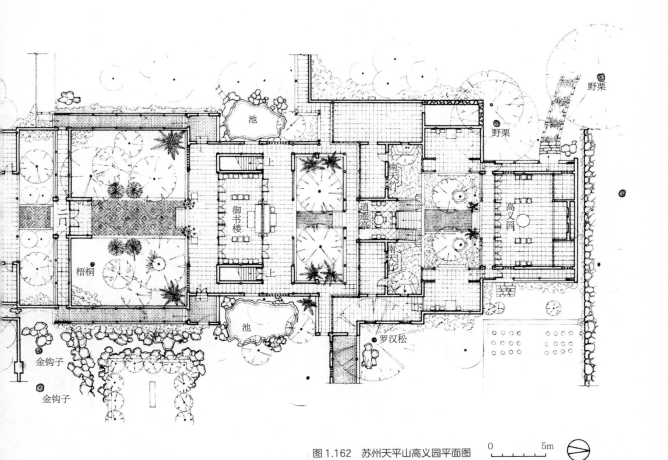

池

御书楼

上

上

梧桐

池

南天竹

逍遥亭

南天竹

高义园

野栗

野栗

罗汉松

金钩子

金钩子

图 1.162　苏州天平山高义园平面图

0　　　　5m

0　　1　　2m

图 1.164　苏州天平山高义园后部庭院鸟瞰图

31）杭州文澜阁庭院（图1.165，图1.168~图1.171）

文澜阁位于杭州孤山南麓，是为存放乾隆时所编《四库全书》而建的藏书楼。此处原为康熙行宫，后改为佛寺。乾隆四十七年（1782年），诏建文澜于此。当时共建七座藏书楼，分别庋藏七部《四库全书》（北京故宫文渊阁、圆明园文源阁、承德避暑山庄文津阁、沈阳清故宫文溯阁、扬州文汇阁、镇江文宗阁、杭州文澜阁）。这些藏书楼中所藏图书，一般士民都可去检视抄录，所以具有公共图书馆性质。太平天国之役，江南三楼均毁于兵火，文澜阁则于1880年重建，并将散失的图书收集、补抄，得复旧观。现此院归浙江省图书馆。

文澜阁藏书楼的形制仿宁波天一阁：六开间，西端一间为楼梯间，二层楼，硬山顶，前有庭院，院中设水池，兼有防火与观赏功能。但庭院布局较天一阁宽阔，中间为水池，池东有碑亭，池西有长廊，池南建有供读书用的书斋一座，书斋前院叠石成山，作为此斋与大门之间的屏障。假山用湖石垒成，山上立亭，山下构洞，所用石料体块颇大，掇叠手法成熟。

32）宁波天一阁庭院（图1.166、图1.167，图1.172~图1.174）

天一阁在宁波市区，创于明嘉靖四十年（1561年），是兵部侍郎范钦所建。楼内收藏海内异本及经史子集各种图书共七万余册。太平天国之役，阁残书散，赖范氏子孙世守谨严，得以传流部分藏书至今。阁为六开间，二层，硬山顶，楼下设前廊。楼前庭院中水池为乾隆时增设，池北面有露台，东西两侧各建亭一座，南面假山较琐碎，亭亦不够精致。但院中树木葱茏，几株高大的樟、文旦、朴等乔木，使院内浓荫覆地，配以清冽的池水，清幽宜人。

注释

①《孟子·娄离》："有孺子歌曰：'沧浪之水清兮，可以濯我缨；沧浪之水浊兮，可以濯我足。'孔子曰：'小子听之，清斯濯缨，浊斯濯足，自取之也'。"

② 欧阳修《大明寺水记》："张又新《煎茶水记》始云：刘伯刍谓水之宜者有七等。又载：羽为李季卿论水次第有二十种。今考二说与羽《茶经》皆不合……伯刍以扬子江为第一，惠山石泉为第二……季卿所说二十水，庐山康王谷第一，无锡惠山石泉水第二……疑羽不当二说以自异，使诚羽说，何足信也。得非又新妄附益之耶。"查陆羽《茶经》原著，确无此说。可知所谓第二泉系陆羽评定一说，纯属讹传。

本章图1.6、图1.9，图1.22~图1.26，图1.114~图1.116，图1.118，图1.133~图1.136，图1.143、图1.144、图1.146、图1.147、图1.149照片均由潘谷西、刘先觉于1962年拍摄。

图 1.165　杭州文澜阁庭院

图 1.166　宁波天一阁庭院（由假山上西望）

图 1.167　宁波天一阁楼下明间

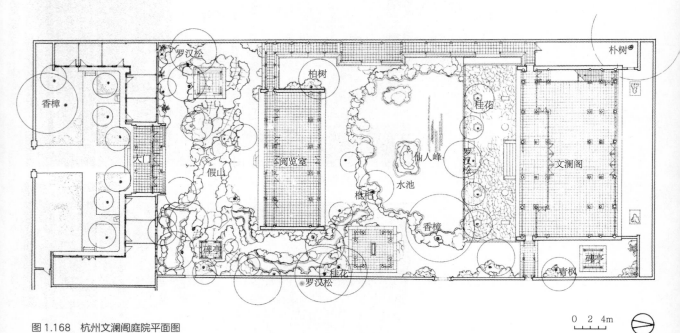

图 1.168 杭州文澜阁庭院平面图

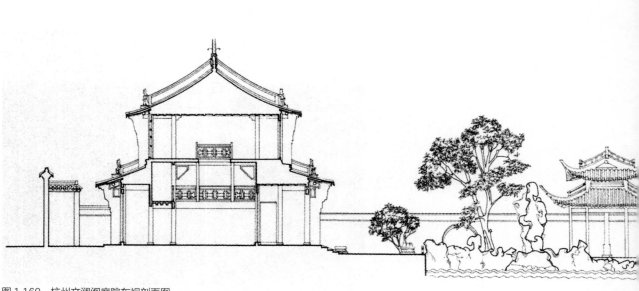

图 1.169 杭州文澜阁庭院东视剖面图

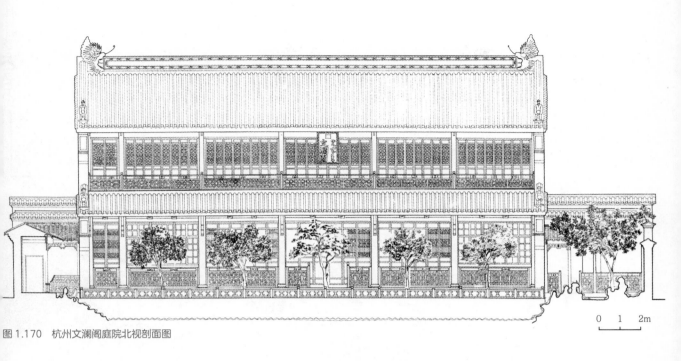

图 1.170　杭州文澜阁庭院北视剖面图

0　1　2m

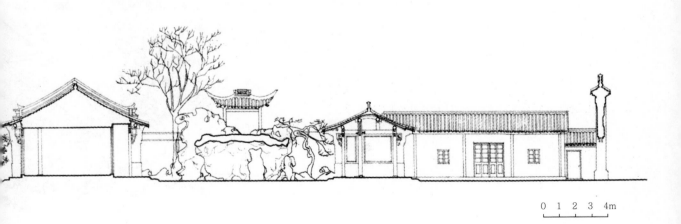

0 1 2 3 4m

图 1.171　杭州文澜阁庭院鸟瞰图

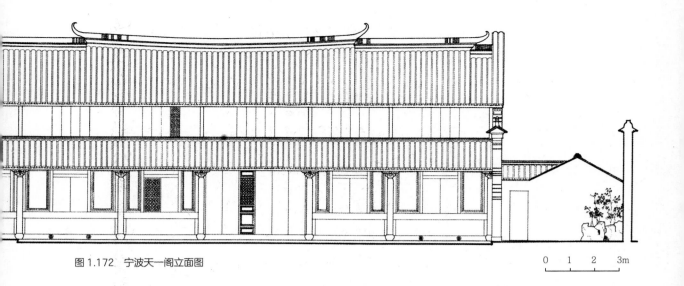

图 1.172　宁波天一阁立面图

0　1　2　3m

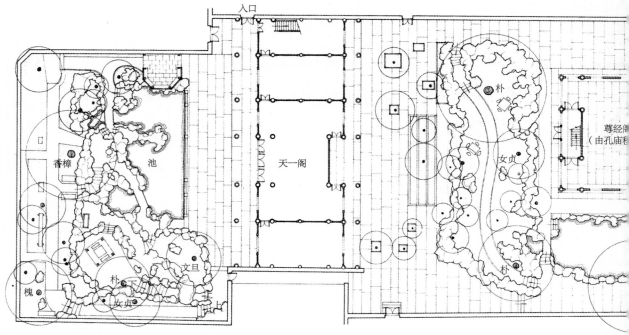

图 1.173　宁波天一阁平面图

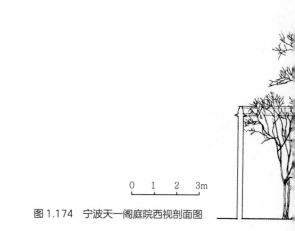

0　1　2　3m

图 1.174　宁波天一阁庭院西视剖面图

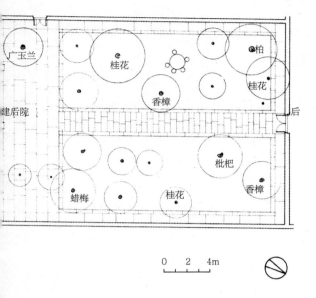

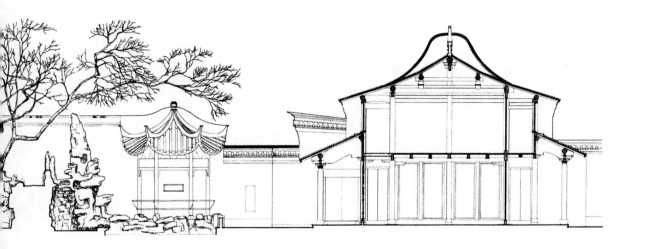

（摄影：郑波）

第2章　园林理景

2.1　江南园林的盛衰

　　江南园林名扬天下，其中以苏州、扬州两地尤著，一则因其遗物多，二则因其品位高，三则著书介绍者众。所以提起中国园林必谈苏州、扬州。其实，从整个江南地区的历史来看，园林的兴盛远远不止苏、扬两地。处于长江三角洲的南京、镇江、无锡、宜兴、太仓、上海、吴兴以及杭州、绍兴等地都出现过许多名园。只是由于岁月的无情摧残，迄今多数地区留下的已属凤毛麟角，难觅当年园林兴盛的踪影。

　　江南地处长江中、下游，山清水秀，气候温润，雨量充沛，四季分明，利于各种花木生长；地下水丰富，水位高，便于凿池理水；水运方便，各地奇石易于罗致。这些都是发展园林的有利条件。春秋时期，吴、越、楚三国台榭的兴造已很兴盛。而楚王苑囿则是："茝兰桂树，郁弥路只，孔雀盈园，畜鸾凤只"（《楚辞·大招》）；"坐堂伏槛，临曲池些。芙蓉始发，杂芰荷些"（《楚辞·招魂》）。有曲池、荷芰、兰桂、孔雀，一派王者苑囿风光。到了东晋和南朝建都金陵，王族公卿竞相建园，玄武湖畔、钟山之阳、青溪两岸、淮水一线，名园布列。天子的华林园、乐游园则占有鸡笼山、覆舟山及玄武湖山水地理之胜。300 年间，建康园苑兴造不绝，形成中国造园史上的第一次高潮。以山水为园林理景主体，追求自然美的享受，也成了士大夫的一种时尚。中国园林之真正成为一种成熟的艺术品类，实始于以建康为中心的南朝。南宋时，中国政治文化中心再度南移，都城临安及吴兴两地造园之风特盛。临安擅湖山之美，皇家园林多达10 处，私园则遍布城内外，可见之于《都城纪胜》、《梦粱录》等书记载的园林约 50 处。西湖沿岸大小园林、水阁、凉亭不计其数。吴兴濒临太湖南岸，是贵族官僚消闲清暑胜地，园林之盛，不减临安，宋周密《吴兴园林记》所记共 32 例。明初，朱元璋有"祖训"："凡诸王宫室，并不许有离宫别殿及台榭游玩去处"（《大明会典》卷一八一，王府条）。对功臣也规定："功臣宅舍……更不许于宅前后左右多占地构亭馆，开池塘，以资游眺"（《明史》卷六八，舆服志）。朱元璋本人在建造南京宫殿时也未兴修苑园，并对廷臣表明：“台榭苑囿之作，劳民财以事游观之乐，朕决不为之”（《明太祖实录》）。上行下效，明朝前期各地确无造园的记录，到了明代中期，禁令松弛，奢靡继起，正德、嘉靖两朝，皇室在北京西苑（北海）大事兴作，各地致仕官员也放胆在住所建造园林，官僚集中的留都南京和经济文化发达的苏州、杭州、绍兴等地相继兴起造园之风。江南一些现存名园如南京瞻园、无锡寄畅园、苏州拙政园都创建于正、嘉年间。明末，江南园林之盛达于顶点，王世贞文集中所记上海、苏州、太仓、昆山、嘉定、南京的园林不下50处，祁彪佳文集所录的绍兴园林近200处，其他未见著录的应远远超出此数。丰富的造园实践培育了一批造园家，计成、周秉忠是其中之佼佼者。总结造园经验的著作《园冶》，成为中国古代最早经典造园名著。这个时期的江南园林可称是中国造园史上极其光辉灿烂的时期。清代，在帝室的带动下，江南各地园林造作不断，沿江两岸尤为兴盛。其中盐商汇集的扬州，乾隆年间在瘦西湖一线建造了一大批园林，以冀邀宠于数下江南巡游的乾隆帝。这个突然兴起而又迅速衰落的仅持续数十年的造园热潮，又在造园史上添写了园林随盐商经济兴衰而起伏的有趣篇章。鸦片战争以后，上海成为中国最大的商埠，周围地区的城市如苏州等地造园活动极为频繁，迄于近代而不衰。20世纪50年代初，苏州城内尚留有大小园林及庭院理景百余处。苏州郊区乡村如洞庭东、西山等地也随处可以见到当年所建园林旧迹（图2.1）。

纵观江南园林的发展历程，其主干当属官僚、富豪的私园。而这些私园的实质，则为园林化的别墅。无论其地处城郊或市区，目的都是为了在日常生活之中，寻找一片天然净土，供作调剂精神和寄托情赏之用。南朝梁武帝的丞相徐勉在给长子的一封信中道出了造园的一番缘由：“吾家本清廉，显贵以来将三十载，中年聊于东田开营小园者①，非存播艺要利，正欲穿池种树，少寄情赏；又以郊际闲旷，终可为宅，倘获悬车致事，实欲歌哭于斯……吾清明门宅②，前割西边施宣武寺，既失西厢，不复方幅，意亦谓此逆旅舍耳，常恨时人谓是吾宅。古往今来，豪富继踵，高门甲第，连闼洞房，宛其死矣，定是谁宅？但不能为不为培塿之山，聚石移果，杂以花卉，以娱休沐，用托灵性。随便架立，不存广大，唯功德处，小以为好……（园）由吾经始，历年已粗成立：桃李茂密，桐竹成荫；塍陌交通，渠畎相属；华楼回榭，颇有临眺之美；孤峰丛薄，不无纠纷之兴。渎中并饶荷芰，湖里颇富芝莲。虽云人外，城阙密迩……吾年时朽暮，心力稍单，牵课奉公，略不克举，其中余暇，才可自休，或复冬日之阳、夏日之阴，良辰美景，文案间隙，负杖蹑履，逍遥陋馆，临池观鱼，披林听鸟，浊酒一杯，弹琴一曲，求数刻之暂乐，庶居常以待终”（《南史》卷六〇，徐勉传）。徐勉的这座东田庄园大致位于今天南京东郊钟山之阳，属于郊外别墅型的私园。从文中可以看出，造园目的并不是想从园艺中获得经济上的好处，而是为了寄情赏、托灵性、娱休沐。园林的景色是田陌交联，沟渠相通，桃李茂密，桐竹成荫，河中多荷芰，湖里富菱莲，还有孤峰丛莽的山林野趣，可称是一派恬淡闲逸的田园风光。至于当时市区的宅旁园林，也大多有水池、土山及竹林花药之美。如东晋的丞相王导在今南京冶山有一座西园，园中果木成林，还放养鸟兽。纪瞻乌衣巷住宅亦有园池竹林。看来建康当时的园林，多以土山、水池、果林、花药为主要园景，园内建筑数量不多，所占比重极小。但唐、宋以后，园林向庶民化方向发展，尤其是宋代，不仅一般官僚士人，连驿馆、酒楼、饭店、僧舍都有山池、亭榭之设；而官府的"郡圃"及豪门的私园都定期向市民开放，园林与社会各阶层的生活结合得更为紧密，活动内容增加，建筑物的比重也越来越大。到了明代，一些园林的内容已十分庞杂，建筑物的品类已达到几乎无所不包的地步。例如万历年间潘允端在上海城内建造的豫园，有厅堂四座，楼阁六座，斋、室、轩、祠十余座，曲廊140步，厨房、浴室俱全。除日常生活所需的房屋外，还有奉道教吕仙的"纯阳阁"、"关侯祠"、"山神祠"、"土

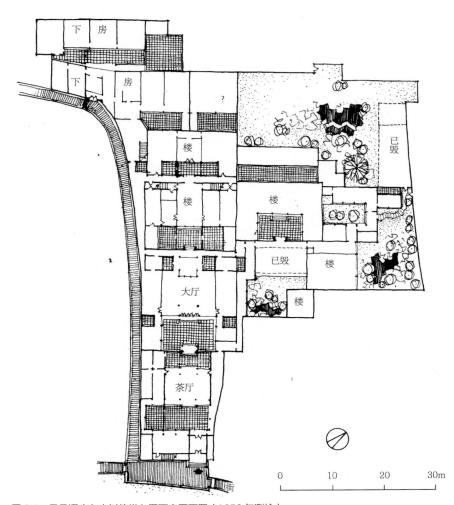

图 2.1　吴县洞庭东山树德堂东园西宅平面图（1956 年测绘）

地祠"，奉佛教观世音的"大士庵"和接待高僧的禅堂以及祭祀的祠堂。集住宅、佛庵、道观、祠堂、客房于一区，园林几乎成了一个小社会。明末文学家王世贞在太仓建造的弇山园，面积四五公顷，也建有"为佛阁者二，为楼者五，为堂者三，为书室者四，为轩者一，为亭者十，为修廊者一，为桥之石者二、木者六，为石梁者五，为流杯者二"（王世贞《弇山园记》）。一园之中竟有如此众多的房屋、桥梁，说明这里成了王氏家人聚居之所。难怪明末王心一将自己的园林定名为"归田园居"，"居"已是园林的主要功能，和住宅不同的是这里居在山水林泉之间。

另一方面，自六朝奠定以山水为造园主题以后，其理景风格也颇有变化，概言之，前期比较朴野，后期趋于精致。如上述徐勉郊园，虽然他说："非存播艺要利"，即不是为了搞园艺来获利，但园中还是"桃李茂密，桐竹成荫，塍陌交通，渠畎相属"，"渎中并饶荷菱，湖里颇富芰莲"，透出一派庄园经营的气息。再如东晋丞相王导的西园，也是"园中果木成林，又有鸟兽麋鹿"（《晋书·郭文传》）。谢灵运在浙东始宁的山居别业，更是"阡陌纵横、塍埒交经"、"麻麦粟菽，递艺递熟"、"桃李多品，梨枣殊所，枇杷林檎，带谷映渚"（谢灵运《山居赋》），完全是山乡田庄风光。即使是被视为豪侈之极的吴兴武康人茹法亮的园林也是"宅后为鱼池、钓台、土山、楼馆，长廊将一里，竹林花药之类，公家（帝王）苑囿所不能及"（《南史·茹法亮传》）。显示出当时园林的布局与内容仍与庄园风格有较多联系。对风景的欣赏，着重于景物内在本质美的体认，没有达到对形象的画意般的追求。可以说，这时的园林审美还比较粗放而质朴。

到了唐宋，随着山水诗文与山水画的发展，山水审美更为深入、细腻，"诗情画意"的发展带动园林风格更趋细致、精美。特别是一批著名文人如王维、柳宗元、白居易等人的诗文，对提高全社会的自然审美能力与水平有着重要作用。他们还亲自建造风景点和园林，阐发风景园林的意义、审美标准、处理手法、营建方法，大大丰富了我国造园理论与技艺，并对后世产生重大影响。例如白居易描述自家园池的"岸浅"、"桥平"、"池面宽"，可说是对池岸、桥梁与池面三者关系的经典性总结，至今仍是园林理水的不易确论。再如欧阳修所创的"画舫斋"，至今还为园中石舫和船厅的构思所沿用。正是由于一大批文化精英的参与，使风景园林更具诗情画意，风格更为精致、高雅、细腻，比之六朝时期有很大的进步。

明清两代推行文化专制主义，士人思想禁锢甚重，各种艺术的审美取向趋于繁缛、密致，园林风格也较唐宋更为细腻、精致，小中见大，以少胜多，种种手法都日趋成熟。园林建筑也在匠师们不断改进下形成一个独立的建筑品类。与此同时，繁琐、堆砌和庸俗的造园风气，也日渐在江南园林中蔓延。以叠石象征狮、猿、牛等动物可作为这种风气的典型代表。

2.2　江南园林的理景特色

历史上的江南园林虽已十不存一，但从有限的遗例中仍可一窥我国古代社会后期达到的高度艺术水平。

江南园林的艺术成就是在特定历史条件下形成的。它是运用中国传统的多种艺术手段而形成的一种综合性空间艺术，即运用叠山、理水、建筑、花木、陈设、家具、诗文、绘画、雕刻等要素，营造出一种意蕴深邃、内涵丰富的生存环境，使人从中享受到安适闲逸、情趣高雅、亲近自然的"城市山林"生活方式。这些园林的主人多半是致仕官员、世家大族、豪绅名士，建造过程中往往有文人画家参与擘划，因此能充分运用当时的艺术成就，使造园艺术达到很高的水平。

现存的江南园林除少数佛寺、祠宇的附属空间外，绝大多数属于私家宅园，当初只是供为数不多的家庭成员享受的，面积都不大，大者数十亩，小者一二亩，更有小至百余平方米者。因此，此类造园仍属于小空间的造景艺术，与庭院理景相比有许多相似之处，例如园景以近观细玩为主，在精不在多。水取其清澈曲折；石取其姿态优美；花木取其色、香、姿俱佳，干、枝、叶、花皆可观赏；房屋取其小巧、玲珑、精致。为了达到园虽小而景深远，境虽隘而意无穷，就需要创造一系列小中见大，以少求多的艺术处理手法。不过，园林理景仍有其本身的特点。首先，园林虽常紧靠住宅或祠宇，但却设有单独出入的园门，可供独立使用，不像庭院那样依附于某一建筑物，仅作为该建筑物的外部活动空间而存在；其次，园林一般是由多重空间形成的，尤其稍大的园林，如果把庭院视作单空间理景的话，那么园林就是空间序列的理景；第三，园林空间毕竟比一般庭院大，尤其是主景区，多有假山、水池之作，而园中的活动中心——厅堂也设在这里，因此，造景手法也更为复杂。在这方面，江南园林到明清时期已达到炉火纯青的地步。归结起来，其要旨大致有以下几方面：

主题多样——全园分为大小不同的若干景区，每区各有主题：或为山水，或为奇石，或为名花，或为古木，力求内容多样。

隔而不塞——各景区之间虽有分隔而又不闭塞，彼此空间渗透，似分似合，隐约可见，层次丰富，境界深邃，这是小空间园林的重要理景法则。

欲扬先抑——在进入主景区之前，先通过狭小、晦暗、简洁的引导空间，以小衬大，以暗衬明，以少衬多，达到豁然开朗的效果。

曲折萦回——观赏路线不作捷径直趋，而从曲折中求得境之深、意之远。沿园的基址作周边式环形布置游线是江南园林发挥小园特色的常用手法。

尺度得当——建筑体量化整为零，造型轻盈空透，廊宽约1.3米，高2米余，亭榭小巧，半亭半榭也常被运用。花木以单株欣赏为主，石峰置于庭院，盆景置于室内，都是为了取得合宜的空间尺度与视觉效果。

余意不尽——采用诱导联想的手法在意念上拓宽景的感受与想象：或把水面延伸于亭阁之下，或由桥下引出一弯水头，从而产生水势漫泛、源远流长的错觉；或使假山体势奔竞止于界墙，犹如截取了山脉一角，隐其主峰于墙外；或者屋宇进深虽浅而外观却似宏构巨制伸其一端入于园中（如苏州留园曲溪楼及畅园涤我尘襟轩）。用匾额楹联点景，可收到发人遐想、浮想联翩的效果，如"月到风来""与谁同坐""明月清风我"亭名等，都是绝妙手笔。

邻借远借——借园外景物供园内欣赏，这是最讨巧的扩大空间手法，《园冶》早就作出总结。江南园林充分利用客观条件对此发挥得淋漓尽致，如水池不种荷莲，留作明月白云之俯借；芭蕉、残荷听雨声，则为应时而借；苏州拙政园之宜两亭，是为邻借；见山楼、塔影亭是远借。

以上是对园林布局手法的简要归纳。至于叠山、理水、花木、建筑诸方面，刘敦桢先生《苏州古典园林》一书已有系统总结，这里仅就造假山问题谈一些看法：

从西汉初年梁孝王刘武和茂陵富户袁广汉在园中造假山始，到现在已有二千多年的历史，假山几乎成了中国园林必不可少的内容。对于造土山——开池堆土，改造地形，就地平衡土方，似乎天经地义，没有人提出过异议；而对于叠山——从异地运来石料，用人工筑成峰峦、山洞、峭壁等，历来就有不同看法。有案可查的首先发难者是唐代大文学家柳宗元，他在《永州韦使君新堂记》中写道："将为穹谷、嵁岩、渊池于郊邑之中，则必辇山石，沟涧壑，凌绝险阻，疲极人力，乃可以有为也。然而求天作地生之状，咸无得焉。"在城中或郊区营造深谷、高岩和渊池，必然要疲极人力，跨越险阻，运来大批山石，而后才能建造起来，但是企图获得天作地生的自然风貌，却是办不到的。无疑这是一种劳而无功的作为。所以他主张理景应"因土而得胜"，即因地制宜，就地形环境而理出胜景来；"择恶而取美"，即剔除丑恶的因素，取其美好的内容；"蠲浊而流清"，即除去污浊的环境而使清流汇集。总之，是根据当地的条件加以改造，形成美好景色。一千多年前，这位中国风景建筑师鼻祖的闪耀着现实主义精神的理景指导思想是值得称颂的，也是十分可贵的。到明代，当时文坛金陵四大家之一的顾璘在《息园记》中也称："叠山郁柳，负物性而损天趣，故绝意不为。"从欣赏自然美的标准来衡量，他的意见是绝对有理的，人们既然追求天然山水意趣，又何能破坏天然山岩而来堆假山呢，这不是既负物性、又损天趣吗？

然而，事物的发展有它自身的规律，尽管柳、顾二人的主张很好，但是对于追求奇峭高峻意趣的园主来说，缓坡小坂、平远清澹的土山已不能满足他们的口味，因此，叠石造山从西汉刘武兔园的百灵山，到南朝湘东王萧绎在江陵湘东苑内构 200 余步长的石洞，唐太宗的掖庭山③，中宗宠女安乐公主的"垒石肖华山"④，及至宋徽宗的艮岳大假山，其间用石垒造假山的记录不绝如缕，只是造石山需用大量石料，非一般人所能办到，所以总的说来，还是土山为多，石假山并未成为主流。但是到了宋室南迁，江南园林兴盛，采石近便，水运易致，于是石山逐渐增多，成为一时风尚。当时还出现了一种专业的假山工称为"山匠"（宋周密《癸辛杂识》）。明末，江南园林追求奇峰阴洞的风气日盛，一园之中往往有大小石假山数处，既有湖石山，又有黄石山。例如明末太仓文学家王世贞的私园弇山园，就是"为山者三，为岭者一，为洞者、为滩若濑者各四，诸岩磴涧隩不可以指计"。而苏州王心一的归田园居，也有黄石山、湖石山数处，峰岭高下重复，洞壑涧峡连属，峰石罗峙于山巅水际。这种造石假山的风气，从明末一直延续到清末，长盛不衰，以致盛产太湖石的洞庭西山等地已无石可采，奇石佳石更少。而假山艺术水平却日见低俗，所谓"假山"者，多数只是用石块作饾饤架构，一味追求瘦、漏、透，而全然不顾石质之纹理体势、山形之组合机理以及总体丘壑意境之构想。用石虽多，可称之为佳妙者寥寥无几，而石头垃圾却比比皆是。其间有少数佳作，如苏州环秀山庄之湖石山及常熟燕园、苏州耦园之黄石山，前两者均系清中叶叠山名家戈裕良的遗作（图2.2~ 图 2.4)，但可惜此等精品实在太少。中国科学院学部委员、我国著名建筑学家刘敦桢教授生前曾为南京瞻园造假山一区，用太湖石数百吨，构造石壁、峰峦、洞壑、步石、瀑布，宛然处于大山之麓，移此一角泉石峭壁于园中，使人浮想联翩，享受到无限林泉之趣。这是设计者在总结江南叠山经验之后苦心经营数年才塑造成的作品，可称是近代叠山艺术的代表作（图 2.5）。

一座成功的石假山必须具备三个条件：一是好的设计，作者的艺术修养和胸中丘壑决定了立意的高下。二是好的石料，不论湖石、黄石都以体块大、形态美为石料的上选。但整个假山用石数百上千吨，不可能全部都用好石料，只能是好料好用，差料差用，作合理调配。三是好的工匠，因为石料的具体操作运用还要靠工匠来完成，拙劣的工匠能把好设计、好石料弄糟。瞻园假山的成功正是由于具备了这三个条件。不过，现在看来，还必须加上一条，即合适的环境。如果在假山的背后冒出一座高楼，立刻就使比例尺度与氛围全遭破坏，再也谈不上什么山水林泉的意趣和想象力的驰骋余地了。当今有些地区把环境园林化理解为用假山来装点门面，在办公大楼前开个水池，叠上一大堆石头，则已完全失去中国传统意义上的叠山理水的价值，成为不伦不类的怪物。至于假山上大街则更加违背叠山的初衷，成为失去目标的无意义行为了。我们希望不要再浪费人力物力来继续制造石头垃圾，继续做那种失去目标的无意义行为。让假山真正成为一种艺术品，回到它该去的地方。

图 2.2　苏州环秀山庄湖石假山

图 2.3　常熟燕园黄石假山

图 2.4　苏州耦园黄石假山

图 2.5　南京瞻园湖石假山

2.3 名园选录

2.3.1 瞻园

瞻园（图2.6～图2.15）位于南京市区瞻园路，建于明嘉靖年间，是徐达的七世孙徐鹏举所创，即王世贞《游金陵 诸园记》中所记的"魏公西圃"。据王《记》称，当时南京有徐达后代所建园林十所，其中最大而雄爽者，有徐缵勋的东园，地近聚宝门（今中华门）；清远者，有徐继勋的西园，在城西南隅，与凤凰台隔弄相邻；次大而奇瑰者，有徐维勋宅旁的东园，位于大功坊之东端，即今白鹭洲公园一带；华整者，徐鹏举之子徐维志的西园。当时徐维志袭封魏公，所以《记》中称为"魏公西圃"，以别于徐继勋的西园。

王《记》云："魏公西圃……当中山王赐第时，仅为织室马厩之属，日久不治，转为瓦砾场。太保公始除去之。"可知此园在明初是中山王府的织坊和马厩所在地，到"太保公"时才把残砖剩瓦清除，建为园林。因为王世贞作记之前徐氏封太子太保者仅有徐鹏举一人，而徐鹏举之受封在嘉靖四年（1525年），建园时间应在此前后。

近年有些文中称瞻园为徐达中山王府之西园，其说不确，不当。不确者，与上列王《记》所述不符；不当者，洪武二十五年（1392年）朱元璋已明确规定："功臣宅舍……更不许于宅前后左右多占地，构亭馆，开池塘，以资游观。"（《明史·舆服志》）。以徐达为人之谨慎，绝不敢违君命而作此园。且明初上自永乐皇帝朱棣，下至各地亲王都恪守祖训，不敢造园，更何况异姓功臣？

今园中景物仅北部假山为明代遗物，即王《记》所说："至后一堂，极宏丽，前叠石为山，高可以俯群岭。顶有亭，尤丽，曰：'此则今嗣公之所创也'。"其余则已经历代改造，不复当年旧貌。

清初，魏国公府改为布政使司衙门，乾隆二十二年（1757年）清高宗弘历第二次下江南时题为"瞻园"，此名遂沿用至今。太平天国之役园毁。后经同治四年（1865年）、光绪二十九年（1903年）两次重修，稍有恢复。民国年间曾属省长公署及内政部，园渐荒残。1960年由刘敦桢主持作整治修复工作，叶菊华及詹永伟等参加设计，按规划设计方案修复了北部山池及大厅"静妙堂"，又在堂南添湖石假山及水池，堂东增曲廊、小院、花篮厅及园门诸项，使一代名园重展丰姿。1988年又在此基础上扩建了旧园东侧南端一区庭院式建筑群，作为园之辅翼。

瞻园布局以静妙堂为中心，布置南北两区山水。从瞻园路入园门，由长廊引导，经小庭院、小轩、亭榭而至静妙堂，景面逐步展开，空间由小而大，由暗而明，运用"欲扬先抑"的手法，达到小中见大的效果，使南北山池都有豁然开朗之感。长廊两侧还可通过漏窗隐约见到小庭院及园中景色。厅堂之北，留有一片草坪，这是刘敦桢先生创意之作，使此园在江南诸园中别具一格。草坪以北，即是明代所遗假山、水池。其西有土山一垅，陵阜陂陀，平岗小坂，由南向北延伸，止于池西，山上林木茂密，具天然山林野趣，同时又将西墙外的建筑物挡于视线之外。可惜近来紧贴西墙外新建四层楼建筑一列，使园内形势极感压迫。池北假山下部大致仍保持明代原貌，山上则于近年增建石屏一扇，以增山势，也借此对北墙外之建筑物有所遮蔽。

南、北两座石山均是佳作。北山体量较大，中构山洞，山上有磴道盘回，从东、西两侧可蹑足登山。山前临水有小径，由东西二石梁联络两岸。小径一侧依石壁，一侧面水池，并伸出石矶漫没水中，略具江河峡间纤路、栈道之意，这是明代假山常用手法。原苏州艺圃明代假山亦有此法，可惜已于"文化大革命"中被拆除，近年虽已重建，但明代旧貌已不可复得。现瞻园已是此类叠山的唯一孤例，其叠山手法也是该山最精彩的笔墨所在。

南山是在刘敦桢先生亲自主持下建成的。施工由苏州韩良源及南京王奇峰两位假山工负责，石料购自苏州。先绘图样，继制模型，再比照施工。刘先生每周必亲临施工现场指挥、检查工程，或增补，或换石，真可谓是一丝不苟、精雕细刻，历数年辛苦耕耘，终使此山成为传世的杰作。

此山隔池面对静妙堂，最高点距地面6米。因是背光而立，故在设计上对山的轮廓起伏、丘壑虚实都颇有考虑。首先，山体组合成向前环抱之势，前低后高，形成空间层次；其二，在峰峦的组合上，前后参差错落有致，一日之中不同时间内阳光可将各个峦头勾画得轮廓清晰；其三是石壁用沟漕作垂直方向分割，使其与自然山壁石灰岩受冲蚀的形象相一致，颇具"虽由人作，宛自天开"的效果；其四是运用穹窿结构原理，在石壁上构成壁龛形似溶洞，视之深邃莫测，山上设人工瀑布，水帘垂于洞口，高山流水，峭壁碧潭，深山幽谷的意趣呈现眼前。在石料的运用上，既有赖于设计者的指导，又得力于匠师对纹理、体势之摆布得当，能在细微处做到稳当、妥帖，浑然一体，不露人工斤斧痕迹。

瞻园理水有聚有合，南池近扇形，北池近方形，水面用桥、步石、矶、岛等划分，形成大小不等的池面。池岸或平，或陡，或峭壁，或平滩，水随山绕，山随水转，山水相依相衬，使水景、山景都获得了更强的表现力。

园中建筑除静妙堂外，均属近年新建。由苏州工匠担任建造，故式样、做法均属苏式。其中花篮厅三间为南京之孤例——苏州园林亦仅狮子林一例[5]。静妙堂为硬山建筑，厅内由格扇分隔成前后大小不同的两部分。1960年重修时添设前廊，形成临水敞轩形式，使此厅功能及外观都得到改善，坐于敞轩可尽情欣赏南面山水胜景。厅内家具为扬州"周制"，桌椅上有各种螺钿图案，为其他园中所罕见（参见图7.79）。

综观此园（东侧的新建庭院建筑群除外），面积虽不大，但其建筑疏朗，山奇水秀，林木葱郁，所谓"城市山林"者，于此可得其大要。惜乎外围环境日益恶化，盼望有力者能珍惜这座江南名园，勿为眼前局部利益而使稀世之宝受到损害。

图2.6 南京瞻园静妙堂前景色

图2.7 南京瞻园由静妙堂望池南湖石假山

图2.8 南京瞻园北部假山

图 2.9 南京瞻园池东亭廊

图 2.10 南京瞻园北部假山及曲桥

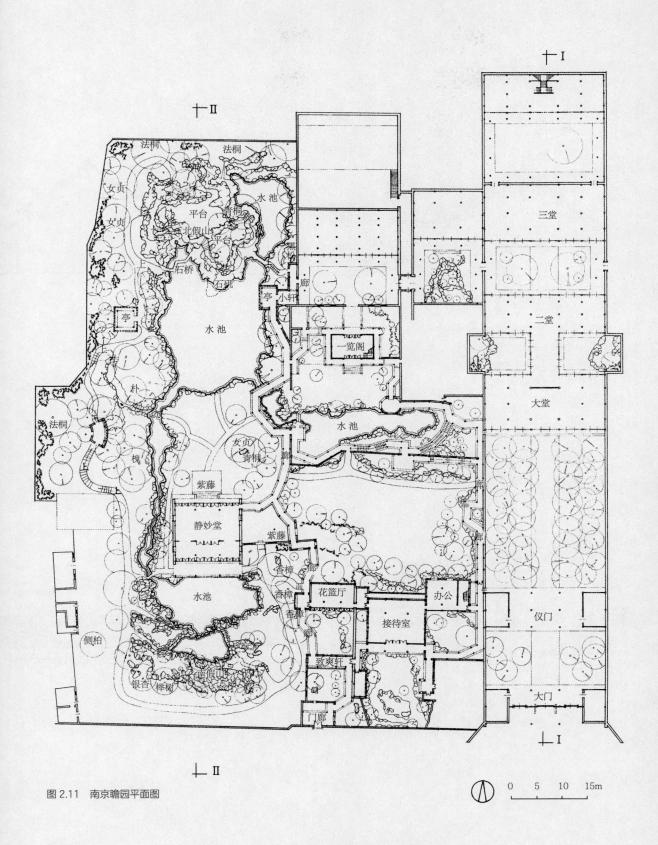

图 2.11 南京瞻园平面图

十 I

十 II

三堂

二堂

大堂

仪门

大门

I

II

法桐

法桐

法桐

法桐

水池

女贞

女贞

青桐

平台

北假山

平台

石桥

石矶

亭

亭

水池

朴

槐

水池

小轩

廊

一览阁

女贞

青桐

廊

紫藤

静妙堂

紫藤

香樟

香樟

香樟

廊

办公

花篮厅

接待室

致爽轩

门廊

水池

侧柏

银杏 榉树

廊

廊

0   5   10   15m

园林理景   177

三堂　　　　　　　　　　　　　　二堂　　　　　　　　　　　　　　大堂

图 2.12　南京瞻园衙署部分东视剖面图（I-I）

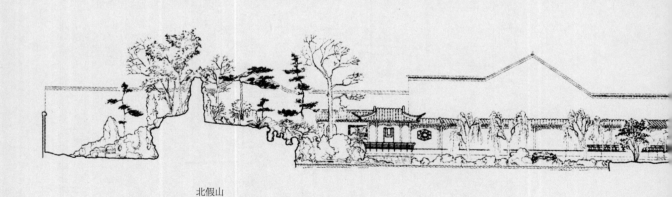

北假山

图 2.13　南京瞻园东视剖面图（II-II）

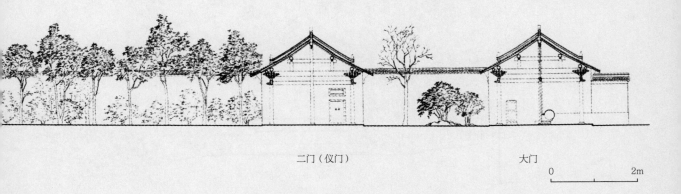

二门（仪门）　　　　　　　　　　　大门

0　　　　　2m

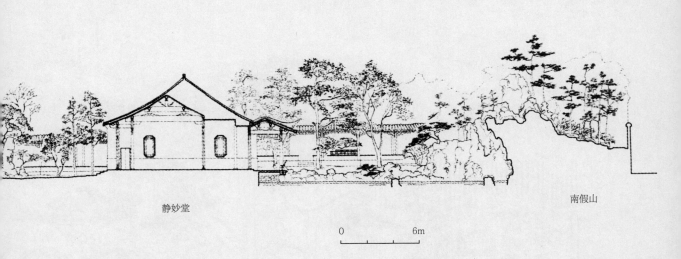

静妙堂　　　　　　　　　　　　　　　南假山

0　　　　6m

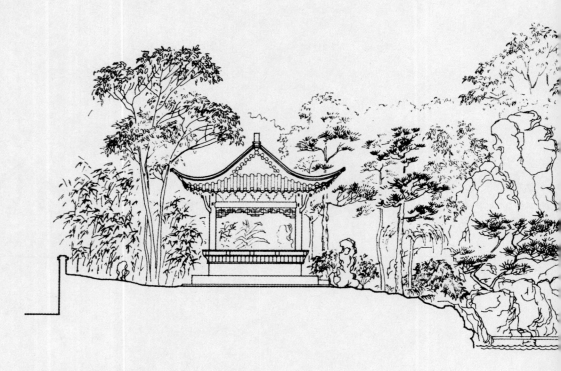

图 2.14 南京瞻园北假山南立面图

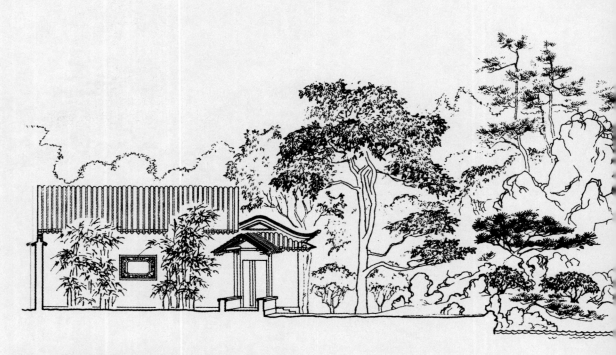

图 2.15 南京瞻园南假山北立面图

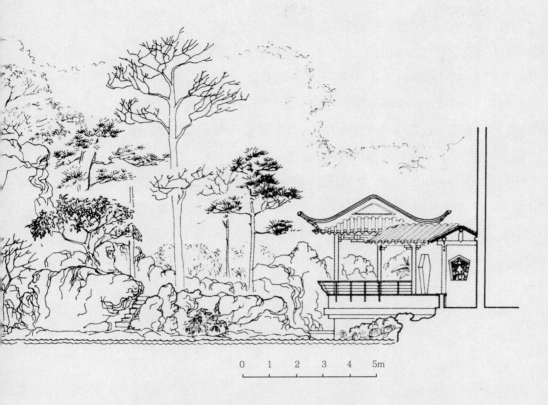

0 1 2 3 4 5m

2.3.2　煦园

　　煦园（图 2.16～图 2.23）在南京市区长江路。创建年代无考。清代属两江总督府西花园，太平天国时洪秀全以督署建为天王府，此园为天王西花园。天京失陷，园毁坏殆尽，现存楼、馆、亭、阁及假山多系同治年间曾国藩重建总督衙门时所建。

　　此园布局以水池为中心，环池布置亭阁、竹树、假山，最好的景观都在池中及池周。水池南北长，东西狭，略呈瓶形。近北池中建一水阁，称为漪澜阁，凭阁而望，波光云影，漪涟澜漫，有烟波浩渺之趣。阁前设平台，可远眺池南水中石舫、两岸楼阁，是园中第一胜景。因此阁曾被改作孙中山办公室，故原貌已有改变：两侧用厚山墙封护，后窗也无临眺之便，虽称水阁，实无水阁之趣，甚为可惜。池中偏南石舫，名为"不系舟"，系乾隆所题。此舫仿画舫较具体，前舱、中舱、后舱、船头、船尾都较具象，不若苏州诸舫含蓄、抽象（参见图 7.104）。用不系舟之来描述人生，早已见于汉贾谊《吊屈原赋》：

　　　　其生兮若浮，其死兮若休。
　　　　澹乎若深泉之静，泛乎若不系之舟。

但用于园林写景则始自唐白居易：

　　　　但对丘中琴，时开池上酌。
　　　　信风舟不系，掉尾鱼方乐。

　　　　　　　　　　　　　　　　——《官俸初罢，亲故见忧，以诗喻之》

　　　　人生改变故无穷，昔是朝官今野翁。
　　　　久寄形于朱门内，渐抽身入蕙荷中。
　　　　无情水任方圆器，不系舟随去住风。
　　　　犹有鲈鱼莼菜兴，来春或拟往江东。

　　　　　　　　　　　　　　　　　　　　　　　　——《偶吟》

　　不系舟与漪澜阁南北遥遥相对，忘飞阁与夕佳楼东西隔水相望，这四座建筑依托池面，互为对景，构成园景的主要框架和精华所在（图 2.19）。水池东侧一区以桐音馆为主要建筑，前后各构湖石假山一座作为此馆对景。假山制作拙劣，既无丘壑峰峦之构想，亦无大体大面之组合，只是一味用石块堆作零乱琐碎之屏嶂。桐音馆应是全园主厅，可惜无佳景可看。馆前布鸳鸯亭，即套方攒尖双亭。另有六角亭一座，位于馆前石假山上。两亭木构均非苏南常见手法，如檐柱上所用斜撑，有湘、赣一带风格，疑为曾国藩重修此园时所遗，亭上所用青绿彩画，似是民国修缮时所为。

此园现归江苏省政协，已对外开放，近已由笔者提出建议，进行了整修（见附录）。

图 2.16　南京煦园夕佳楼

图 2.17　南京煦园不系舟

图 2.18　南京煦园园门

图 2.19　南京煦园漪澜阁、忘飞阁

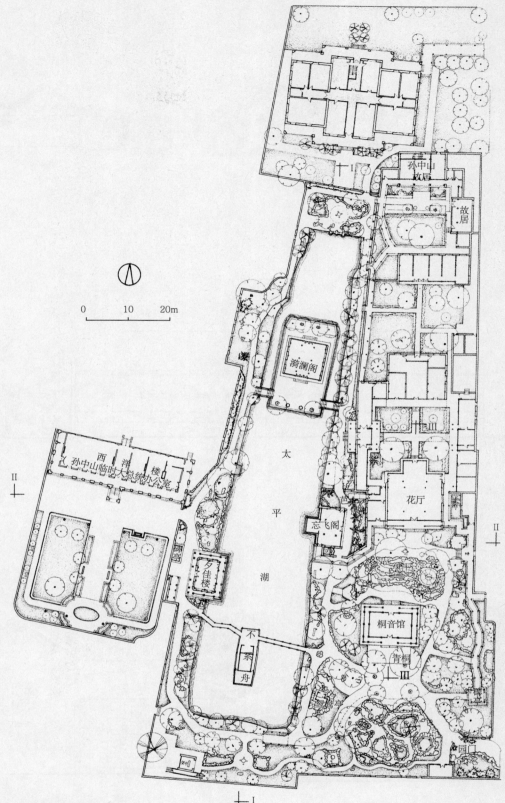

图 2.20　南京煦园平面图

孙中山
故居

故居

漪澜阁

西洋楼
孙中山临时大总统办公室

太
平
湖

忘飞阁

花厅

夕佳楼

不系舟

桐音馆

青桐

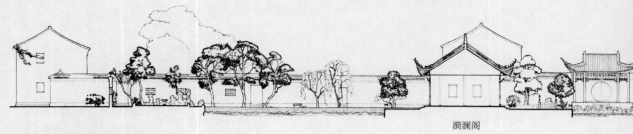

漪澜阁

图 2.21　南京煦园东视剖面图（I-I）

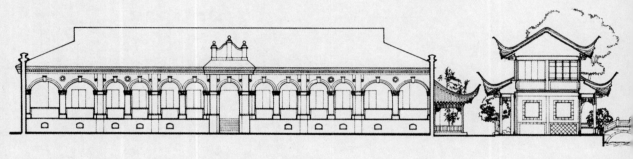

孙中山临时大总统办公室　　　　　　　　　　　　　　　　夕佳楼

图 2.22　南京煦园北视剖面图（II-II）

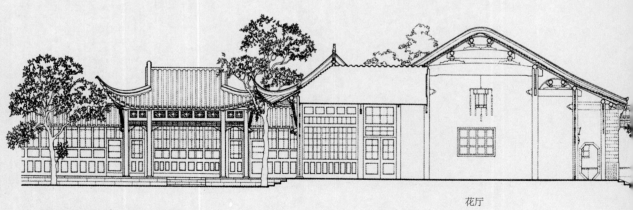

花厅

图 2.23　南京煦园桐音馆——花厅东视剖面图（III-III）

忘飞阁　　　　　　　　桐音馆　　　不系舟　　　鸳鸯亭

0 1 2 3 4 5m

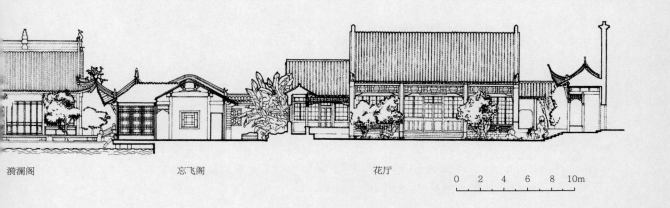

漪澜阁　　　　　　忘飞阁　　　　　　　　花厅

0 2 4 6 8 10m

印心石屋假山　　　　　　　　桐音馆

0 1 2 3 4 5m

附录　煦园随感

9月5日，在省政协秘书长等陪同下，察看了煦园现状。现遵嘱提出建议供整修时参考。

1. 煦园是全国重点文物保护单位，也就是国宝文物。在今后的保护与维修中，应充分尊重其历史原有面貌，不宜随意变动其布局与风格。而要做到尊重历史，就必须做大量研究工作，弄清当时的实际情况。同时，要在维修中提高其艺术水平，去掉前人维修中留下的败笔。总的看来，煦园目前的保护状况还是比较好的，园中高大的树木较多，气象葱郁，建筑物也较完好。园门前小院处理较为成功。

2. 问题比较突出的是地面处理：一是水泥地面较多，二是露土较多。这两点亟须花大力气改进。一个高水平的古典园林，无论如何应消除这两点缺陷。建议对地面作一次全面规划，而后动手整理。

园中道路是贯通全园的脉络，有导游功能，其铺面形式要有导向性，宜和平台、庭院地面的铺装形式有所区别。建议道路铺装多用线形引伸的图案，而平台、庭院地面则可用四向展开的图案。

铺面材料以耐压、耐磨的石料（条石、块石、片石、碎石、卵石）、缸片、瓷片等为主。但不论道路和平台、庭院，铺面上都不应见到水泥勾缝。把缝用水泥勾死，寸草不生，刻板单调，缺乏生气，和园林整个气氛很不协调。应该让石缝中留点土，长点草（不多），才显得活泼而有生机。

园中露土的地面要一律用植被覆盖，如山竹、匍地柏、书带草等。如能种些草皮或苔藓类植物，也很好。

3. 假山宜精不宜滥。叠山是在创造艺术品，假山须有真山的意趣，所以这是一件非常难做好的事。我曾说：必须有好设计、好材料、好工匠才能堆出好假山，才能成艺术品。随意找几个匠人，让不懂行的人去指导，堆出的东西必定是一堆石头垃圾。

煦园中的假山没有什么成功之作。园门前的湖石花台和水池北面的一具石峰尚可称得上"能品"。桐音馆后面的一大摊只是"乱堆煤渣"，毫无章法可言。新堆的水池北面的巢湖石假山，也未达到"能品"水平，纹理、色泽、接缝、虚实、丘壑都不够理想，尤其假山上的白石龙头喷泉，和中国古典园林手法不符，建议拿掉。

总的看来，园中的用石不是少了，而是多了。我赞成今后这方面"要用减法，不要用加法"。

4. 煦园布局以水池为中心，水景是此园的主题。现在，水面反倒好像被冷落了：水是不流通的"死水一潭"，水色发黑，服务人员随意在池中洗拖把，水上飘着油花，说明这水池并没有被当作园中最精华的部分。我想，如果要煦园具有特色，必须在水面上做文章，像这样开阔的水面，其他古典园林还不多见。

但是煦园的水面也有缺点，即平直单调，缺乏层次。为了打破池岸的平直，可采用以下一些办法：

① 池边种植下垂的灌木或藤蔓类植物；

② 岸上种植倾出水面之上的乔木、竹丛；

③ 在水池一角种植荷花（池下设栏，限制其蔓延生长），或在某些角落种植睡莲若干丛，

甚至芦苇、菖蒲也可适当栽植。

漪澜阁前和两侧，可栽高大常绿乔木（如香樟、女真之类）以代替不易长高的桂花和落叶的玉兰，使之起分隔空间、增加层次的作用。目前从池南向北望，可以一眼望穿全园，缺少空间层次与深度感。

水池南北两端也应植高大乔木，以遮挡墙外的楼房，增加园内的景深。

水中养鱼，碧水朱鳞，是很动人的，应多设几个观鱼处，游人可临水喂鱼逗趣，这方面杭州园林做得很好。不过，首先得做到池水清澈见底，脏水只能使人望而生厌。

"漪澜阁"，顾名思义，应是欣赏水景的水阁，应充分体现其身处"漪澜"之中的意境，而不是处于厚墙中。现在的厚墙是后加的，它破坏了原来木构出檐的形制和格局，也和"漪澜阁"的意境相悖。

"不系舟"的意境很高雅。白居易诗曰："波上一叶舟，舟中一樽酒。酒开舟不系，去住随所偶。"追求的是一种无牵无绊、随风飘浮的情趣。现在两岸均有桥架于舟上，和不系舟的意境不相吻合。今后如何处理，须进一步研究。

对于水景这个主题，还需进一步深入发掘、开拓，务使煦园的性格特征更加鲜明、突出。

5. 园中的绿化，大树是骨干，很起作用。现在缺的是两个方面：一是地被植物；二是分隔空间的植物。前面已说过地被植物，要花大力气栽植、养护；至于分隔空间，可多用各种类型的竹子（高的、矮的、密的、疏的）。竹子向来被中国人所喜爱，尤其文人雅士，对之评价很高，苏东坡有"可使食无肉，不可居无竹。无肉令人瘦，无竹令人俗。"竹是清高、风雅、虚心、孤直的象征。竹径穿行，意趣盎然。

现在，园中的有些植物栽植不够恰当，例如桐音馆前成行的小柏树，和园景不协调。

6. 园中建筑物要根据其原有性质布置其室内陈设与周围环境，以体现当时的意境。前面已说了漪澜阁和不系舟。对桐音馆，现在有两种说法：一是听琴声的地方；二是听雨打梧桐叶的地方（见《煦园》简介）。应考证确定后把室内布置起来，小卖部放在里面显然不合适。"忘飞阁"是水榭，现在无飞禽栖落，可否放养一些野禽、鸳鸯之类在水中，又兼观鱼之处，倒是一处绝好的亲水建筑。

建筑物室内地面也应摒除水磨石、水泥地等做法，恢复地砖铺面。装饰、门窗也需整理。

凡园中建筑、地面、道路、假山以及花木的兴作栽植都应先有设计图纸，经审查后再动工。当然，这很麻烦，但对待国宝，这样做也是必要的，值得的。

7. 园西的孙中山临时大总统府前面的台阶和庭园布置恐和当时实际情况有较大出入，也应改进。

潘谷西
1992 年 9 月 7 日写于兰园

2.3.3　个园

　　个园（图 2.24 ~ 图 2.32）位于扬州城内东关街。此地原有寿芝园，其叠石相传为清初画家石涛所作。现存个园为清嘉庆年间（1796—1820 年）盐商黄至筠所建，因园主爱竹，而竹叶形同"个"字，故称个园。其后，扬州盐业中落，此园屡易其主，民国年间曾作兵营，凋零日甚。直至 1979 年交园林部门管理，进行全面修整后对外开放。现已列为全国重点文物保护单位。

　　个园是扬州园林的代表，面积一公顷余，以四季假山闻名于世。

　　园门向南，门前两旁花坛上栽竹成林，并植石笋数枚，以象征春山。门作圆洞形，匾为"个园"。入门为园中花厅"宜雨轩"。此厅西北方向隔池有一座湖石假山，因湖石形如夏云，湖石峰也多以"云"为名，故以此山象征夏山。厅之东北方向叠黄石大假山一座，夕阳映照下犹如秋色满山，故以之象征秋山。厅之东侧有屋三间，名"透风漏月轩"，屋后倚高墙以宣石叠小山，宣石色白如雪，且含大量石英颗粒，阳光下闪闪如雪后初晴，墙上凿圆孔 24 个，风起有声，如寒风呼啸，肃杀之气逼人，故以此象征冬山。这种象征四季假山的手法虽不能说十分成功，但比之苏州狮子林等处假山之像狮、牛等动物，则二者立意高低雅俗，不辨自明。

　　四山之中，春山、冬山体量极小，主体乃是夏山（湖石山）与秋山（黄石山）。从其叠山手法看，构思尚有丘壑，但因一味追求嵌空玲珑（湖石山）和孤峰耸峙（黄石山），以致失去了石质纹理的应顺和大体大面的组合，未能表现出山体浑然天成和石脉奔注走势，徒增乱堆煤渣和刀山剑树的零乱感。其中黄石山内有峡谷平地，如处群峰环抱之中，境深意远，登山一览，则全园在目，是诸假山中较成功的作品。湖石假山构想有新意——山跨于池上，山腹构洞；池水伸入洞中，有曲桥可渡而进洞。洞内构钟乳石，夏日入洞，颇有凉意，是此山最佳处。

图 2.24　扬州个园人口石笋"春山"及竹林

图 2.25　扬州个园湖石假山"夏山"

花厅宜雨轩采用四面厅式构架，即四面均有走廊，本可四面装落地长窗以利观赏景色。但此厅却将后面走廊围入室内，用以增加厅的进深，并在金柱（步柱）缝上安落地罩分隔空间，东西两侧也改用槛窗，廊内安鹅颈椅，故已失去四面厅之原意，可称之为四面厅之变体。厅前湖石花坛遍植桂花，金秋满园飘香。厅之西南隅原甚空旷，现新增"觅句廊"小楼数间，弥补了当年的不足。

　　花厅北面隔池相对的是七间抱山楼，檐下有匾曰"壶天自春"。其东端经一段廊楼与黄石山上的拂云亭（参见图7.40～图7.42）相连，西端与湖石山相连，经山上方亭"鹤亭"蜿蜒而下。这种经由假山上楼的室外楼梯做法，在江南园林中较为常见。

图2.26　扬州个园抱山楼（壶天自春）前山池

图2.27　扬州个园黄石假山——"秋山"

图2.28　扬州个园宣石假山——"冬山"

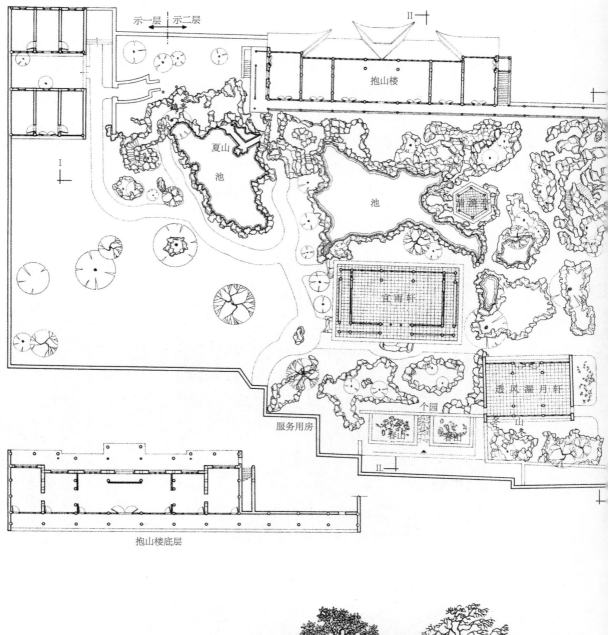

示一层 示二层

II十

抱山楼

I十

夏山
池

池

濠濮亭

宜雨轩

透风漏月轩

个园

秋山

春山 春山

服务用房

II十

I十

抱山楼底层

"夏山"及鹤亭

抱山楼

图2.30 扬州个园北视剖面图（I-I）

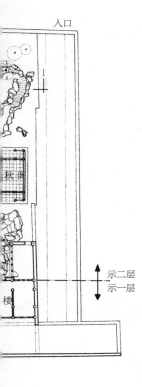

入口

示二层
示一层

秋

楼

0   5   10m   图 2.29 扬州个园平面图

"秋山"及拂云亭

0   2   4   6m

"春山""个园"   宜雨轩

图 2.31　扬州个园西视剖面图（II-II）

拂云亭   "秋山"

图 2.32　扬州个园东视剖面图（III-III）

抱山楼

0　2　4　6m

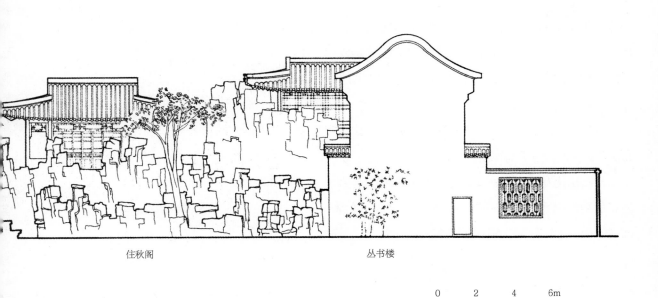

住秋阁　　　　　丛书楼

0　2　4　6m

2.3.4　何园

何园（图 2.33～图 2.42）在扬州市区徐凝门花园巷，本名"寄啸山庄"，因创建者为道台何芷舠，故俗称何园。园建于清同治元年（1862 年），光绪九年（1883 年）又将吴氏片石山房并入园内。民国间，何氏家道中落，住宅易主，园亦残败，曾一度改为游乐场与中学校舍。1959 年归园林部门管理，对外开放，"文化大革命"期间被工厂占有，1979 年再次由园林部门收回、整修开放，并随后将"片石山房"所遗假山及明构楠木厅整修后归于园内。现此园已列为全国重点文物保护单位。

园位于住宅后部，面积约 0.4 公顷，分为东、西两区。东区以花厅为中心，四周配以山池、亭廊；西区以山水为主题，四面环以房屋。前者以室内活动为主要内容，后者以室外游观为构思依据，两者有分工，又相互连为一体。

园门设在北侧，可从后街刁家巷进入。经题额为"寄啸山庄"的月洞门，即进入园之东区。东区主体建筑四面厅"静香轩"居中，厅前地面铺作波浪形图案，故又称船厅。厅后叠湖石假山，有磴道可上下。登山而东，至一六柱圆亭，名"月亭"；西行，则可登一小楼，楼与二层的复廊相通而可转至西部楼上。复廊下层有水磨砖制漏窗三方，花纹挺拔清雅，颇能表现出扬州园林建筑的特色。廊下地面用卵石铺成松鹿图案，表现不俗，所以计成在《园冶》中虽然批评用卵石"嵌鹤、鹿、狮球，犹类狗者可笑"[6]，看来也不能一概而论。厅之东侧有贴墙叠石。厅前另有一厅，因山花有砖雕牡丹为饰，故称牡丹厅。由牡丹厅向南新辟一巷，可直达片石山房。

复廊以西，一墙之隔即是西部景区，这是何园的主体。由复廊之门转入西部，中央凿水池，池面较开阔；池东水中设一方亭，体量较大，称"水心亭"。池西叠湖石假山一座，山体向南延伸，山后隐屋三间，因前多桂花，故称桂花厅，为 20 世纪 60 年代增建。池北一楼，中间三间，有两翼，各二间，名为蝴蝶厅，楼与二层的廊连；池南为复廊之延伸，折而向西又向南，楼上楼下均可与西南隅的赏月楼相通。

此区布局的特点有二：一是以水池为中心，假山体量虽大，却偏于一侧，不构成楼厅的对景；二是水池三面环楼，故可从楼上三面俯视园景，这不仅是扬州唯一孤例，也是国内其他园林中所未见的手法。

片石山房在住宅之东南，建于清初，其湖石假山传为清初著名画家石涛所叠，后被何芷舠购得。岁久园貌已有很大改观，仅假山主体部分仍得以保存。1985 年收归园林部门管理，加以修复。现园中除假山主峰外，其余均非原物。

图 2.33　扬州何园静香轩

图 2.34　扬州何园东部西望二层串楼

图 2.35 扬州何园"蝴蝶厅"

图 2.36 扬州片石山房湖石假山

图 2.37 扬州何园水心亭

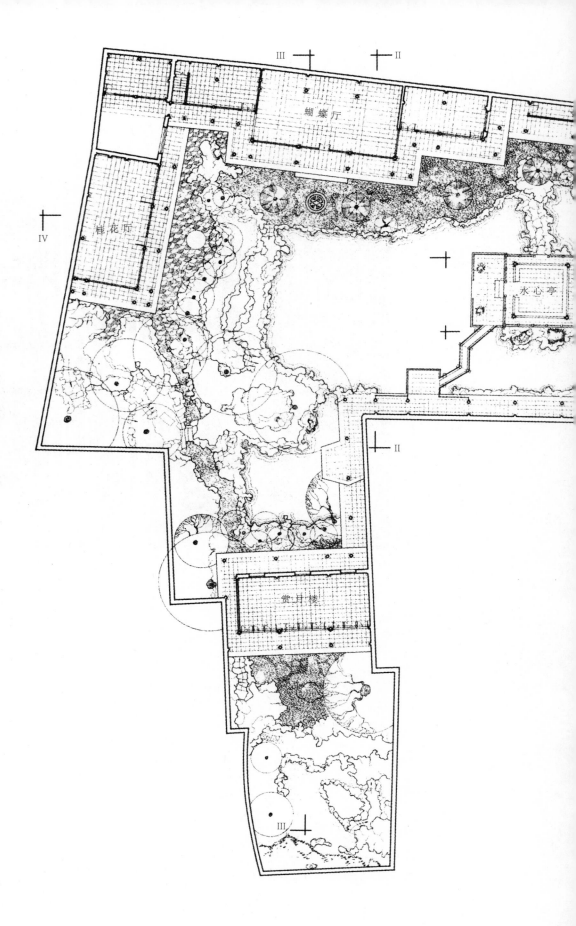

蝴 蝶 厅

桂 花 厅

水 心 亭

赏 月 楼

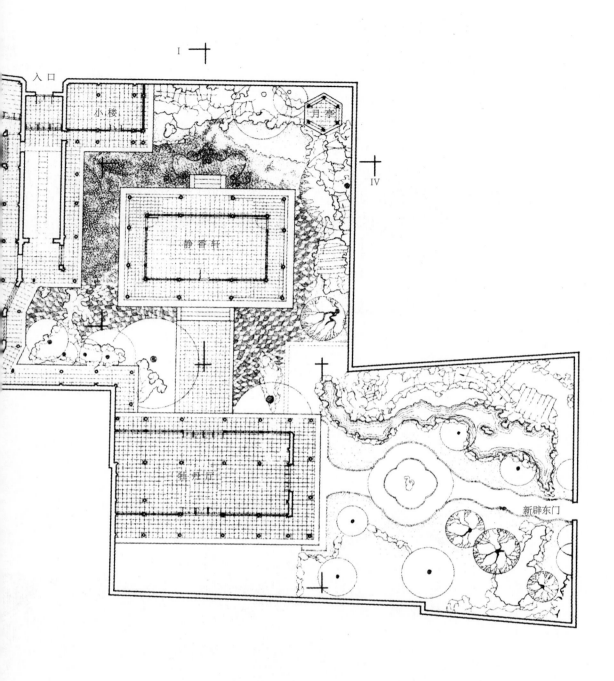

入口

小楼

月亭

I

IV

静香轩

牡丹厅

新辟东门

图 2.38　扬州何园平面图

0　2　4　6　8m

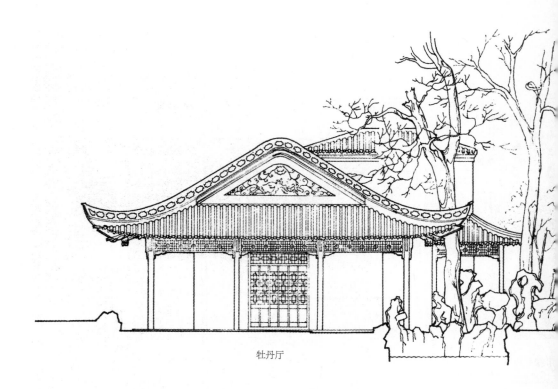

牡丹厅

图 2.39 扬州何园东部西视剖面图（I-I）

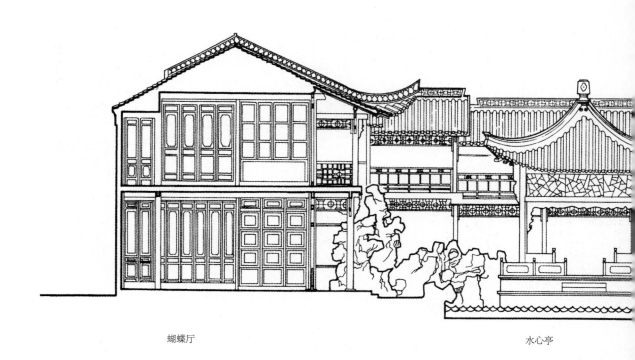

蝴蝶厅

水心亭

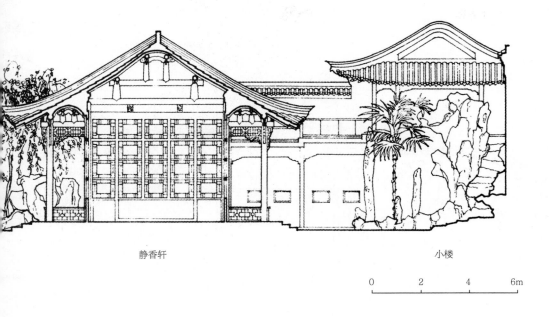

静香轩   小楼

0   2   4   6m

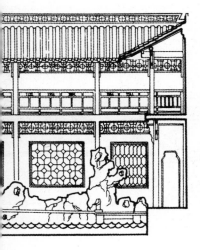

0 1 2 3 4 5m

图 2.40 扬州何园西部东视剖面图（II−II）

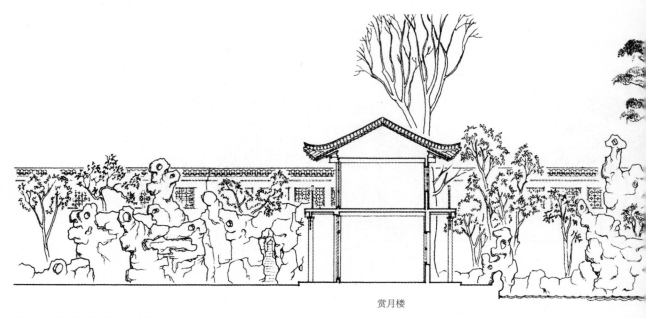

赏月楼

图 2.41　扬州何园西部西视剖面图（III-III）

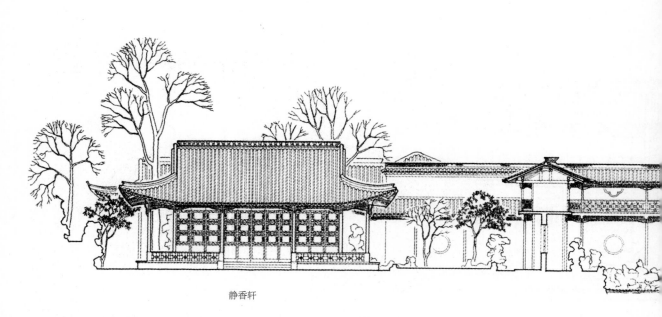

静香轩

图 2.42　扬州何园南视剖面图（IV-IV）

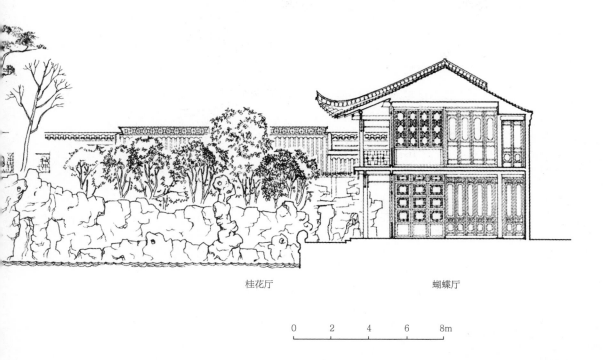

桂花厅   蝴蝶厅

0   2   4   6   8m

桂花厅

0   4m

2.3.5 小盘谷

　　小盘谷（图2.43～图2.52）在扬州市区大树巷，建于光绪三十年（1904年），为两江总督周馥依旧园重建。其后屡易其主，1974年改为招待所。

　　园位于住宅东侧，面积约1300平方米，基地成南北长、东西窄的长条形，假山靠东墙，亭阁斋馆靠西墙，水池居于两者之间，这是它的基本格局。由于地形狭窄，主体建筑作曲尺形平面，临池一面作歇山顶，而靠墙一面作硬山顶，屋顶错落有致，富于变化，是此园建筑中最成功的一例。北端小楼系新建，因偏于一隅，尚无挤压山池之感，但总嫌

图2.43　扬州小盘谷鸟瞰

其体量过高，似为不足之处。水池、假山为此园原物，池上架一曲桥，渡桥可入假山洞。山上有平台，建六角亭一座，在此可俯览全园。亭之南北两端有磴道可供上下：南端下至东廊内，北端下至假山北侧。由水池西岸观赏，可见山体起伏、有虚实，中间一峰耸然峙起，颇有雄奇峭拔之势，但因追求叠石之奇诡，故虽有"九狮图山"之誉，终不免流于俗套而缺少真山的自然情趣。现此园仍被一商业招待所据有，未对外开放。

图 2.44　扬州小盘谷花厅及山地

图 2.45　扬州小盘谷假山洞

图 2.46　扬州小盘谷假山

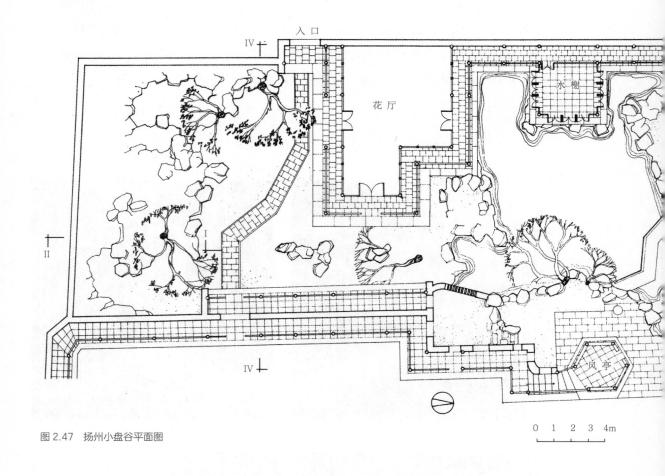

入口

IV

花厅

水榭

II

I

IV

风亭

0 1 2 3 4m

图 2.47　扬州小盘谷平面图

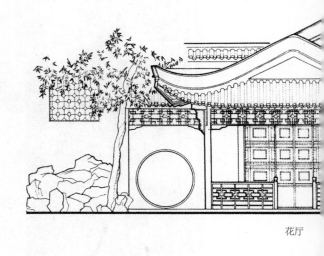

花厅

图 2.48　扬州小盘谷西视剖面图（I-I）

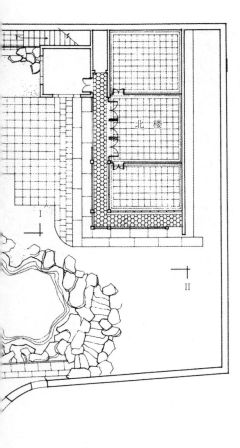

北楼

I

II

水榭

0   2   4m

风亭

图 2.49　扬州小盘谷东视剖面图（Ⅱ-Ⅱ）

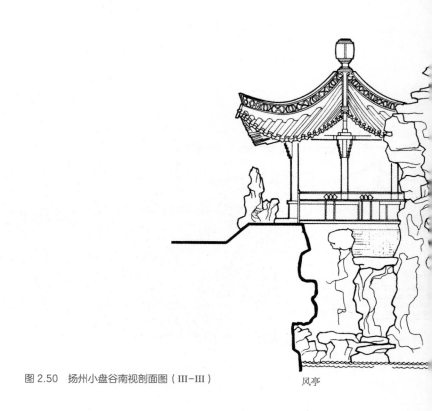

图 2.50　扬州小盘谷南视剖面图（Ⅲ-Ⅲ）

风亭

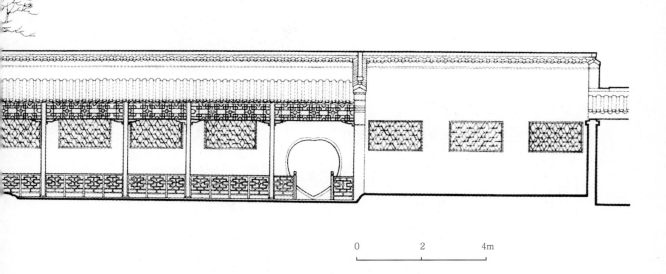

0   2   4m

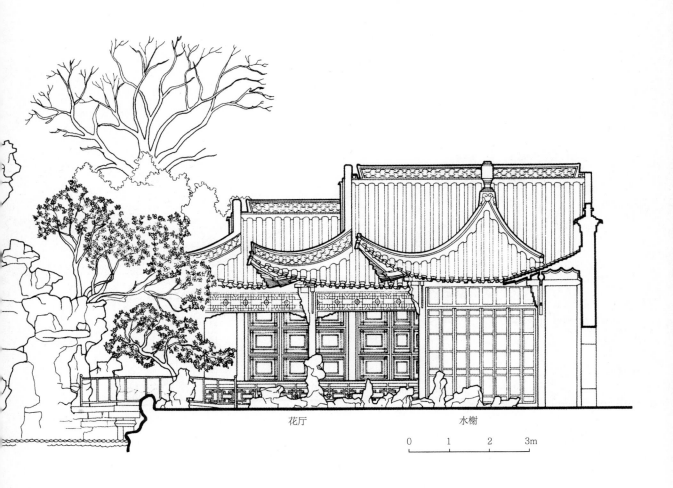

花厅   水榭

0   1   2   3m

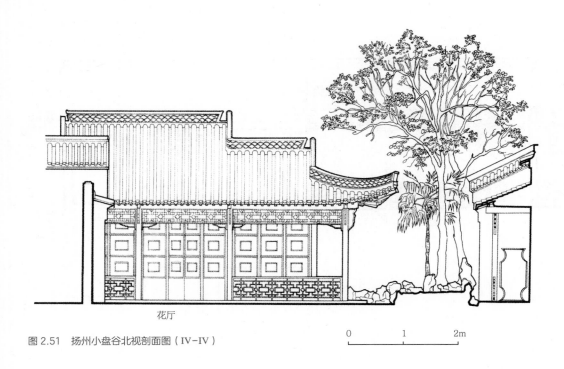

花厅

图 2.51　扬州小盘谷北视剖面图（Ⅳ-Ⅳ）

0　　　　1　　　　2m

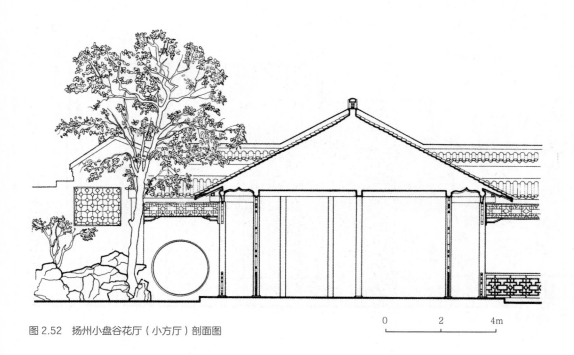

图 2.52　扬州小盘谷花厅（小方厅）剖面图

0　　　　2　　　　4m

2.3.6 平山堂西园

平山堂（图2.53～图2.61）在扬州西北部蜀岗之上、大明寺西侧，是北宋庆历八年（1048年）欧阳修守扬州时所创，其目的是宴赏宾客。因当时扬州是东南重镇，节制淮南十一郡之地，自大江东西、五岭、蜀汉百州官员迁徙及贸易者，往返都须经过扬州，舟车运输供给京师的物资也占天下十分之七，接待任务非常繁忙，故有建堂之举。此后，平山堂因欧阳修之名而盛闻天下，成为一方胜景。南宋时被毁，元明时湮没无闻，其地被寺僧占为庙产。清康熙十二年（1673年）得以重建，并于堂后建欧阳修祠以祀之。今存建筑有平山堂、谷林堂及欧阳修祠，均为同治年间（1862—1874年）重建。

西园又名芳圃，创于清乾隆元年（1736年）。其地原为蜀岗山麓，乾隆年间，因第五泉旧址开浚为池，泉见而池成，遂于泉上覆以井栏，周以层台，并架桥通岸。又于

图2.53　扬州平山堂西园碑亭

图 2.54　扬州平山堂西园岛上船厅

图 2.55　扬州平山堂西园池中叠石及池西景色

东岸建亭，表之曰"天下第五泉"⑦。自此以后，此处不仅林木幽邃，而且自池中东望，则佛寺山堂、楼阁殿宇涌现空际，十分壮观。西园的布局构架也由此奠定。

现西园面积约 1.7 公顷。园内除池中第五泉井亭外，还有东岸的康熙碑亭、乾隆碑亭和"待月"亭各一座。近年在池东临水堆石假山一座，用石不少，但人工斤斧痕迹过重，且尺度未能与浩淼的水面及自然朴野的情趣相协调，劳而无功，犹如蛇足。池中一岛稍大，岛上作船厅三间。池西北隅加筑北厅，是从城南观音庵移来的楠木厅。池南听石山房是从旧城移来的柏木厅。至此，乾隆时西园之旧貌已大致恢复。为了使游人能穿林越岗，遍历园中胜境，根据笔者当年建议环池已增辟山间游路一周，以充分发挥游观之效。

此园建筑物较少，仅疏布亭阁而已。但水面开阔，竹树茂密，富于山林野趣。池东梵刹崇宇、高树密林，又增无限出世遐想。此二者乃西园得天独厚所致，非他园可企及。

图 2.56　清乾隆时的平山堂西园及法净寺、平远楼（摹自清乾隆赵之璧《平山堂图志》）

图 2.57 扬州平山堂西园待月亭

图 2.58 扬州平山堂西园池中岛屿

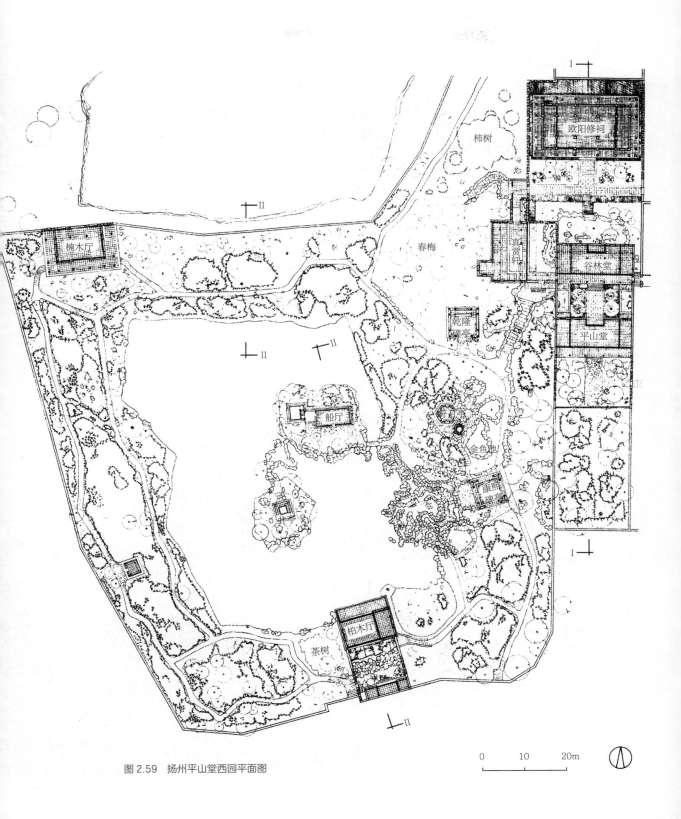

图 2.59　扬州平山堂西园平面图

欧阳修祠

柿树

春梅

真赏轩

谷林堂

乾隆碑亭

楠木厅

平山堂

船厅

金鱼池

康熙

柏木厅

茶树

0　　10　　20m

平山堂   谷林堂

图 2.60 扬州平山堂西园西视剖面图（Ⅰ-Ⅰ）

乾隆碑亭   船厅   待月亭

图 2.61 扬州平山堂西园东视剖面图（Ⅱ-Ⅱ）

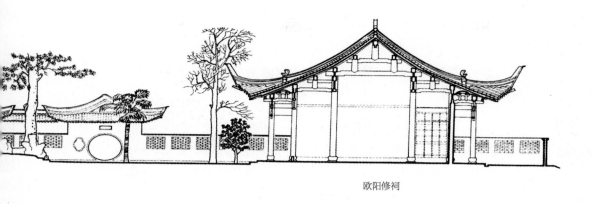

欧阳修祠

0   4   8m

康熙碑亭   柏木厅

0   8m

2.3.7 乔园

乔园（图2.62～图2.67）在泰州市区海陵南路，明万历二年（1574年）进士陈应芳创建，题名"日涉园"，出自陶渊明《归去来辞》"园日涉以成趣"句意。其后屡易其主，清嘉庆时（1796—1820年）改名为"三峰园"，后又归两淮盐运使乔松年，故俗称乔园。现已围入泰州市招待所"乔园宾馆"内。1994年乔园被江苏省人民政府列为省级文物保护单位。

园在住宅后部，现住宅已大部分被拆除。园的面积约1300平方米，属小型宅园。园分南北两区。南区较大，以花厅"山响草堂"为主体，厅前凿池，堆湖石假山，构成花厅对景。山上留有古柏一株，其树龄与园龄相当，可证此山仍为万历旧物。江南诸园中仅南京瞻园、苏州留园、上海豫园几处假山可与之相比。山腹架构成洞，洞之结构有两种：一为砖拱，一为湖石构成钟乳形洞顶。由此可见清代戈裕良所采用的"将大小石钩带联络如造环桥法，可以千年不坏，要如真山洞壑一般"⑧，也不是他的独创之法，200年前至少已有人尝试做过。山上东西各有一亭，东为"数鱼亭"、西为半方亭。山上有石梁，有石笋三株，还有一井泉眼。

图2.62 泰州乔园山响草堂

图2.63 泰州乔园假山

图 2.64　泰州乔园松吹阁（陈薇摄）

图 2.65　泰州乔园绠汲堂

园之北区较小而基址增高，故全园呈前卑后昂之势。此区以居中的"绠汲堂"为主体，左设小楼"松吹阁"，右建小斋"因巢亭"。绠汲堂是得绠而汲古之意，在此读书，可得古贤之教，故此处应是书斋，其地高爽，树石环抱，处境幽静，确是读书的好去处。

　　此园不大，布局紧凑得体，不愧为苏北的一颗明珠。其建筑物均用清水砖墙、空花脊及青砖漏窗，具扬州风格。但近年经常熟工匠修缮，故其屋顶属苏州式样，已是苏、扬两地的混合风格。可惜目前此园已被周围宾馆之现代建筑所挤压，钢骨水泥大体量暴露于园景之内，大煞风景。

山响草堂

图 2.66　泰州乔园西视剖面图（I-I）

缏汲堂

因巢亭

松吹阁

山响草堂

竹林

半亭

池

数鱼亭

入口

图 2.67 泰州乔园平面图

0 2 4m

因巢亭

缏汲堂

0 1 2 3 4m

2.3.8 寄畅园

寄畅园（图2.68～图2.73）位于无锡市西郊惠山东麓，创建于明嘉靖年间[①]，是明兵部尚书秦金的别业，名曰"凤谷行窝"。当初只是根据地形，整理土阜水池，疏点亭阁而成，景色自然幽朴。数十年后，秦金之侄秦耀拥有此园，大事改筑，成20景，更名为"寄畅园"。寄畅者，取王羲之诗："取欢仁智乐，寄畅山水阴"句意，以孔子仁智山水之说，自比君子仁德之行，这是历代儒者造园一贯采用的表白词，和苏州拙政园的取名有异曲同工之妙。清初，秦耀的曾孙秦德藻又对寄畅园作了一次大规模的改造，并延请当时江南著名造园家张涟（字南垣）及其侄张鉽主持其役。园中景物多仍其旧，又增加了七星桥、八音涧、九狮台等景点。比之旧园，水更宽阔，山增奇峭，景加深远。"由是兹园之名大喧，传大江南北，四方骚人韵士过梁溪（无锡）者，必辍棹往游，徘徊题咏而不能去"。清康熙、乾隆二帝也闻名数度往游，乾隆十五年（1750年）于北京清漪园内仿造此园，名为惠山园（后改为谐趣园）。太平天国之役，园毁于兵火，房屋破坏殆尽，大树也被砍伐，一代名园，化作瓦砾场。光绪年间（1875—1908年），才稍稍修复，如重建知鱼槛，修理凌虚阁，增建大石山房等，但由于秦氏子孙式微，已无法与昔日盛况相比。以后历经战乱，虽时有小修，但随后又残败，这种状况延续到20世纪50年代初，秦氏将寄畅园交国家管理后，园貌才有了根本性的好转，并对外开放。1988年国家公布寄畅园为全国重点文物保护单位。

现全园面积约1公顷。其特色为山林自然风光浓郁，不同于一般城市宅园。究其原因有三：一是充分利用惠山之麓的有利地形，把近山远峰引入园内作为借景；二是将惠山二泉之水汇成大池，与土阜乔林构作园内主景，造成林木葱茏、烟水弥漫的景象；三是建筑稀疏，少有人工斤斧味。

园的布局采取南北走向的分隔，即水池、土山及主要观赏建筑都作南北轴向平行布置，这也是顺应地形的结果。原来寄畅园的基址是惠山寺前左侧僧舍区，明初宣德年间（1426—1435年），巡抚周文襄发现惠山寺左前侧地势低洼，缺青龙形胜，遂令掘地堆土成阜，以促成该寺"四灵"地势完形。其后秦金购得此地，因之作为园内山池，所费少而收效大，是十分明智的决策。秦金以后，园内景点和建筑物虽有许多变化，但这山水基本构架仍是当年原貌，也正是这种山水相依、相衬的格局造成了寄畅园特有的风貌。在这构架基础上，将主要厅堂"嘉树堂"安排在山水最深处，即其北面尽头，这样，由北南望，可得园中最佳景观——山重水复，深林绝涧，有如处于邃不可测的幽谷之中，意境极佳。南端靠近惠山寺处，则作为待客酬宾和起居住憩之所。而园之入口自然也非安在惠山横街不可了。可惜20世纪50年代因拓宽街道而将园东侧划出 7 米宽的基地，原有园门一组建筑也已不存。现在改筑的园门过于逼近主景区，形成开门见山的格局，实为无奈。在中国园林中，园门的位置以及入园后的一段"序幕"处理，是造园艺术中十分重要的章节，轻易割舍，必然造成全局的重大损失。此例可引以为戒。现有园门两侧两亭——知鱼槛及涵碧亭，并延以长廊，这是隔水观山的极好去处。

为了分割长条形水面，造成景深与层次，在水池中段伸出一滩称为"鹤步滩"；在池之北端建 17 米长的七星桥，使北部水面顿形活泼之势，而南部则显得平板。所以现在寄畅园的山水精华全在东北一角。

土山的西面深处有涧谷称"八音涧"，或称"悬淙涧"，涧深达 1.9 至 2.6 米，相传是张南垣的作品。涧长 30 余米，曲折高下，身临其境，如在深山涧谷之中。涧侧留有水沟，引泉水流经此沟，淙淙水声，不绝于耳，犹如音乐，故称"八音涧"（八音指中国古代八种乐器）。此涧构想甚好，但处理手法略嫌散漫，空间体形变化力度不够，故显得平淡，涧中水流细小，涧之效果不佳，更难觅"八音"之趣，不若苏州环秀山庄及常熟燕园假山丘壑之奔放跌宕。九狮台也不免有繁琐之时弊。

园中建筑物多为晚清以后所建，风格稍欠精巧典雅，因其总量不多，仍显得质朴得体。西南角的秉礼堂，是贞节祠的西院花厅，在园内诸建筑中制作最精，当是清初旧物（见本书 1.3.3 庭院理景实例 24）。

图 2.68 无锡寄畅园锦汇漪西岸山林及小径（潘谷西摄）

图 2.69 无锡寄畅园锦汇漪（北望）（潘谷西摄）

图 2.70 无锡寄畅园锦汇漪（南望）

图 2.71 无锡寄畅园平面图

嘉树堂

七星桥

锦汇漪

邻梵阁

画门

知鱼槛

郁盘

鹤步滩

梅亭

含真斋

九狮台

知鱼

含贞斋

荷堂

秉礼堂

20m

10

0

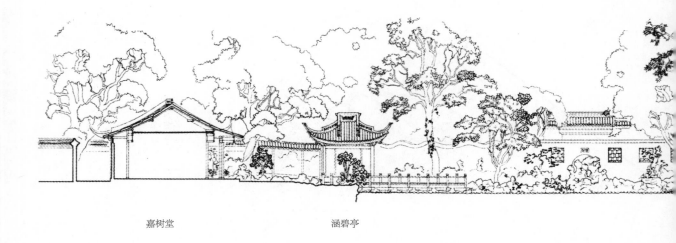

嘉树堂   涵碧亭

图 2.72　无锡寄畅园东视剖面图（I-I）

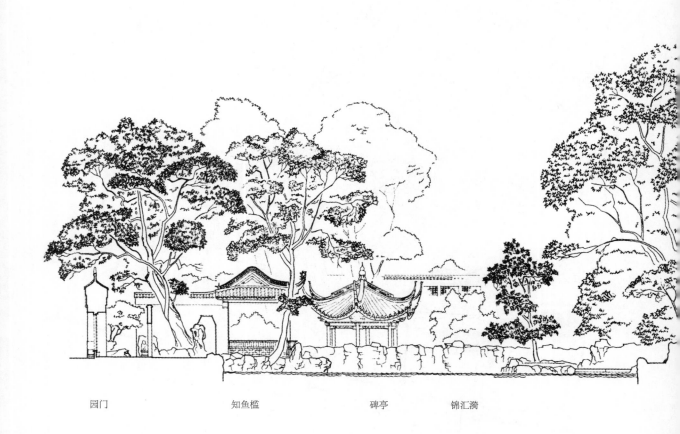

园门   知鱼槛   碑亭   锦汇漪

图 2.73　无锡寄畅园南视剖面图（II-II）

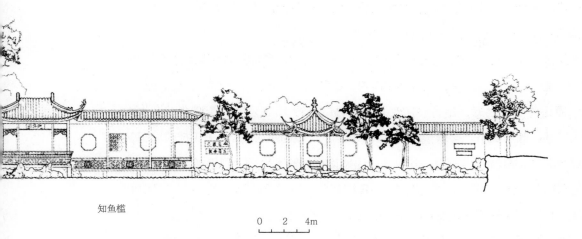

知鱼槛

0　2　4m

八音涧

0　2　4m

2.3.9　拙政园

拙政园[10]（图 2.47～图 2.79）位于苏州东城娄门内东北街，是明御史王献臣的别业。创建于正德四年至八年间（1509—1513 年）。

王献臣仕途不得志，罢官归，以元大弘寺废基营造此园。取西晋潘岳《闲居赋》所说"庶浮云之志，筑室种树，逍遥自得，池沼足以渔钓，春税足以代耕……此亦拙者之为政也"（《晋书·潘岳传》）之意，题名"拙政"。当时广袤约 13.5 公顷，茂树曲池，水木明瑟，景色旷远，胜甲吴下。嘉靖十二年（1533 年），文徵明为之作《王氏拙政园记》及《拙政园图》，并赋诗附之。后王献臣之子因赌博将园输于徐氏，到崇祯八年（1635年），园的东部归刑部侍郎王心一，另建"归田园居"，经王氏后代世守，"归田园居"直至 20 世纪初基址仍较完整。而拙政园则历经沧桑，兴衰交替，变更频繁，或为豪门第宅，或为官府衙署。其间有几次重大变更：一是清康熙年间（1662—1722 年）吴三桂之婿王永宁据此为府，曾大兴土木，"易置丘壑，益以崇高雕镂，盖非复《园记》诗赋之云矣"[11]。可见这次是把山池、建筑都做了大手术，和文徵明《园记》中所描绘的情况已有很大出入。乾隆初年，蒋棨得拙政园部分旧地，"因阜垒山，因洼疏池，堂宇不改，境地依然。"[12]这是恢复旧园，所以题名为"复园"，王永宁时期形成的旧貌当基本未变。但复园范围仅限园中之中部，西部则另属"书园"。至此，原来的拙政园已割为各自分立的三部分，互不相关。太平天国时园归忠王府，后又归江苏巡抚行辕、八旗奉直会馆。西部于光绪五年（1879 年）归张履谦，建为"补园"。至 20 世纪 50 年代初，中、西两部合并，总称拙政园，由苏南区文管会整修开放。1955 年归田园居旧址回归，经数年修建后开放。至此，分割 300 余年的江南名园，重新以统一的面貌呈现于世人面前。1961 年国务院公布为全国重点文物保护单位。

现全园面积为 4 公顷多。中部占三分之一，是此园精华所在。现存中部山池格局是清初王永宁重建时所奠定。从清初到清末，总的发展趋势是水面收缩，房屋增加。以清中叶汪鋆与清末吴儁二人所画《拙政园图》相比较，就可看出后者在远香堂西面增加了南轩（倚玉轩）和荷风四面亭两座建筑，而水中两条长廊一条改为旱廊，一条取消。再对照清光绪《八旗奉直会馆图》，则知今天的布局与之基本吻合，房屋名称与式样也相同。

中部布局以水池为中心，池中堆山，池南建厅堂轩馆，主景在远香堂前后两面：即前面是嶙峋崔巍的奇峭山水；后面是平岗小坂的平远山水。奇峭有赖于用石，前山是用湖石叠成，有洞壑峰峦，但制作粗劣，且黄石与湖石混用。平远则须舒展，故在池中堆土成二岛，岛上竹树茂密，各建一亭，形成东西展开相互映衬的画面。论者都以为拙政园之所以成为江南名园的翘楚，是由于它有着浩淼的水面和土山茂林、富于江南情趣的缘故。从现存的江南名园来看,多数不是一次规划设计建成,而是经过多次改建,其间有许多文人墨客参与议论、策划,提出种种意见,使园林越来越趋于充实和完美。从拙政园中部的发展来看,后期所增加的南轩、荷风四面亭、小飞虹廊桥等建筑物都非常得当,成为既是很好的观景点,又是山水中的优美点景物。在远香堂的东西两翼,则有两组院落或景点:一组在东,由枇杷园、听雨轩和海棠春坞三个庭院组成,形成富于变化的空间组合,再加上绣绮亭作为远香堂的对景,使东翼景观十分充实;另一组在西,由小沧浪水院、小飞虹廊桥和香洲石舫组成,以水院与水景为特色,使西翼也颇丰满。这两翼都以空间层次多、构图美而加强了远香堂作为主厅的地位,且东翼以院、西翼以水,其意趣又各不同。至于偏于一隅的见山楼,因体量较高大,处于偏远处是恰当的,也可补香洲与南轩以北缺少对景的不足。总体看来,拙政园中部的布局疏密相间,旷远与深邃兼备。建筑物不少,却又不过于人工化;水面开阔,而又不失山水层次的丰富。宋李格非在《洛阳名园记》中说:"园圃之胜不能相兼者六:务宏大者少幽邃;人力胜者少苍古;多水泉者艰眺望"。拙政园中部无疑是兼有此六个方面之长的。

西部原补园部分,以三十六鸳鸯馆前的山水为主景。此区经改建后较为壅塞,有奥邃而缺开朗,山石堆砌过多,人工气息过重,只有倒影楼与宜两亭一线对景及水上波形长廊较有创意,是此区最佳景面。

拙政园东部原王心一"归田园居"部分系 1959—1960 年新建,多开阔而少幽深,稍感平淡。

图 2.74　苏州拙政园中部池南景色

图 2.75 苏州拙政园中部荷风四面亭周围景色

图 2.76 苏州拙政园中部香洲

图 2.77　苏州拙政园西部倒影楼

图 2.78　苏州拙政园西部水上曲廊

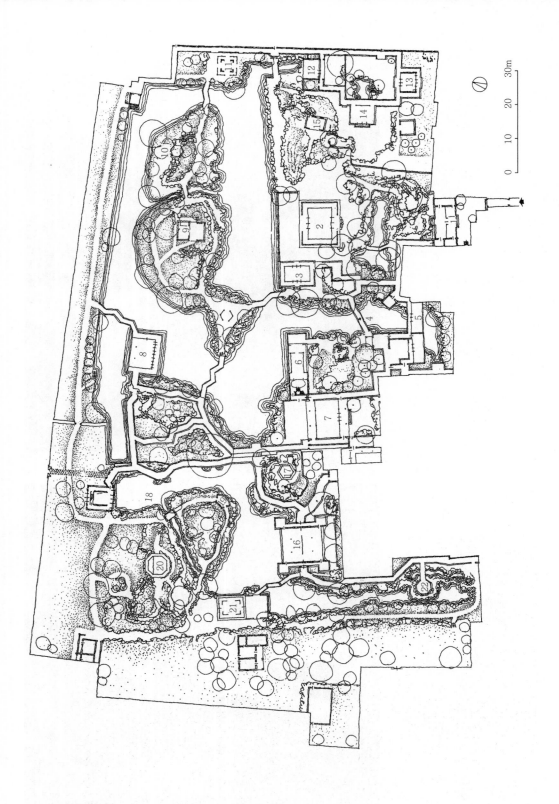

图 2.79　苏州拙政园中部及西部平面图（摹自《苏州古典园林》）

1. 腰门　2. 远香堂　3. 倚玉轩　4. 小飞虹　5. 小沧浪　6. 香洲　7. 玉兰堂　8. 见山楼　9. 雪香云蔚亭　10. 北山亭
11. 梧竹幽居　12. 海棠春坞　13. 听雨轩　14. 玲珑馆　15. 绣绮亭（以上属中部）　16. 三十六鸳鸯馆、十八曼陀罗馆
17. 宜两亭　18. 倒影楼　19. 与谁同坐轩　20. 浮翠阁　21. 留听阁　22. 塔影亭（以上属西部）

2.3.10　留园

留园在苏州西郊留园路,创建于明嘉靖年间(1522—1566年)。明清易代之后,园渐荒芜。清初,这里已是"民居比屋鳞次,湖石一峰岿然独存,余则土山瓦阜,不可复识"。但旧园址"饶嘉植,松为最,梧竹次之,平池涵漾,一望渺弥"[⑬],山池构架依然如故。后其地被刘蓉峰所得,就旧基扩建而成园,名为寒碧山庄,其范围在今留园中部,所建传经堂(今名五峰仙馆)、卷石山房(今涵碧山房)、明瑟楼、绿荫、寻真阁(今曲溪楼)、垂杨池馆(今清风池馆),都可一一寻得其址。可知今日留园中部布局基本仍是清嘉庆初年的状况。太平天国之役,苏州西郊阊门外遭受严重破坏,而此园则保存完好。俞樾曾在战乱前后两度游园,"其泉石之胜,花木之美,亭榭幽深,犹未异于昔"[⑭]。只是无人修葺,景象十分荒凉。到光绪初,盛康得而修治之,改名"留园",并扩建东部冠云峰庭院,达到目前所见的规模。民国间留园曾被驻军作养马之所,遭到严重破坏。1953年进行全面整修后开放,1961年国务院公布为全国重点文物保护单位。

留园(图2.80~图2.83)规模仅次于拙政园,面积约2公顷。其山池平平,无甚特色,虽中部假山可能为明末叠山高手周秉忠的遗作,但经多次改建,已较琐碎,且黄石、湖石混置,意趣索然。留园最可称道的是建筑空间处置手法的高超:其一,从入园一开始,以一系列暗小曲折的空间为前导,使人从喧闹的城市街道转入园门后经过一段情绪净化,

图2.80　苏州留园中部山池

再见到山水景色，宛如进入桃花源中与世隔绝的境界。这是江南诸园入口处理中最成功的一例。其空间序列安排是门厅—曲廊—小院与二门—曲廊与小院—山池。其二，在主厅五峰仙馆周围，安排一系列建筑庭院作为辅助用房（包括揖峰轩、还读我书处及鹤所等处），这些庭院空间既相分隔，又相渗透，相互穿插，层次很多，景色丰富，面积虽不大，但无壅塞局促之感，可称是建筑空间处理的精品。其东部的林泉耆硕之馆的庭院以冠云峰为主景，处理也很成功（见本书 1.3.2 庭院理景实例 17、20）。留园的湖石冠云峰与中部高大古木也是难得的园林上品。

图 2.81 苏州留园涵碧山房、明瑟楼、绿荫一线

图 2.82 苏州留园曲溪楼

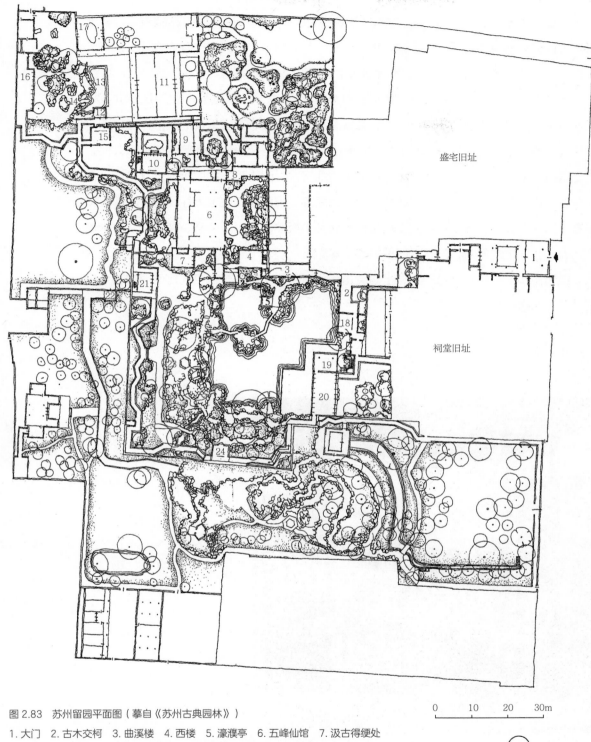

图 2.83 苏州留园平面图（摹自《苏州古典园林》）

1.大门 2.古木交柯 3.曲溪楼 4.西楼 5.濠濮亭 6.五峰仙馆 7.汲古得绠处
8.鹤所 9.揖峰轩 10.还读我书处 11.林泉耆硕之馆 12.冠云台 13.浣云沼
14.冠云峰 15.佳晴喜雨快雪之亭 16.冠云楼 17.亻云庵 18.绿荫 19.明瑟楼
20.涵碧山房 21.远翠阁 22.又一村 23.可亭 24.闻木樨香轩

盛宅旧址

祠堂旧址

0   10   20   30m

2.3.11　网师园

网师园（图 2.84～图 2.89）在苏州阔街头巷，创于清乾隆年间。乾隆末年，瞿远村改筑而成目前规模，凡园中亭馆如小山丛桂轩、蹈和馆、月到风来亭、竹外一枝轩、集虚斋等，都是当时旧名[15]。其后虽数易园主，而格局基本未变。

此园面积约 4000 平方米，其布局以水池为中心，池南部布置花厅与居室成一组院落，池北以五峰书屋、集虚斋、看松读画轩及殿春簃一列书楼、画室组成的院落，隐现于树石之间。环池则有月到风来亭、竹外一枝轩、射鸭廊半亭及濯缨水阁等亭榭点缀其间，使之与南北两组居住建筑自然过渡，形成丰富的层次。园内用石集中于池岸及沿墙，仅一黄石小山立于池南，用石总量较少，无累赘之感。唯池东岸住宅大厅及楼厅山墙直接暴露于园内，故而用假漏窗四方及墙头檐口破其平板单调；再以半亭、湖石屏及树木遮挡，收到了一定的效果，但终未能根本改变其弊端。

此园虽小，但以水面为中心，主题突出，用石精当，亭阁轩榭空间比例层次关系极好，堪称江南小园中的精品。

图 2.84　苏州网师园从半亭望月到风来亭

图 2.85　苏州网师园水池东北竹外一枝轩周围景色

图 2.86　苏州网师园水池东侧景色

图 2.87　苏州网师园竹外一枝轩内景

图 2.88　苏州网师园濯缨水阁及池西曲廊

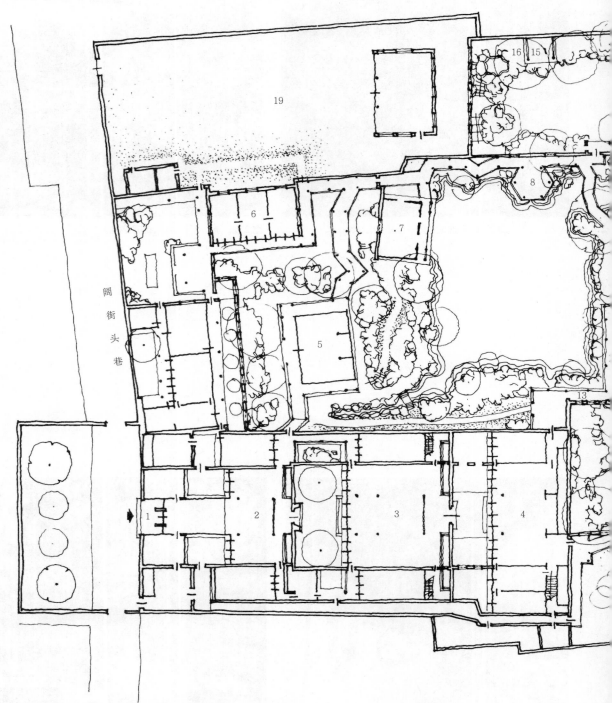

图 2.89　苏州网师园平面图（摹自《苏州古典园林》）

1. 大门　2. 轿厅　3. 万卷堂　4. 撷秀楼　5. 小山丛桂轩　6. 蹈和馆　7. 濯缨水阁　8. 月到风来亭
9. 看松读画轩　10. 集虚斋　11. 楼上读画楼，楼下五峰书屋　12. 竹外一枝轩　13. 射鸭廊
14. 殿春簃　15. 冷泉亭　16. 涵碧泉　17. 梯云室　18. 网师园后门　19. 苗圃

14

9

10

17

18

0   5   10m

十
全
街

2.3.12 环秀山庄

环秀山庄（图 2.90 ～ 图 2.93）在苏州市区景德路。此地本五代吴越广陵王钱氏
（907—978 年）旧园址，宋时朱长文乐圃也建于此。明清两代先后曾归申时行、蒋楫、
毕沅、孙士毅等人。道光末年（1850 年）成为汪姓宗祠（义庄）公产，名环秀山庄，
俗称汪义庄。

全园面积约 2000 平方米。以如许小园而能跻身江南名园之列，有赖于其假山艺术
的精妙。据钱泳《履园丛话》记载，此山为清乾隆、嘉庆年间叠山名家戈裕良的手笔。
这是一座堆在空间 30 米 × 30 米，占地 20 米 × 20 米的湖石假山，离地面总高不超过
6 米，而其中的洞壑、涧谷、石壁、悬崖、危径、飞梁等境界之丰富，则所有江南名园
均不能望其项背。戈氏胸中如无千山万壑之积蕴，何能出此超凡的构想？山洞用拱券
原理，以湖石构架而成，既坚实，又逼真；山峦、石壁则脉理自然，不露人工痕迹，
犹如浑然天成。这又显示戈氏对自然界真山结构及堆山中石料运用的深刻理解，如无
多年观察及施工实践，绝不能达到如此透彻、娴熟的境界。以艺术水平而言，此山可
称江南第一山。

山下水池用以衬托山势之峭及山气之活，池窄而水曲，犹如溪流绕山而行。池周的
亭廊楼房也以欣赏此山为目的，从中可得到"山形面面看，山景步步移"的效果。

图 2.90　苏州环秀山庄假山全景

图 2.91　苏州环秀山庄问泉亭

图 2.92　苏州环秀山庄由假山峡谷内望问泉亭

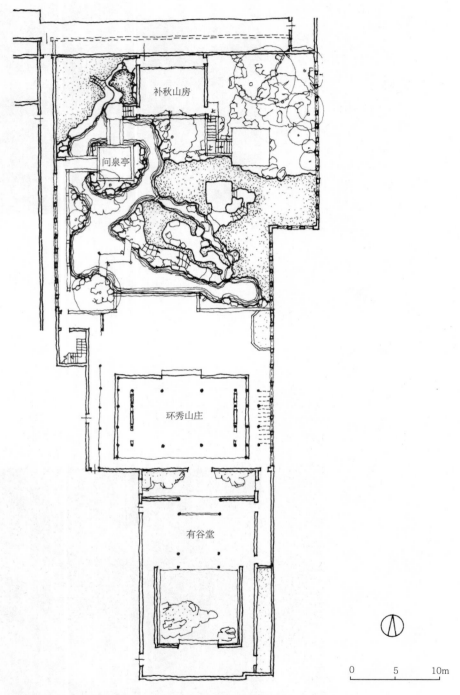

补秋山房

问泉亭

环秀山庄

有谷堂

0　5　10m

图 2.93　苏州环秀山庄平面图（摹自《苏州古典园林》）

2.3.13 耦园

"耦"与"偶"通。耦园（图 2.94～图 2.98）即东西双园并列之意。此园位于苏州市区小新桥巷 6 号，始建于清初，清末改建成现状。二园之中，西园甚小，实为庭院理景，即为书房、书楼的周围院落中置石、叠山、植树、莳花而成。东园较大，面积约 2200 平方米。布局以山池为中心，环池设楼、堂、亭、榭与游廊，形成周边式布置。北面"城曲草堂"是园中主体建筑，两层，坐北向南，西与住宅相连通，楼下是厅堂，楼上是居室。楼的体量较大，东西横贯全园，故采用化整为零的办法，加以分割，使之"碎化"、"软化"，以便和山水景色相互协调。南面为"听橹楼"与"山水间"水阁，因此楼南临河道，可听橹声，故名"听橹"；而水阁地处水池南端，由此北望，山水幽邃，景色丰富，是全园最佳观赏点。东面隔池望山，设两小亭，无疑也是园中观景的好去处；西面则以曲廊连通南北两处重要建筑物。

此园以有高水平的黄石假山而著称。在江南园林同类假山中此山可称是最成功的作

图 2.94　苏州耦园双照楼、城曲草堂前山池

图 2.95　苏州耦园黄石假山

图 2.96　苏州耦园黄石假山中的"邃谷"

品之一。所谓"黄石"，其体块轮廓较为顽夯，线条直硬，石面带黄色，与湖石之线条圆和恰成对比，因此叠黄石山应顺其石质、石性、石势，追求雄浑、峭拔、险峻之趣，而不应硬套瘦、皱、漏、透的品石标准，盲目抄袭湖石的叠法。耦园中黄石假山正是恰当地抓住了黄石的特点，把假山的大体大面和石块纹理处理得十分妥当，峰峦、峭壁、裂隙、峡谷、蹬道都能各尽其趣，而无琐碎堆砌之弊。其中沿池绝壁和山中"邃谷"，尤为成功。山顶只作平台而不建亭，也是免俗之笔。只是后世在山上所构石室，似与全山风格不协调。

图 2.97　苏州耦园山水间水阁

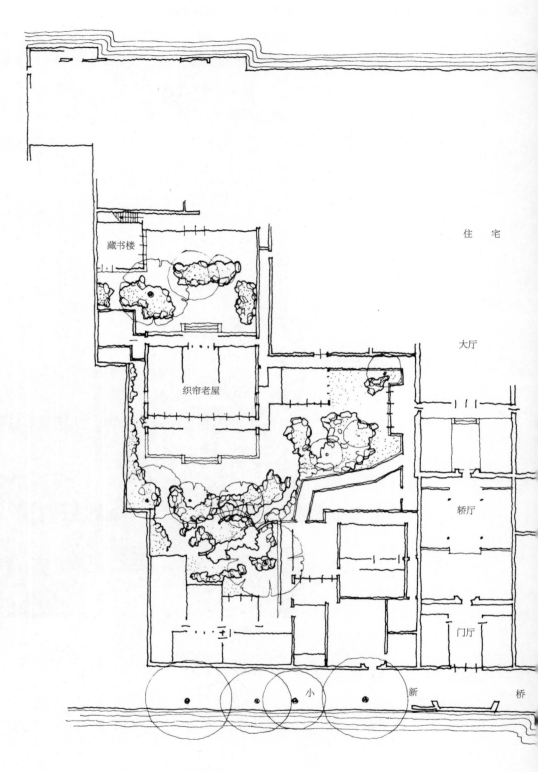

图 2.98 苏州耦园平面图（摹自《苏州古典园林》）

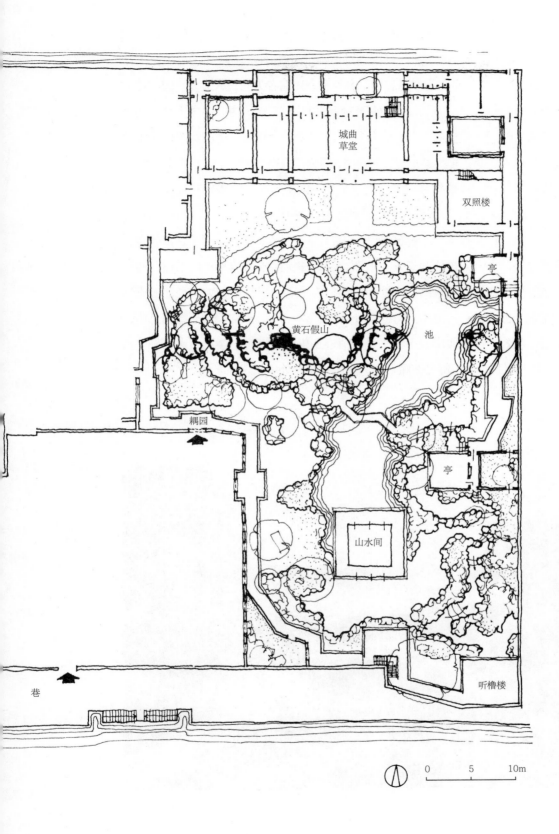

城曲
草堂

双照楼

亭

黄石假山

池

耦园

亭

山水间

巷

听橹楼

0   5   10m

2.3.14 退思园

退思园（图2.99~图2.105）位于江苏吴江市同里镇，始建于清光绪十一年（1885年），是清代凤、颍、六、泗兵备道任兰生的宅园。任因贪赃被黜，归里后建此宅园，取《吕氏春秋》："进则尽忠，退则思过"之意，名为"退思"。参与擘划建园者为同里人袁龙。园在住宅东侧，占地约2500平方米，分为东、西两部分：西部以建筑庭院为主，是主人读书待客之所。主体建筑为书楼"坐春望月楼"，按传统习惯，楼作六开间，楼前院内依西墙建三间小斋，仿画舫前、中、后三舱之意，于山面开门，两侧仅开和合窗（即北方的支摘窗）。院东侧近墙处设湖石花台，疏植花卉树木，构成小景。院南侧面对书楼则有迎宾室、岁寒居等斋馆。东部是此园主体，以水池为中心，环池布列假山、亭阁、花木，"退思草堂"为其主体建筑。此堂位于池北岸，作四面厅形式，前有平台临水，由此可周览环池景色，或俯察水中碧藻红鱼，是全园最佳观景处。池西有一带曲廊贴水而前与旱船相连，透过廊内漏窗，可隐约窥见西部庭院景物，使池西景面极为生动，极具吸引力，是此园设计的精彩之笔。惜旱船过于暴露，造型亦不精美，应环植花木若干，使之隐现于绿荫丛中，则可达到扬长避短之效。池东假山，手法平平，稍逊丘壑。池南有小楼及临水小轩"菰雨生凉"，由室外石级登小楼，则可俯瞰全园，是园中又一处引人入胜之地。

图2.99　吴江同里退思园池西北东三面景色

图 2.100 吴江同里退思园菰雨生凉内景

图 2.101 吴江同里退思园池南景色

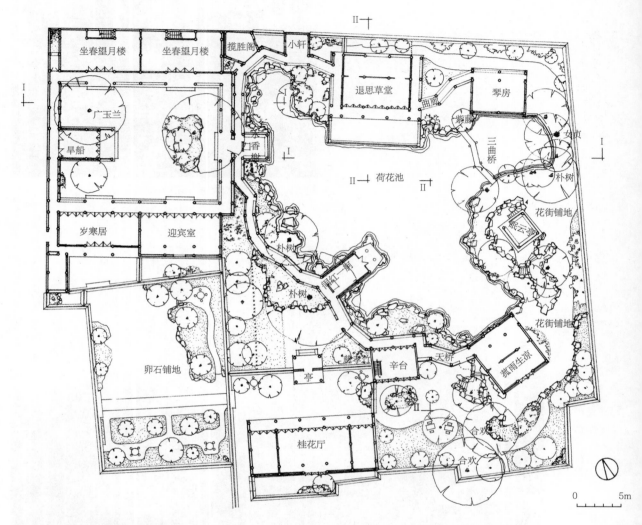

图 2.102　吴江同里退思园平面图

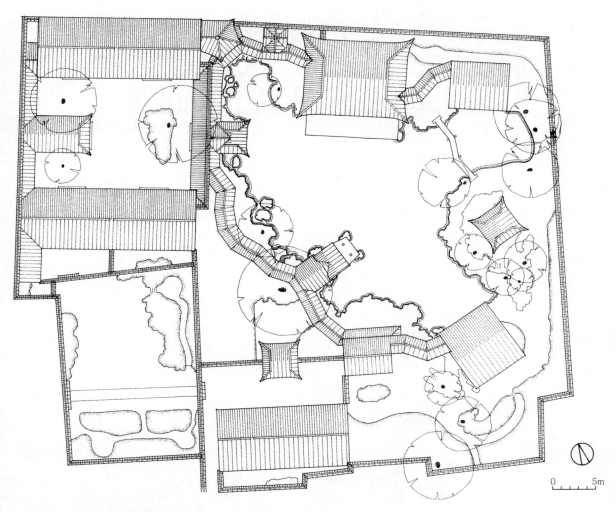

图 2.103　吴江同里退思园屋顶平面图

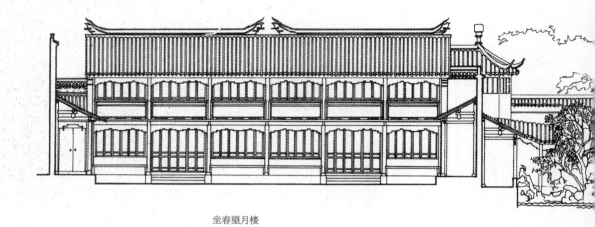

坐春望月楼

图 2.104　吴江同里退思园北视剖面图（I-I）

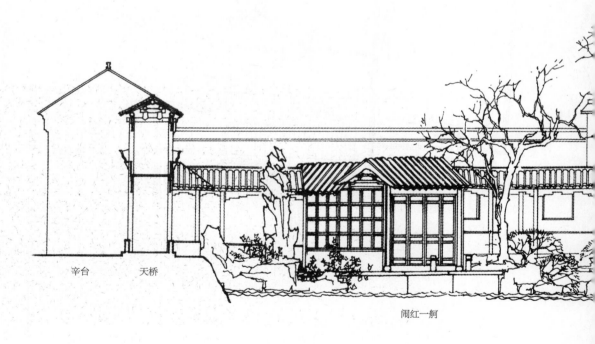

辛台　　　天桥

闹红一舸

图 2.105　吴江同里退思园西视剖面图（II-II）

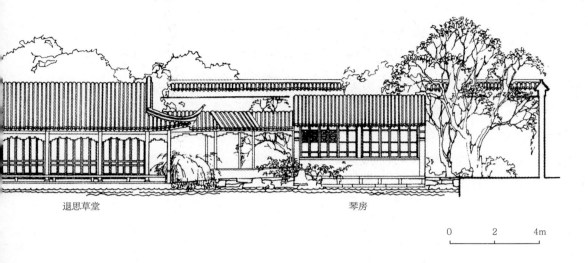

退思草堂   琴房

0   2   4m

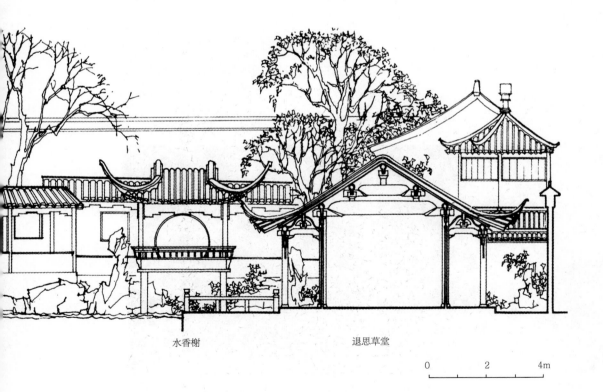

水香榭   退思草堂

0   2   4m

2.3.15 燕园

燕园位于常熟市区辛峰巷内。为乾隆四十五年（1780年）福建台澎观察使蒋元枢所建。道光九年（1829年）归同族泰安县令蒋因培，予以修葺，并由戈裕良为叠黄石假山"燕谷"。此山与苏州环秀山庄假山齐名，堪称江南园林双绝。其后园主屡易，而园貌大致未改。晚清为外务部郎中张鸿所得，张自号"燕谷老人"，曾在此完成小说《续孽海花》的撰写。

燕园（图2.106～图2.111）占地约3000平方米，成狭长形，故其布局以中间为山池，南北两端为建筑庭院。中间山池即燕谷所在，山用常熟虞山石叠成，体量较环秀山庄略小，占地约30米×30米，最高点不超过5米，山洞短而小，无洞谷幽深之感，故稍逊于环秀山庄。但用黄石勾带如造拱桥之法堆出山洞，其原理则相同，而石脉纹理之处理也能自然贴切如浑然天成，与环秀山庄如出一辙。故能成为黄石假山中之精品传世。

南端庭院为四面厅之前院，院内凿池叠湖石山，所谓"七十二"石猴者指此，但用石琐碎类狮子林，当与戈裕良无关。山趾有白皮松一株，颇名贵。

北端五芝堂建筑曾为工厂所占，较为残破。园中五针松、桂花等大树亦已凋残零落。1984年起开始修复。迄今后部尚被其他单位所占。

附曾园：曾园位于常熟旧城内，是清同治、光绪年间（1862—1908年）刑部郎中曾之撰所筑家园，名"虚廓居"。1949年后已先后归几所学校使用，近年学校迁出，经整修后已开放。此园位于住宅之后，布局以水池为中心，亭廊楼馆集中于东、南两面。园之特色有三：一水面辽阔，池面约占园址之半；二古树森郁，其中香樟、白皮松、红豆树三者尤为珍奇；三妙于借景，虞山、辛峰亭、城门楼等均历历如在指掌间。但全园布局散漫，池岸平直，假山琐碎，故其品位稍差。

图2.106　常熟燕园假山、水池（已涸）、步石及山洞口

图2.107　常熟燕园假山洞内景（设石桌、石凳，顶开采光口）

图 2.108　常熟燕园四面厅及长廊

图 2.109　常熟燕园池南堂馆及古树

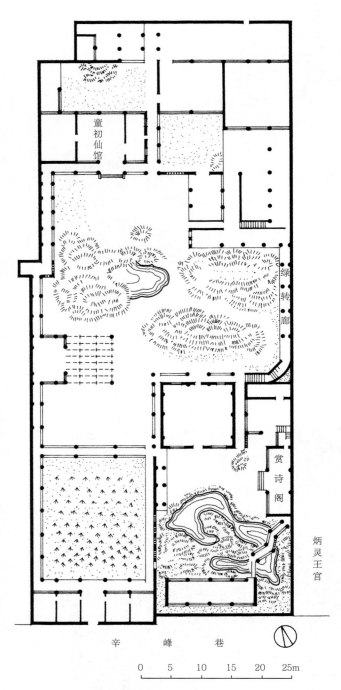

图 2.110 《江南园林志》所载常熟燕园平面图（20 世纪 30 年代）

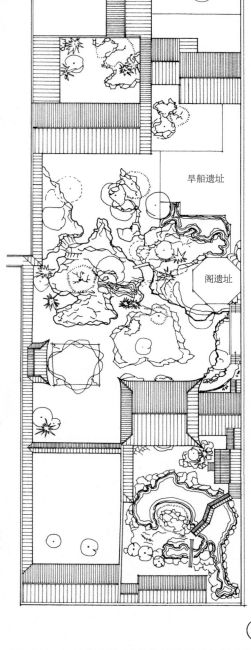

图 2.111 1958 年 3 期《文物参考资料》所载燕园平面图

2.3.16 豫园

豫园（图2.112～图2.114）在上海市旧县城区东北隅黄浦江滨，原是明四川布政使潘允端之私园，始建于嘉靖三十八年（1559年），后经万历五年（1577年）扩建，历时五年而成。因该园为潘允端豫悦老亲之所，故曰"豫园"。园中主厅"乐寿堂"五间，堂前有平台，台前作大池，池中有岛，岛南假山称为"南山"，厅之左右亦累奇石作峰峦坡谷状。园中建筑物众多，除厅堂斋馆亭廊之外，还有纯阳阁（供奉吕洞宾）、土地神祠、关帝祠、山神祠、大士庵及禅堂，另有家庙三间用以供高祖以上神主，可称儒、道、佛三教俱全。

明末，"园亭残毁，山水如故，巍堂杰阁，锄为菜圃"（《阅世编》）。康熙年间，改建为书院。乾隆年间划归城隍庙。鸦片战争后为各同业公会所占，其后茶楼酒肆充斥其间，园貌残破。20世纪50年代起予以清理修缮，并将东南侧之"内园"并入此园。近年又加扩建。

图2.112　上海豫园山池

现存豫园仅西北部之水池及假山主体部分为明代遗物。假山用浙江武康石垒成，相传系明末叠山名手张南阳之力作。潘允端《豫园记》中所描写的"高下迂回，为岗、为岭、为涧、为洞、为壑、为梁、为滩，不可悉记，各极其趣"的状况尚存。除此山之外，其余建筑物及布置状况均已非当时原貌。

豫园现存面积约 2 公顷（不计近年新扩部分），可分为三部分：西北一区，以大厅三穗堂与仰山堂（下）、卷雨楼（上）前后相衔为主体建筑，隔地相望即是明末所遗山池，东侧万花楼前有鱼乐榭、会心不远、两宜轩围成的水院，这是此园最精彩的部分；东部以点春堂为中心的一组建筑群，曾是"小刀会"起义时的指挥所，周围叠山、构屋。南面一堂称"玉华堂"，前有著名太湖石峰"玉玲珑"，属豫园旧物，相传系宋徽宗花石纲遗物，是现存江南湖石峰中的稀有佳品；东南面一区庭院是内园旧址，占地约 2000 平方米，大厅晴雪堂前院内有假山、溪水、亭廊，东侧有亭廊与花墙组成的小院，层次丰富。南、西两面有三座楼绕庭院而立，形成院内景物的屏障，颇具高低错落之趣。

图 2.113　上海豫园卷雨楼

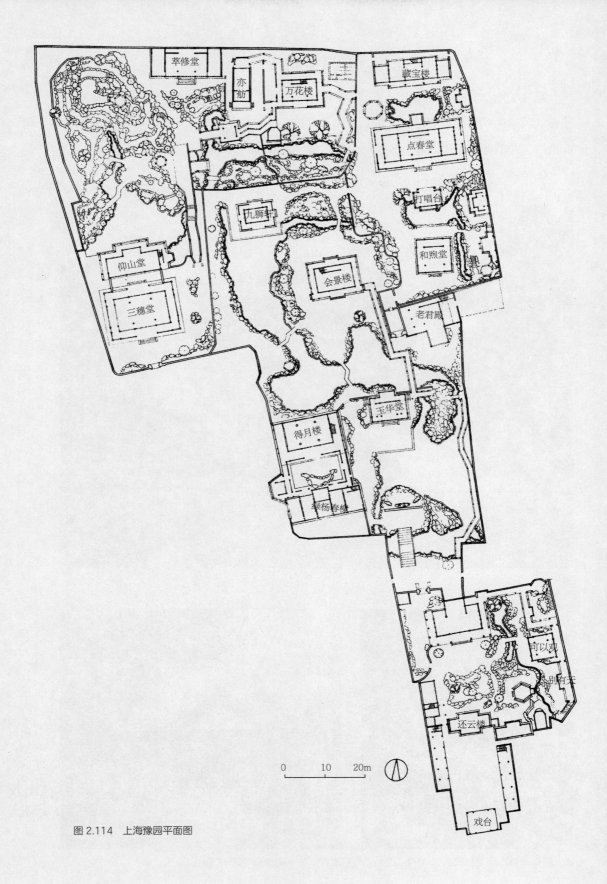

萃修堂

亦舫

万花楼

藏宝楼

点春堂

打唱台

九狮轩

和煦堂

仰山堂

会景楼

三穗堂

老君殿

玉华堂

得月楼

萃杨春楼

可以观

别有天

还云楼

戏台

0   10   20m

图 2.114　上海豫园平面图

2.3.17 绮园

绮园（图 2.115 ～图 2.121）在浙江海盐武原镇内，是浙江保存较好的一座清末私家园林。明清两代海盐皆有造园之风，绮园现存的若干古树树龄有达 200 年或更久远，依此推断，在清乾嘉年间或再早一些，此处已是一处私园。

图 2.115　海盐绮园北部山池

图 2.116　海盐绮园北部假山及六角亭

图 2.117　海盐绮园潭影轩东侧

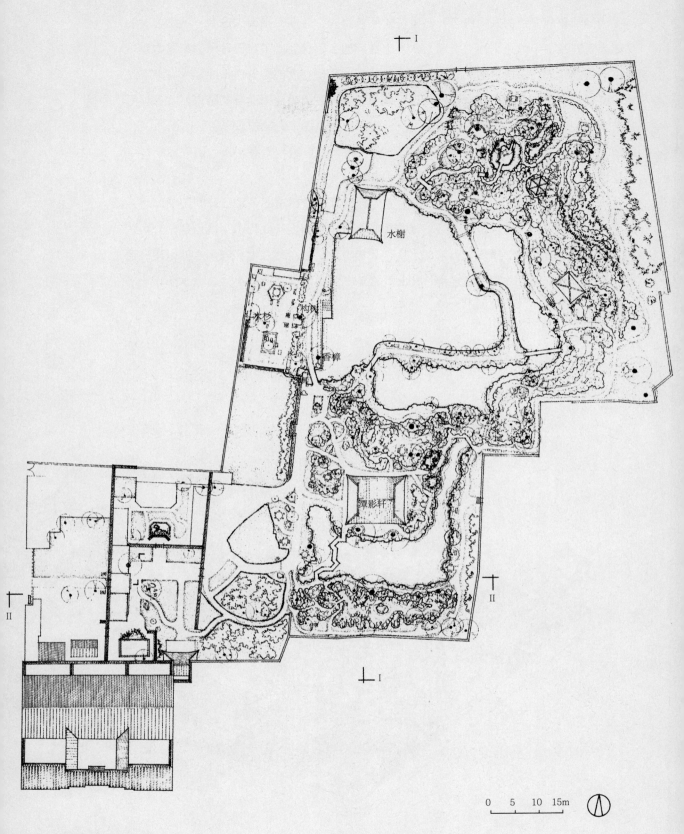

水榭

构树

香章

水杉

潭影轩

0　5　10　15m

图 2.118　海盐绮园平面图

清同治年间酱油商人冯缵斋及其妻黄绣始筑绮园，时在太平天国之后，黄绣之父的私园拙宜园咸丰年间毁于兵火，黄父本人也客死他乡，这促成了黄氏运用夫家财力重现昔日园景的计划。园在冯宅之北，占地约 1 公顷。从现存北部部分假山山体堆砌草率及楹联匾额甚少留存来看，这次营造活动可能由于规模过大等原因而草草结束，或者计划并未全部完成。此后，绮园数易其主。抗日战争期间，占领海盐的日军曾驻防于此。20世纪 50 年代后辟为博物馆，园之西墙已不存，园向西扩展与街巷相接，园内建筑经维修及重建。

绮园南北长 120 米，东西阔 80 米。主体建筑潭影轩在南部，系三开间周围廊之四面厅。原园门在轩之西，游人须经石峰古树间绕行至轩南。轩北为山，南为池，合负阴抱阳之意。全园中南部紧凑，为起居之所，北部宽敞，为游憩之地。轩南水池以溪涧形式与北部大池相通。北部水池之南、之北、之东三面叠山，池西为小径，为水榭。北部

图 2.119　海盐绮园鸟瞰图

水面又以长堤将水面再分大小几处。绮园总体格局为南收北放，东高西低，似有"三山半落青天外，二水中分白鹭洲"之意境。

　　绮园内大量古树古藤为他处难得，当属至宝。园中假山，上部皆以湖石堆成，规模宏大，姿态透迤，洞壑深幽，磴道盘旋，石梁高低变幻，极尽人工仿天然之能事，实为他处罕见。尤其是北部大山谷底设小潭，潭边布石凳石桌，大有寻得桃源好避秦之隐士意趣。四座木构建筑以北山巅上的依云亭最为得体，六柱攒尖，屋盖陡峻与山势一气呵成。石桥四座各有特色，但池中及池边的堤、岸过高、过直，驳岸及部分山石建筑施工粗糙，细部缺少必要的推敲。

　　可以说绮园是浙北清末私园的代表作。

　　（本例由朱光亚撰文。）

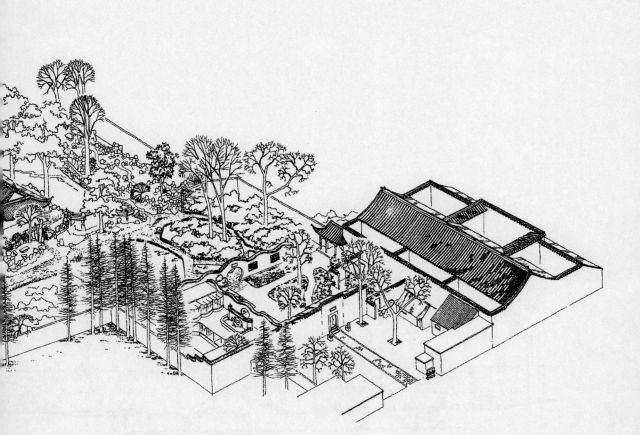

图 2.120　海盐绮园东视剖面图（Ⅰ-Ⅰ）

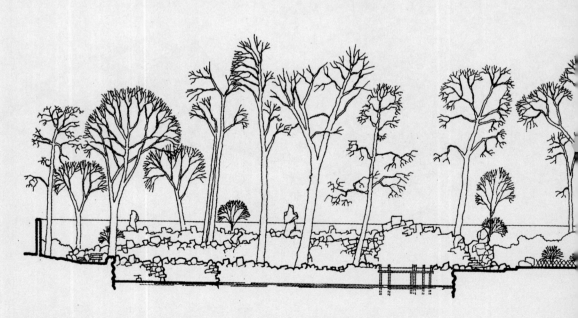

图 2.121　海盐绮园南视剖面图（Ⅱ-Ⅱ）

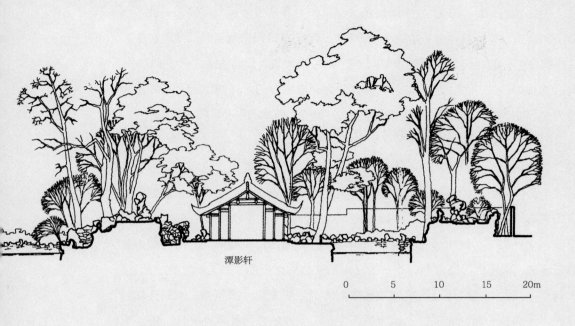

潭影轩

0　5　10　15　20m

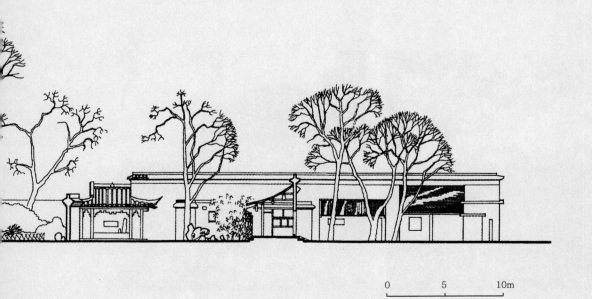

0　5　10m

2.3.18　小莲庄

　　小莲庄（图 2.122～图 2.127）位于浙江吴兴南浔镇南栅万古桥西，是清末刘镛（字贯经）的私园和家庙，故又称刘园。始建于 1885 年，慕元末书画家赵孟頫的"莲花庄"之名而称"小莲庄"，经刘氏父子营建 40 年，至 1924 年才建成。共占地 1800 平方米。

　　家庙与园林相邻，庙在西，园在东。其园林分为外园和内园。外园以六七千平方米大的荷花池为主，四岸布置楼台亭阁，设置讲究，各呈特色。西岸有长廊，廊下临池有"净香诗窟"、水榭和法国式建筑"东升阁"；东畔隔曲桥有钓鱼台；南有退修小榭、圆亭，由曲廊相连；北岸则为柳堤，中间有水上小亭一座。内园位于东南角，以假山为中心布局，北有高墙与外园隔绝；西有空透太湖石壁屏障，若接若分；东坡栽古松，盘旋山道可至山顶；山巅有小亭，可远眺田畴，中瞰荷池，近俯西坡下的溪水缓波。

　　纵观全园，内外有序，建筑山石布置得当精巧。水面则开阔宛如村景，夏日池中莲花盛开，最宜消暑，柳堤也平直豁然，非一般江南私家园林之奥曲，有天然之趣。此外，该园的最大特点是园与周围环境及建筑联系紧密而协调。如入口，园门外有水码头和鹧鸪溪，在园内，水码头一角的水通过钓鱼台流入莲花池，在钓鱼台处不作硬性分隔，而是置假山、栽绿树，使园内园外均成景色。又如园北的柳堤，实为沿鹧鸪溪的内外分界，堤上行走，两侧柳树摇曳，拂水婆娑，清凉宜人。再如西侧的长廊是依刘氏家庙和馨德堂的山墙建造的，壁上嵌有名家手迹砖刻四十余方，遂成园内近观一景。外园和内园也非断然隔开，于水处，桥上架榭，内外水仍连成一体，并由大水面转而曲折深邃的小水面；于陆处，则置假山似隔还连。从而全园视野空透明敞，景观富于自然品性。园中单体建筑"净香诗窟"的顶格，一作笠状，一为斗形，白底深格，极其雅洁，为它处所无。

图 2.122　南浔小莲庄池西景色（晏隆余摄）

图 2.123　南浔小莲庄池南圆亭（李国强摄）

图 2.124　南浔小莲庄钓鱼台

图 2.125　南浔小莲庄鹧鸪溪及码头（李国强摄）

"小莲庄"的园林部分在南浔沦陷期间，曾遭受很大损坏，荷池周围所剩建筑也面目全非。有幸的是中华人民共和国成立后几十年来，政府陆续拨款逐渐恢复原貌。现已修葺完善，为中外游人流连驻足。

　　（本例由陈薇撰文。）

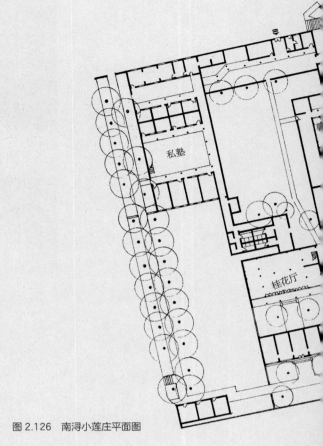

图 2.126　南浔小莲庄平面图

图 2.127　南浔小莲庄西视剖面图（I-I）

东升阁　　　　　　　　水榭

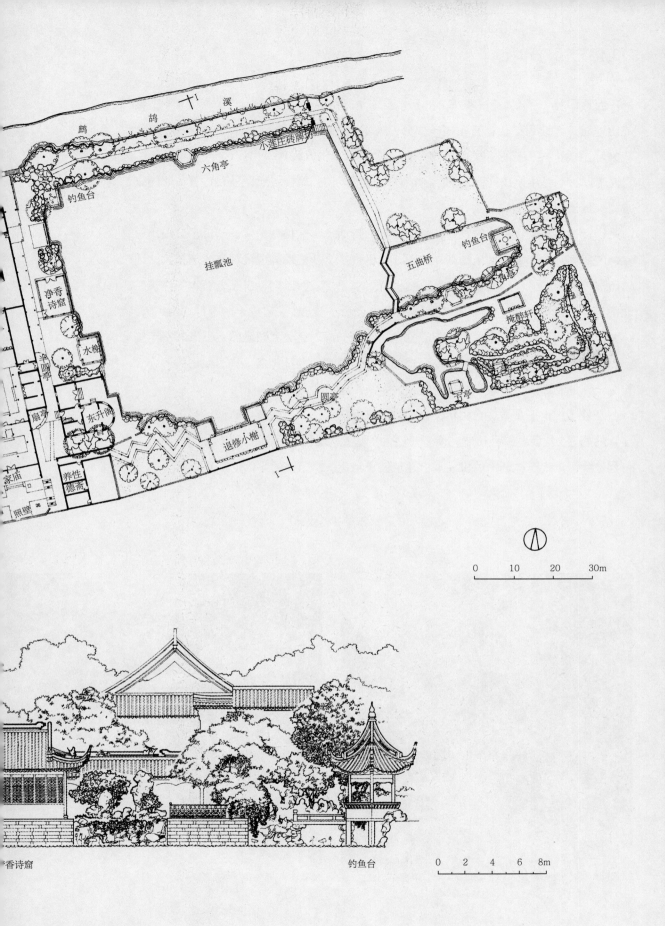

十　　鸽　　溪

鹬

小莲庄砖牌坊
六角亭

钓鱼台

挂瓢池

五曲桥　钓鱼台

净香
诗窟

掩醉轩

水榭

半园亭

东升阁
扇
亭

圆亭

退修小榭

家庙

养性
德斋

照壁

0　　10　　20　　30m

香诗窟　　　　　　　　　　钓鱼台

0　2　4　6　8m

2.3.19　西泠印社

西泠印社（图 2.128 ~ 图 2.138）位于杭州孤山，自山趾延亘至山巅，是一座典型的山地园。原地为清代行宫花园一部分，太平天国时毁，光绪二十九年（1903 年）印篆家叶铭、丁仁、王禔、吴隐等常聚此，次年集资购得经营，民国 2 年（1913 年）成立西泠印社。是中国研究篆刻的学术团体，也是他们的聚会场所，社长为著名书画家、篆刻家吴昌硕。

印社建筑与景物沿山坡布置，依山顺势曲折而上，一路有柏堂、仰贤亭、山川雨露室、四照阁等。印社主要活动则在山顶，这里也是全社艺术处理最精湛的部分。此地以"印池"为中心，环池有华严经塔、题襟馆、观乐楼、四照阁、汉三老石室等建筑。池北凿石为洞，名"小龙泓洞"，洞东侧有泉，泉水注于池中，形成十分难得的山顶天池。小龙泓洞口西侧有金石家邓石如石雕立像，东侧一洞内有吴昌硕坐像，三老石室南侧有金石家丁敬坐像。在传统园林内饰以雕像，实为创举，别具一格。华严经塔体形高耸，构成全局的制高点，打破了山顶轮廓线的平淡，起了画龙点睛的作用。

全社顺应地形布置，自由活泼，尤其山顶泉池、山石、洞壑、岩壁、篆刻、雕像、建筑的处理，集我国多种传统艺术于一区，表现了近代艺术家们高超精湛的修养与技艺，可称是我国近代园林艺术的极品。惟建筑稍嫌粗糙，观乐楼的体量也略感笨重。

图 2.128　杭州西泠印社入口（左为柏堂）

图 2.129　杭州西泠印社牌坊

图 2.130　杭州西泠印社山顶水池

图 2.131　杭州西泠印社华严经塔

图 2.132　杭州西泠印社小龙泓洞及近年重刻邓石如像

图 2.133　杭州西泠印社题襟馆

图 2.134　杭州西泠印社小龙泓洞前邓石如像（1962 年摄）

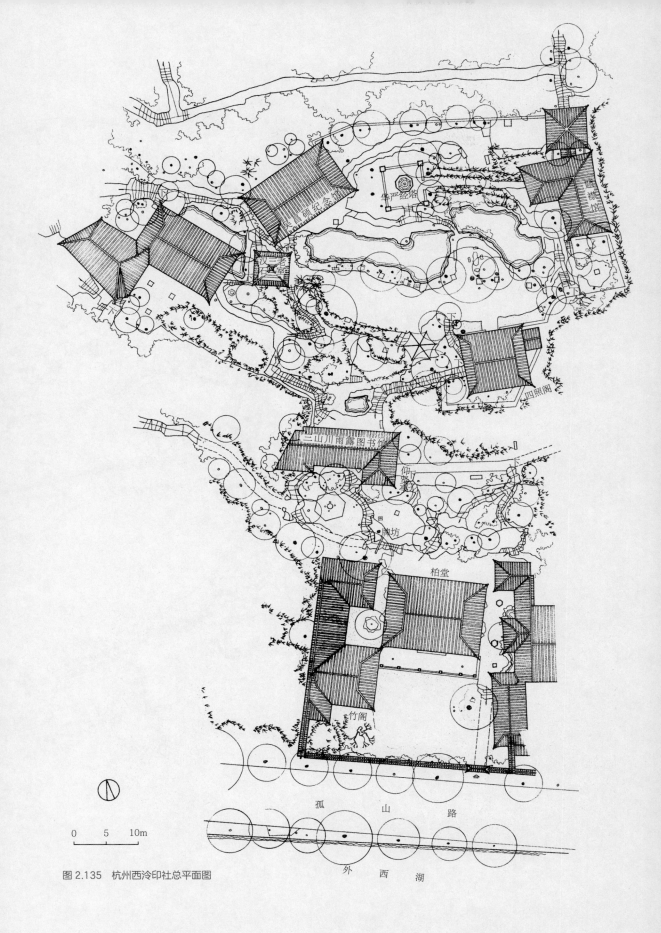

图 2.135　杭州西泠印社总平面图

0　5　10m

外　西　湖

孤　山　路

柏堂

竹阁

三山川雨露图书馆

吴昌硕纪念馆

华严经塔

四照阁

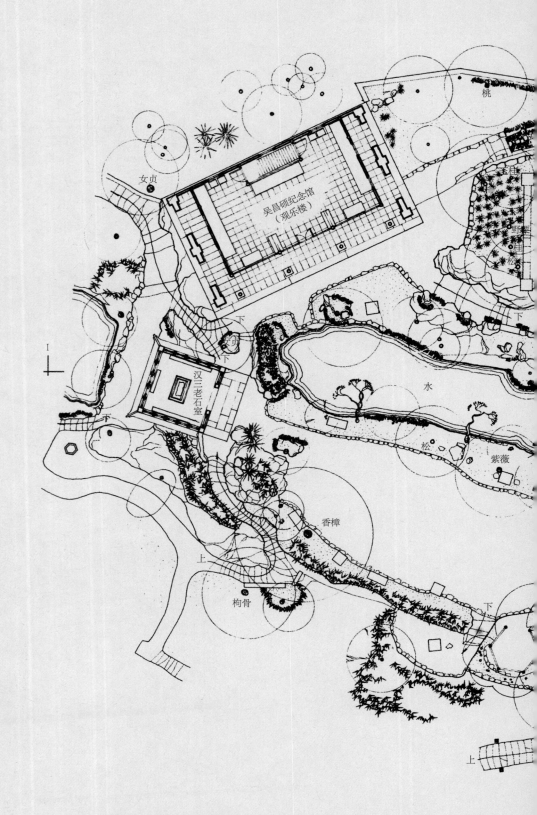

图 2.136 杭州西泠印社山顶部分平面图

桃

女贞

吴昌硕纪念馆
（观乐楼）

汉三老石室

水

松

紫薇

香樟

枸骨

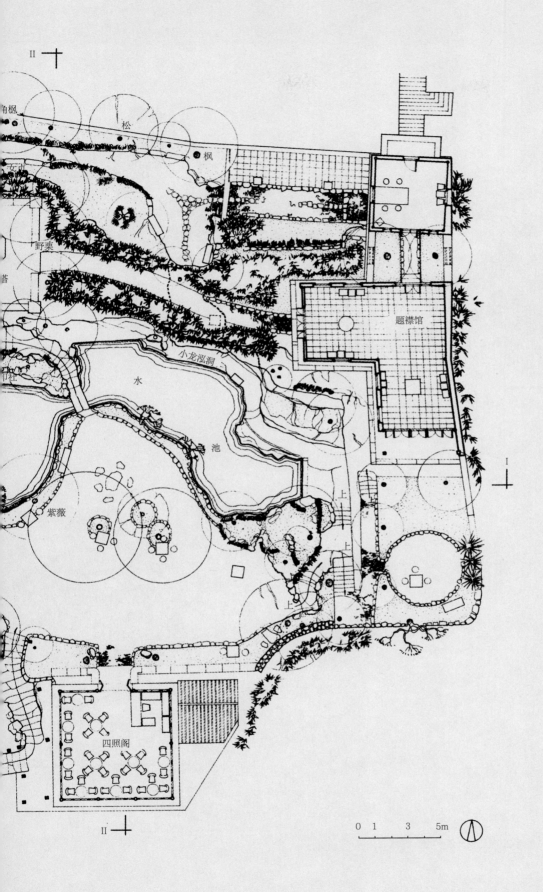

角枫

松

枫

野栗

苔

□社

水

小龙泓洞

池

题襟馆

紫薇

上

上

上

四照阁

0 1 3 5m

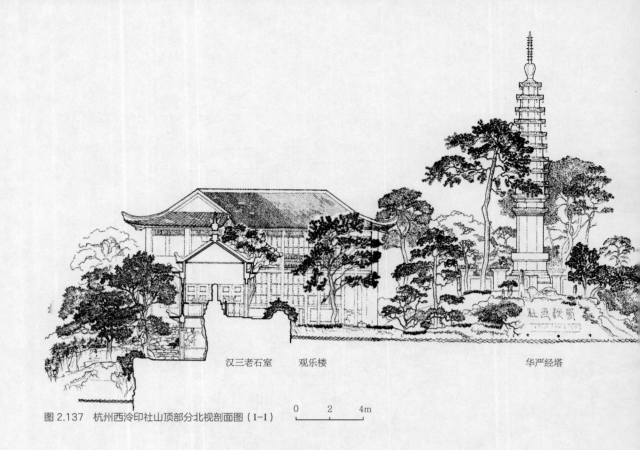

汉三老石室　　观乐楼　　　　　　　　　　　　　　　华严经塔

0　　2　　4m

图 2.137　杭州西泠印社山顶部分北视剖面图（I-I）

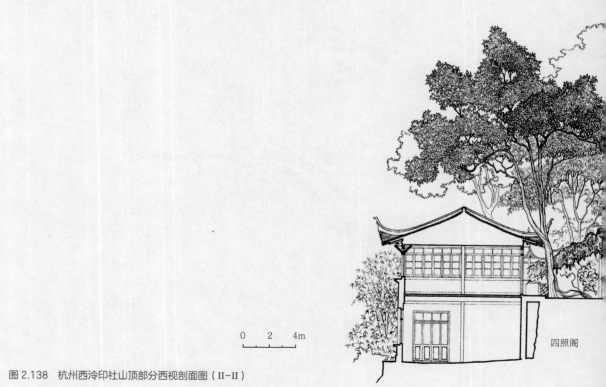

0　　2　　4m

四照阁

图 2.138　杭州西泠印社山顶部分西视剖面图（II-II）

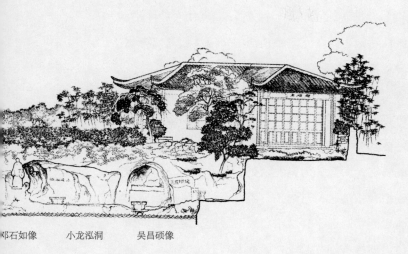

邓石如像　　　小龙泓洞　　　吴昌硕像

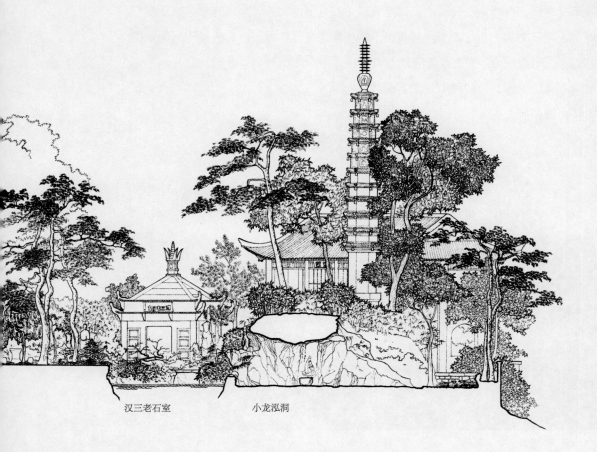

汉三老石室　　　　　小龙泓洞

2.3.20 郭庄

郭庄（图2.139～图2.147）一名汾阳别墅，昔之宋庄也，地处杭州西湖西山路卧龙桥北，滨里西湖之西岸。此园原为清代绸商宋端甫所筑，称端友别墅，后归郭氏。郭庄曾一度毁坏严重，20世纪80年代测绘时虽存旧迹，但仍是一片荒凉。90年代后经修缮，已对外开放，且保留旧时格局，木构少做油漆，水木清华，雅洁淡泊，依然如童寯先生所称道的"为武林（杭州）池馆中最富古趣者"（《江南园林志》）。

郭庄依南北向沿湖长向布局。原郭庄门在北面，现大门在西侧西山路上，而原门则成为园之后门了。但从此处环境仍依稀可见旧时的风貌，园中树木茂盛，小路幽曲，湖水由西向东于南墙外汇集成池，而入园门必须跨桥而过。进园后"一镜天开"水池寥廓，经由曲桥，抵跨于水上的"两宜轩"。此轩将大水面分为南北两处，于此啜茗，南北风光无限，为"两宜"。隔南池的南端为一组合院落，相对封闭，院北侧沿池则有空透的廊子。西接现入口，东通"锦苏楼"。园之西墙高而平直，沿墙或即或离，或直或曲地布局亭廊，形成游线。最有特色的是东边沿湖的布局，沿湖自南而北有三处将西湖水通至园内：流经桥下、湖石假山洞下和平台下。而沿湖的建筑设置，则进退有致、敞闭自如。有的是设墙开漏窗，有的是平台临水，其间叠以山石、植以树木，断而有续，前后参差，有实有虚。在高低关系上，有建于水洞假山上的"赏心悦目"阁，也有把酒临风的水榭。远可借苏堤，近可瞰湖波。园内或舒卷或幽静，胜似多少人造景色。此园立意开阔旷远，手法舒展大方，经一水贯之，便有了最古最幽的趣味。

（本例由陈薇撰文。）

图2.139 杭州郭庄两宜轩及赏心悦目阁

图 2.140　杭州郭庄邻借西湖景色（远眺保俶塔）　图 2.141　杭州郭庄两宜轩内景

图 2.142　杭州郭庄由赏心悦目阁下小借西湖景色

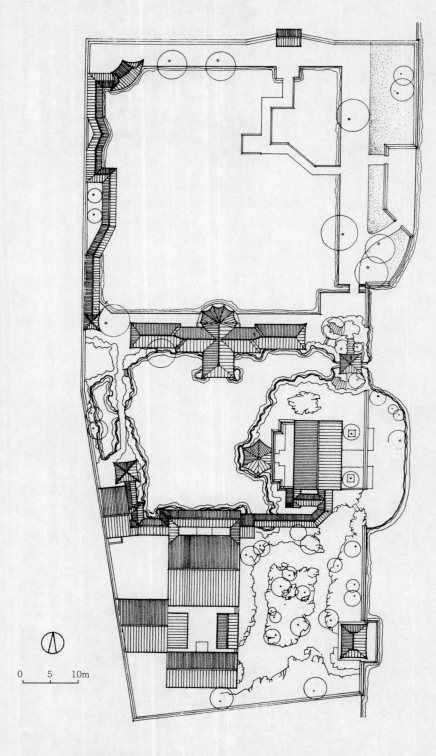

0 5 10m

图 2.143　杭州郭庄屋顶平面图

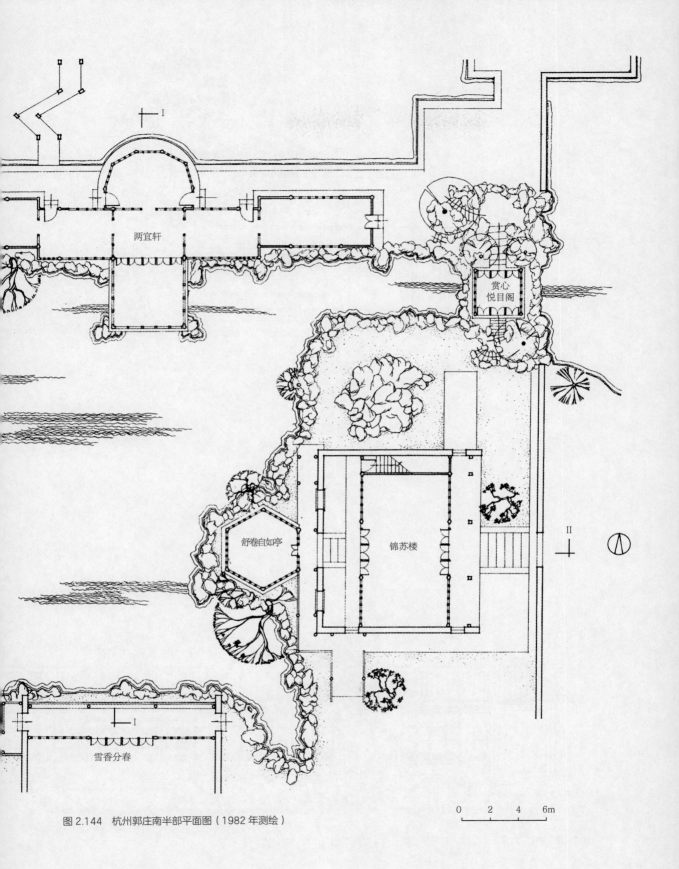

两宜轩

赏心
悦目阁

舒卷自如亭

锦苏楼

雪香分春

图 2.144　杭州郭庄南半部平面图（1982 年测绘）

0　2　4　6m

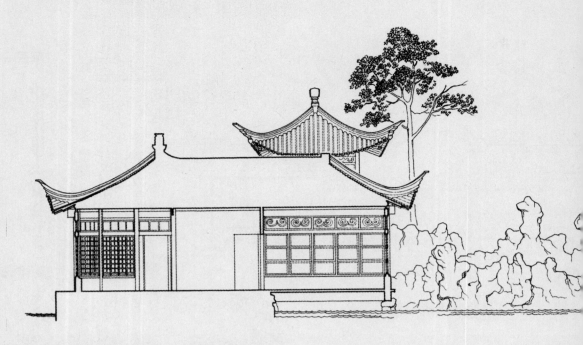

图 2.145　杭州郭庄南半部东视剖面图（I–I）（1982 年测绘）

图 2.146　杭州郭庄南半部北视剖面图（II–II）（1982 年测绘）

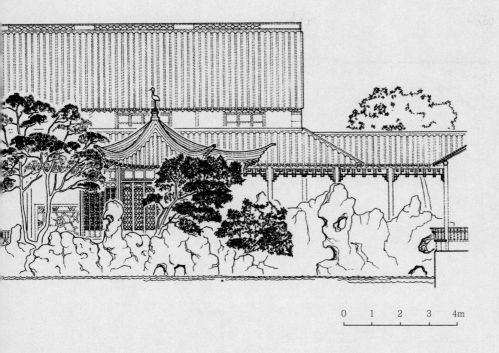

0　1　2　3　4m

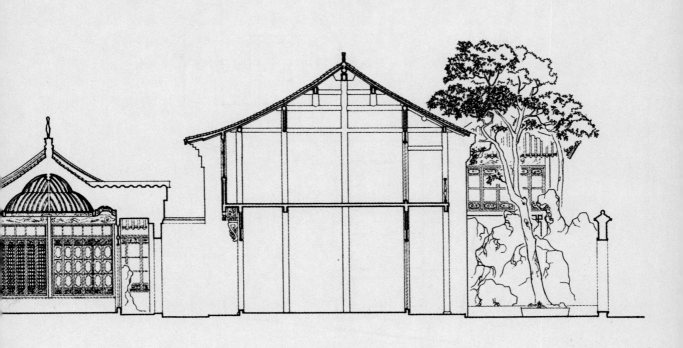

0　1　2　3　4m

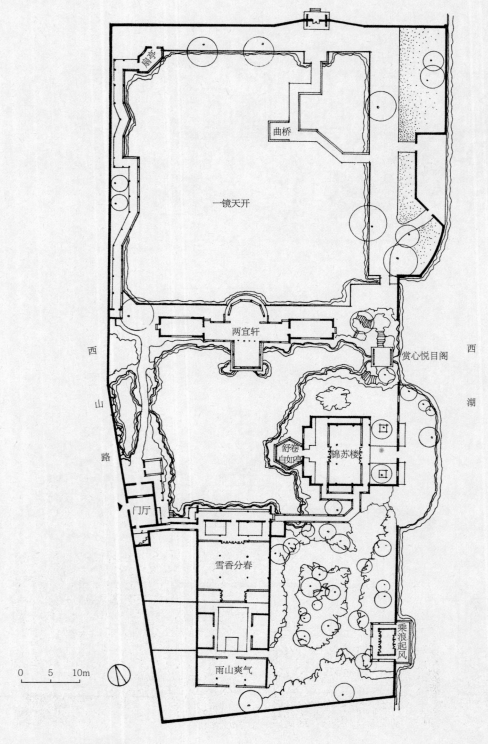

屏亭

曲桥

一镜天开

西
山
路

两宜轩

赏心悦目阁

西
湖

舒卷
自如亭

锦苏楼

门厅

雪香分春

乘浪起风

雨山爽气

0 5 10m

图 2.147 杭州郭庄平面图

注释

① "东田" 非专有地名，而是泛指在东郊之田。

② 此当指建康城东面近南一门内的住宅，其址约在今南京市区逸仙桥一带。

③ 唐太宗李世民晚年在长安宫中掖庭内堆石假山一座，并亲作《小山赋》，又令其妃徐惠及大臣许敬宗作赋唱和。从赋中可以看出，山位于殿庭之中，规模不大，高度不超过殿檐，有重峦、孤嶂、绝巘，但无山洞。山下凿有水池，山周植以松、桂、桐、柳及花卉。见《全唐文》卷四，李世民《小山赋》。

④ 《新唐书》卷八三，安乐公主传："凿定昆池，延袤数里……累石肖华山，嶒约横斜，回渊九折，以石潨水"。

⑤ "花篮厅" 者即将金柱（苏州称步柱）作成虚柱，不落地，柱头饰以花篮形雕刻，与北方虚柱雕成垂莲柱相似。虚柱上部以三间通长的纵向大梁承之。此种花篮厅在苏州一带颇流行，但近年遗物已日见稀少。

⑥ 《园冶》卷三，铺地，鹅子地。

⑦ 唐刘伯刍评天下泉水为七等，大明寺水列为第五，即指此泉。见清高士钥《第五泉铭并序》，见录于赵之壁《平山堂图志》卷八。

⑧ 《履园丛话》卷一二，堆假山条。

⑨ 此处引用黄茂如《无锡寄畅园》（人民出版社，1994）之考证，修正以往人们习惯上认为建于正德年间之说。本节园史部分系参考此书编写。

⑩ 苏州古典园林之数量为江南各地之冠，因已有刘敦桢《苏州古典园林》专著介绍，故此处只选录其中五例作为代表。

⑪ 徐乾学《憺园集》卷二六，《苏松常道新署记》。

⑫ 乾隆十二年沈德潜《复园记》。

⑬ 清嘉庆十二年范秉宗《寒碧庄记》及刘懋功咸丰七年《寒碧山庄图》。

⑭ 清光绪二年俞樾《留园记》。

⑮ 清钱大昕《网师园记》。

第3章 村落理景

3.1 江南村落理景概况

一种普遍存在的观念认为旧时代的乡村是贫穷落后的，那些山乡泽国僻远地区的乡村更是贫穷落后，谈不上什么理景艺术，也不可能有经过精心加工的高水平人文景观。无疑这是一种误解。其实，在苏南、皖南、浙东的一些偏远乡村，至今还留存一批十分出色并历经几个世纪的刻意营造而形成的村落理景。它们把理景和实用需求紧密结合起来，表现出与士大夫园林、寺庙园林、皇家园林迥然不同的风韵——素妆淡抹，雅俗共赏；并且十分自然地融合在周围的山水之中，丝毫不感到人为加工的勉强和做作，真正做到了理景的最高境界——"因其地"、"全其天"、"逸其人"[①]，即因地制宜、保全天趣、节省人力。人们处在这种景观之中，能悠然地得到一种返璞归真的田园诗画般的美感。

这种村落理景的存在地点主要是皖南歙、黟、泾诸县，苏州洞庭东、西山，浙江温州楠溪江一带。这里都曾是经济文化十分发达并居于全国前列的地区，虽然比较偏僻，但由于历史上经商入仕者甚多，因此，经济上富裕，文化水平也相当高。例如徽州，是有名的徽商产生地，明清时期，徽商足迹遍于全国，有"无徽不成镇"之谚，可见其对商业渗透之深和涵盖面之广。明谢肇淛《五杂俎》称："富室之称雄者，江南则推新安（徽州），江北则推山右（山西）。新安大贾，鱼盐为业，藏镪有百万者，其他二三十万则中贾耳。"直到清代中叶，江淮盐业仍多操于徽商之手，寓居扬州的盐商巨富往往是徽州人，在建筑上首先大量使用舶来品玻璃的也多是徽州富商（见《扬州画舫录》）。另一方面，徽州文风极盛，有"东南邹鲁"之称，明清以降，仕途得意的人很多。绘画方面又有新安画派，而徽州版画、文房四宝也是闻名天下的国粹精品。这些商人、官僚，一旦"衣锦还乡"，都热衷于修建住宅、祠堂、牌坊以及村里的一些公益事业，如修桥、铺路，建造书院、文馆，甚至风水楼、塔等，从而使大批村落呈现出很高的建筑质量和技艺水平。村落理景也在这种背景下得到发展和繁荣。浙江楠溪江一带，历史上曾受王羲之、谢灵运等人的教化，因此在耕读传世的传统中隐逸之风尤盛，这里民风淳朴，理景活动受寄情山水的乡贤影响，文化品位颇高。苏州洞庭东、西山，地处太湖之中，村落分布沿湖岸线展开，依山傍水，占地较为平坦。这里和苏州、无锡、杭州、湖州等城市水上交通便利，联系紧密，明清以降，外出经商及为官者也不少，商贾实力强盛。这里又是苏南的水果之乡，经济富裕，文风也很盛，和徽州颇有相似之处。由于村落依靠水路出入交通，所以每村都有一至几处港口直通太湖，这些港口就成了村落理景的重点所在，形成与皖南山乡不同的景观特色。

自从帝国主义入侵我国，外国资本大量进入以后，民族工商业迅速衰落，昔日称雄商界的徽商也风光不再，徽州地区（尤其是一些昔日曾以富豪而著称的山区）似乎重新回到它们早期的沉寂和与世隔绝。正是由于地居偏远，交通不便，经济发展比较迟缓，因此，当年繁盛时期建设起来的村落，包括明清两代的住宅、祠堂、牌坊和公共设施，虽然因无力维修或"文化大革命"的摧残而遭到相当大的损失，却仍能侥幸地在许多村落里保留下来。这是一份十分珍贵的民族文化遗产，近年已渐被学界知悉。其中如歙县的唐模、棠樾、雄村、许村，黟县的西递、宏村、南屏，永嘉的岩头、芙蓉、苍坡等已得到多方面的研究与报道。也正是由于这种原因，这些久已不为人所关注的江南村落理景，才能保留若干遗物，使我们有机会对之进行研究。至于洞庭东、西山，20世纪50年代初期，还保留较多村头广场与港口，显示着这些村落依靠水运与经济发达地区取得联系以及村人公共活动中心的面貌。但自从公路交通发展以后，情况有了根本改变，昔日的港口与广场不再发挥原有作用而日益被冷落、改造。加上地处长江三角洲，临近大城市，经济发展较快，村落面貌变化较大，昔日村头理景已难觅当年风貌了。其他水网地区如绍兴、吴江等地，情况较之洞庭东、西山变化更为剧烈，村落理景的遗例更难寻觅。因此，本章所论内容主要以皖南山区和楠溪江流域的调查研究为依据。

3.2　村落理景的构成要素

村落理景是由众多物质要素构成的，除了自然状态的山、河、溪、泉以及树木花草之外，还有许多人工的构筑物，也即是在自然景观之外，再增加种种人文景观，构成各村具有标志性的景象。这些人工构筑的要素可以分为两大类：

第一类是为了满足物质生活需要而产生的实用性要素，如防盗、防火、供水、交通等所需而建立的村头门楼、池塘、水井、溪流、桥梁、路亭等。

第二类是为满足精神生活需求而产生的，如戏台、文社、书院、塔、文昌阁、村头园林、祠堂等。这一类又可以分为俗文化需求与雅文化需求两种。这里需要说明的是对建筑文化的考察，迄今为止尚少看到把文化分解为雅文化和俗文化同时进行；而文化历来是分雅俗的，仅仅从雅文化层面研究是片面的，因为昔日的村落主要是低层次文化人群的聚居地，若在村落理景中忽视俗文化的作用，就无法勾画出一幅真实的村落理景全图。当然俗文化与雅文化相互之间有交融关系，这也是无法回避的事实。

下面就实用性要素、俗文化要素、雅文化要素三者分别加以考察、分析。

3.2.1 实用性要素

村落是人们聚居的生活场所，应有满足生活所必需的物质条件，天然提供的物质条件只是基础，还需要对其进行改造以尽可能地适应村民的需要。这些需要归纳起来大致有防御、水利、交通三类：

（1）防御

江南村落居民，特别是山村居民，早期有不少是来自北方中原地区的豪门望族避难者，因此一开始就十分重视村落的防卫。他们不但在选址上把防御作为一个重要考虑因素，而且在村落建设上也颇为重视，借以保存自己，这就产生了防卫性的营筑。例如二山夹峙的村口，其位置险要，很利于防守，于是在山口筑以楼阁，形势易守而难攻，实是防卫之良策。祁门县的奇岭、石坑等村至今尚有实例可供分析。这些建筑虽属于防卫型，但并不表示不可能兼备游赏的价值。

奇岭村是祁门县内偏远的深山大村，处于山环水抱之中，村口两侧由两山夹峙，自然形成一狭小的谷口，并有一小溪在此流出。在这自然围合的山口，建有一座体量颇大的重檐歇山楼阁架在小溪之上，当地人称它为"水口亭"。两侧有二层的屋宇数间与楼亭迫近，面阔几与楼阁的侧面相等，三者之间用围墙相连，围墙上开有券门（门扇已毁），以通村内外。三幢建筑连成一体，把整个山口堵得严严实实，楼阁前后两面都无门，若不是围墙上设有门洞就成了"此路不通"（图 3.1）。现存楼阁的梁架已是后修之物，一侧屋宇也因损毁而仅存废基，但建筑的外形和作为防卫设施的砖墙以及门窗的位置、式样依然未变，特点是向外封闭，向内开敞，门设在两侧，从防卫的角度来分析是颇具匠心的。

从小路而进，穿过拱券门洞便是广场，向前再走数百米才见村舍。奇岭的村口建筑从体量来看并非小筑，但村头再也没有其他辅助建筑和人工设施为之陪衬，不能形成系列，也没有更多的层次可以展开，因此它的作用很单纯，即起着界定、封闭、防卫和关锁的功能。体量在这里还隐喻着村落的规模，给人的感觉是：巍巍乎壮观极矣！仿佛已

图 3.1　祁门县奇岭村水口亭

图 3.2　祁门县石坑村至山上的通道骑楼

能理解里面一定是座兴旺的大村。也许正是它那空间与性质的单纯性，因此给人的印象是强烈的，这印象来自山的天然的围合（较窄的山路与开阔的广场的对比，建筑又把围合进一步封闭），也来自整个环境空间。它没有优雅的文人情调，而是一种赤裸裸的环境构成的语汇，强烈地震撼着人们的心灵。

石坑村在祁门县一山谷之中，山口窄小，村基不大，整个村落沿山谷延伸成线状，全长约一公里许，宽仅百米左右，而且沿山势逐渐升高。山口处也建有类似奇岭村那样的"水口亭"，防卫功能显而易见，这点至今尚为当地老者所乐道，但最使他们夸誉的是整个村落的防卫系统设施。该村有三条巷道可贯通全村头尾，据村民相告，由于前后村舍相连均有楼屋，即使无楼屋处亦有楼廊相接，故全村首尾形成三条楼上通道，同时有一处骑楼（图3.2）可通山上，若盗贼进村，村民可从楼上通道把水口亭关闭，盗贼则无法出村，再围而攻之，犹如瓮中捉鳖。民国年间，抓壮丁一时颇盛，因村中有骑楼可通山上，村民可翻岭暂避，故村中未有壮丁被抓走。此骑楼至今尚完好，仅一开间，构思之巧妙，与楼巷成一系统，可称是石坑之一景。

村落防卫型理景营筑主要在村口，其基本特征是山形口窄，对外封闭，对内开敞，即使没有二山夹峙的自然条件，也有采用实墙建筑的围合来构成这种形势，这在泾县青弋江畔桃花潭翟村与万村村口即能得到证实（见本章3.2.1防御）。在楠溪江中游一些古村，由于地处平原，多采用建寨墙的方式加强防卫能力，这时，村头理景就以寨门为重点了。苍坡村溪门、芙蓉村东门便是此类佳例。这种形式之所以久传不衰，还与寨墙兼具抵御水灾功能有关。

（2）水利

村落的供水设施与村落关系特别密切。水乡开河挖塘，既能灌溉、养殖，又能通舟楫，还是生活用水的主要来源。与水乡相比，山村的水资源明显要差些，"高山满悍少潴蓄，地寡泽而易枯，十日不雨，则仰天而呼；一骤雨过，山涨暴出"[②]，正是山村缺水与水害的真实写照。山区甚至连水井也比水乡难打得多，正是由于山区供水条件严酷的缘故，因此理水颇具特色。

公用水井

水井是村落中解决生活用水的重要途径。其中一部分井设于街巷之中以供应周围居民用水，这在江南村落很普遍，特别是山区，打井较难，因此常采用公井来解决一方用水，如歙县北岸巷井，许村福泉井，黟县西递巷井等。

凡设置公井的街巷因使用人多，平面须局部放大尺度，或一侧建筑退让以形成小广场，水井偏于一边，这既满足使用时人流集聚所需的空间，又不影响来往之人流穿行。水井周围也成为村民相互交往之地，虽然只取水、洗濯，却是很活跃的小公共场所。

更有一些村落考虑到用水的卫生，对泉水采用围砌成井口的方法，使饮用水与其他生活用水分开，如黟县南屏村的醴泉、宏村北端的泉水井等。

街巷水道

山村往往把溪流引入街巷中，供居民使用，溪水湍急，水面也较窄，不能通航。从它与街巷的关系上，可分为下流式、侧流式、中流式数种，亦有三式交叉使用的情况。

下流式——巷道均较窄，水道无法露明，故大部分做成阴沟式，在局部巷段上留露溪水，以利居民用水。如黟县宏村等水巷即是如此。

侧流式——溪水在街巷一侧平行而流，水边住户在水面上架设便桥出入，路边有石阶可下至溪面洗濯、担水。如泾县罗里村水巷、绍兴栖凫杜家村水巷等。

中流式——两侧为巷道，中间为水面，如黟县屏山村水巷、永嘉岩头村的丽水街等。歙县唐模是巷中式水街之典型实例，一侧为街，上有敞廊；一侧为宅巷，溪流很宽，街头有双拱石桥——高阳桥加以封闭，使水街的空间产生三面围合之势。

塘与湖

山村内的塘和山村外的湖，都是山村中所建的人工水库，而水乡的塘与湖往往是水泽低洼地之遗存。所以山村的塘、湖更有利于从理景的角度来考虑其开挖的位置与形态。

村落除了生活用水外，防火用水也十分重要，特别是一些大型公共建筑的防火。如祁门奇岭澄心堂堂前之塘，建于明代，据《澄心堂记》载："弗戒于火，至嘉靖戊戌（1538年）始鼎新焉"，可知建塘缘于防火。在祠前设塘的实例现存的还有祁门石坑等村。这些塘由于成了祠堂外围的组成部分，一般均有雕刻精美的石栏板围护，塘中还养鱼。澄心堂祠门原有楹联曰："活水养金鳞，时来变化；好山横玉几，天为安排"，道出了村民对时来运转和家祠好风水的盼望希冀。

木结构建筑的防火确实是件大事，故也有大户私宅从防火着想在宅前设塘的，实例如祁门善和村、苏州东山一些住宅等。当然也有在街心专设一塘，形成开敞的空间，如苏州洞庭东山街上的曹公潭，对于防火的作用则不仅在于供水，也可起到疏散人流的作用。

黟县宏村将一天然泉水扩掘成月形池沼（图3.3），四周建有住宅和祠堂，月塘不但能满足生活用水的要求，也是防火用水的水源。

也有些村落以成组的塘而著称，如泾县翟村，旧有八塘，用曲水联络，夏日荷香满村，可惜今已不存。

在以窄巷为基本通道的村落中，人们通常只能对两侧的建筑外貌仰视与侧视。塘的出现，顿使前景开阔，水面、栏板、踏道与相邻巷道一起构成了村落中最活泼的空间与景面。这是水面对村景所起的良好理景效果。

面积较大的村湖，保存完好的以歙县唐模的小西湖和黟县宏村的南湖最著名。唐模小西湖虽传说为许氏富商供母娱老而挖，但据记载有"宽亘十亩、灌田六十亩"之益，足见其尚有不可忽视的实用功能。宏村南湖则是村中的大型水库，该村之所以兴旺，与水库能满足全村用水是分不开的。南湖的风景也十分优美，面湖是书院，粉墙黛瓦；围湖有古樟、杨、柳、老槐，使整个村落显得生动而有灵气，虚实相间而有韵味。远处青山如屏，时而传来琅琅书声。凡到此地者无不陶醉在这湖光山色的田园风光之中（图 3.4）。

宏村汪姓自北宋迁居于此，后因河流改道，使村落的基址扩大而得以发展，但因此而造成的块状村落形态远不如一些沿溪发展的线状村落与溪水的关系融洽。除了生活用水远离水源之弊外，一旦失火，大有"远水救不了近火"之患，于是在满足村中生活用水、防火用水等需要的推动下，在村东北溪中筑一拦水坝（石碣）提高水位，引溪入村，并在村中一泉眼处开挖扩大为月塘，在村南开挖了有较大蓄水量的南湖，并通过巷中暗溪注水入湖，构成家家宅内进活水、户户墙外过溪流的水道系统，还构成了石碣、月塘、南湖诸胜。这一幅幅充满生机的人文水景图画，使真善美统一在丰富和谐之中，是村民智慧的结晶。

水碓、过水坝

水碓的设置，是村民对水力资源的生产性利用，故必须设置在水力充足之处，皖南山区多采取设置在村口的模式。这种典型的村落景观是都市、城邑中无法找到的。歙县西乡丰南有"茶园水春"一景；休宁双溪的流口八景中有"野碓春云"一景。据《双溪李氏族谱》记载，水碓在向阳桥右侧，银杏树下，有诗曰："断水何劳掘地成，临流机巧走雷霆。玉粒每看云里捣，寒声偏于月中听。"惜此景今已不存。

山区溪流落差较大，故大多在溪流上设拦水坝提高水位，并控制流量，潴成水库、水池以满足村落用水，这是山区沿溪村落惯用的一种理水方法。拦水坝上过水犹如小落差瀑布，淙淙流水，景色也十分动人。

由于历年各地兴修水库，使原有溪流系统遭到破坏，许多溪流水量不足，原先设置的水碓、油车很多已无相应的水力资源而遭淘汰。现仅在黟县美溪、休宁岩前等地尚保存少量遗例。祁门历口许村景点便属于基本上保留了原有水碓格局之景点。

历口许村是沿溪发展的线状村落，村头有长达数十米石砌的过水坝，人们可从街巷

图 3.3 黟县宏村月塘

图 3.4 黟县宏村南湖（晏隆余摄）

内拾级而下，约三米许便至溪边，再过跳板可至坝上。溪边近踏道一侧有古树二株，径粗达二人合抱，树冠蔽天，苍翠葱郁。踏道的另一侧有水碓房一座，利用水坝的落差设一水渠为其动力，据村中老者相告，此乃旧物，修建年代已无法详考。水碓房虽已改建，但依然是木构、小瓦，仍不失山野小筑的风采。许村水坝过水处宽仅数米，溪水依坝而下，激起层层水花，又化作涓涓细流，迂回而去。池中群鹅戏水，倒影历历在目，坝上村妇洗濯、捣衣声夹杂着笑语声。此处无城市之喧嚣，无荒野之凄凉，虽不设亭榭，仍令人流连难舍。

堤

筑堤成景乃是江南各地理景的一大特色。杭州白堤、苏堤之兴作皆源于水利，这一理景手法在江南村落中也广为应用。

休宁县阳山鲁公堤，便是从功能出发略加修饰，遂成游憩之胜的理景佳作。邵庶《阳山鲁公堤记》对修堤原因有明确记载："以苏地脉，以障水患，以复田畴，以利行人"，最后提到"以增形胜"。堤"自蕃桂桥迄紫阳亭五百步有奇，鸠工采石，隘者广，险者夷，逾二季而堤成，东西相距，屹然而立，明年种桃植柳，夹岸皆春，绿树扶疏，清风披拂……"③

再如明末清初在歙县岩寺"亘丰溪以北，春夏多雨，水汛泛滥，侵田亩、道路，摧房屋……于是筑堤以御，堤名逍遥。历数年而功成，后为亭、为桥，杂植花柳，而成胜境。"④

又如，"张公堤……万历之十五年……伐石筑堤"，"自西而南，旧多植柳，别称柳堤，光绪年复修，并于堤畔筑水射一，以御水势"⑤。

堤的修筑使原有的恶劣环境大为改观。于是，继而植柳种花，建桥、修亭其间，使其景观大为丰富。如与逍遥堤相连的余翁桥，据记载："两端双植华表，高耸秀逸……桥心起榭七间，下为亭以供游憩，上为楼以为神祇，绕以游廊，可资远眺。"时人称曰："登斯桥也，水木明瑟，鱼鸟依人，梵声铃铎，时出林杪，最为幽逸之境，取诸芳风藻川之意，正可以况斯桥也。"⑥我们既不能把后续之建如余翁桥等也作为纯系满足交通功能而修建的，也不能完全否定它的交通功能。但游赏功能因设置游廊、亭楼而显得如此明确，这些建筑与桥的建造几乎是一气呵成，没有间断后续的成分，这只表明相互间的融合和渗透。

沿江村落因江水而得水利，又往往因山洪暴发引起江水泛滥而得水灾。如泾县之万村，祁门之查湾，当地老者还能历数因洪水而使村落房屋塌倒的旧事，即使显贵府第也无法幸免。因此防御水灾是关系一村安全之大事，泾县章渡村则采用了当地称为"千条腿"

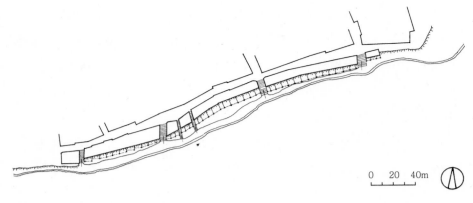

图 3.5　泾县章渡村"千条腿"建筑（吊脚楼）平面示意图

式的建筑，即西南山区常用的"吊脚楼"，房屋底层架空，左右相依，即使从街上通往江边的石阶踏道之上也做骑楼相连，于是整个老街一侧数百米的店面建筑连成一个整体，犹如长连框架（图 3.5），洪水来了底层架空的柱间可以泄洪，上部横向连成的整体店楼，其刚度之大足能抵御水淹之害而不至倾倒，同时又在上游设置"水射"，使水势冲向对岸，于是章渡老街数百年来，一次也未因洪水而遭破坏。这长长数百米的店楼沿江略呈弯曲之形，架空而下伸的柱廊是那样地富有韵律感，脚下青弋江碧水如练，再加绿树青山之烘托，淳朴而秀美。当然，这里也反映章渡村之选地存在严重缺陷，即村址不在江之"汭"位[7]，而在"汭"对面之冲位，因而备受江水冲击。

（3）交通

交通道上的停息点承担着动观中的静观点角色。在村落中这种常见的停息点有敞廊、廊桥、亭、井旁、溪边、树下等。除此之外，村外围的里亭、茶亭也属于这类停息点。停息点除了有观赏价值外，其主要功能是休息、交往。在井旁、溪边，村妇们停聚在一起取水、洗衣、交谈、说笑，有明显的俗文化活动场所的性质。这种相对稳定的对象仅是某些停息点所特有。

茶亭、路亭

当人们走近村落时，往往能够看到一些通往村落的乡间道路上建有供人们停息的亭子，它距村三五里，在水乡被称为"茶亭"，在山村则叫"路亭"。不少路亭设在山路的岭背，过此便一路而下，直至村落。因此，看到了亭，仿佛感到村落已经在望，特别是暮色降临之际，一种安全归宿感油然而生。亭内常设有楹联，如绩溪五里班路亭上对联曰："野鸟有声，开口劝君暂且息；山花无语，点头笑客不须忙。"水乡绍兴一些

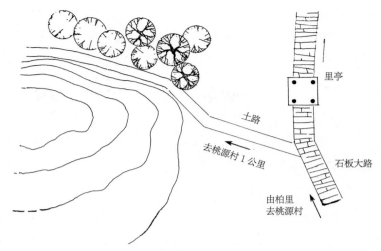

图 3.6　祁门闪里桃源村里亭与道路关系示意图

茶亭上的楹联如："路逢险处须留意，客到亭时便放心"，"稍安何躁，小坐无妨"，
这些对联既道出了其功能，亦增添了情趣。其实这些亭也是村民外出休息之处，古人有
长亭送别之风俗，因此这里也往往是离别之处。也许外出经商的里人、赴考的秀才、壮
游的文人墨客……别离的是父老、妻女、亲戚、同窗、好友，一种悲伤凄凉的感情留给
送别者，广阔村野的土地上，路亭显得是那么孤独，它没有任何傍靠，任凭风霜雨露侵
凌。也许它确实是很美的，因为在亭中还有别离时的片刻停留。另一有趣的实例是祁门
闪里桃源村外之路亭，它设置在一岔路口附近（图 3.6），据说每当兵荒马乱，村民便
把路亭前岔口处通向桃源的一段可见的泥路毁去（由于路沿山而折，故可见的一段路仅
约 30~40m），于是把敌人引入歧路，而不再进入桃源村。仅由于村民对路亭与道路的精
心处置，使桃源村历来免遭兵祸，路亭竟有如此奇妙之功能，实非一般人所能想象。

　　由于自然的侵蚀和人为的摧残，现在江南村落路亭残存的大多是清代的遗构，数量
也很少。特别是在水乡，已少见施舍茶水的茶亭了，新辟的大路与茶亭无缘，旧存茶亭
被冷落地弃置在一旁日趋衰败损毁，如绍兴东安村外茶亭。至于山村的一些路亭，依然
还在效力于行人，特别是在那些崎岖山路，至今无法通车的山道上，如祁门清溪路亭，
奇岭村外岭背路亭，歙县许村村口里亭等。在气候炎热的浙东南楠溪江一带，路亭则用
于村民稍息与纳凉，这里的路亭不但体量大，而且保留甚多，这大概是其功能至今尚存
的缘故。

桥

桥景可算江南村落一大景观，它既能与水口、舟楫、建筑、树木、山石组合成景，

又能单独供人品赏，特别是水乡泽国的村落几乎是离不开桥景的。

明清以降，太湖区域大量村落向市镇转化，繁荣与发展促进了村落桥梁的建造。苏、淞等地数以百计的水乡村落有千姿百态的桥景堪称绝佳。同里、周庄、陈墓、千灯等村镇因桥梁保存较好而尤为著名。能与之媲美的则是绍兴水乡桥景。

水乡河道因通舟楫故多采用高架桥孔的形制。但也不尽如此，有些地方河面宽阔，舟楫数量有限且形体较小，故仅有部分高架桥孔便能满足通舟楫之需，这就造就了一批高低跨组合的长桥。水乡村落密集，联系频繁，这些形态各异的组合式长桥大多设在村落外围。如绍兴袍谷洋江之上连接东西杨家村的组合长桥，由石堤引桥与兴龙桥、天佑桥等衔接而成，高低起伏，错落有致。连接绍兴鉴湖鲁东三家村和东鲁圩二大村的回龙桥，也是一座组合式长桥，由桥头亭、二十孔石梁平桥、三孔石拱高桥组合而成，全长近百米。

这类组合式长桥造型丰富，如绍兴柯桥镇西有圆弧形的浪桥、中泽村的三平三拱组合式的接渡桥，还有斗门荷湖平梁长桥、Z字形的古虹明桥等。这一切使全国各地名园中的桥梁都大为逊色。

水乡村落还有一些通往田间的村口桥，河面宽度中等，也采用高低跨组合式桥，只是比长桥为短，如大西庄荷花桥等。

尺度短小、造型别致的小石桥，往往建于村中。如周庄双桥，形如角尺，系建于T形河道交会处的佳例；巧妙的Y形三接桥在绍兴坡塘栖凫村（图3.7），虽同为处理T形河道交会处的交通，确比周庄双桥更为朴实无华。

村中小桥除采用梁板式高架桥、拱形桥外，尚时见折线形孔桥。绍兴福全乡小君家村小洞桥，实为折线桥中难得之佳构，该桥在折线形的孔道上直接铺设三角形踏步板，不加雕琢，成自然之趣。

山村桥梁虽不及水乡那样丰富，但由于自然环境条件不同，却有山村桥梁独特的景观。

山村桥梁因桥下无须通舟楫，故桥孔多为低平，又因溪水流速大，迎水面往往设水射以减水势对桥墩的冲击。实例如歙县观音桥、黟县南屏万松桥等。暴雨期间，洪水骤涨，其势凶猛无比，故有些山村采用洪水来时可飘浮之木桥（板凳桥，图3.8），用铁链将桥板和支架主构件分别系于两端，虽浮而不失，易于复原，也可称得上妙想。实例如祁门水村村口木桥。桥梁景观之区别除桥形外，环境起很大作用，上述祁门水村桥头有古樟数株，另一端树林茂密如屏，村落深藏不露，循旁石阶可下至溪面，均为天然岩石，不加雕琢，不似水乡滩渡一律为工整石板砌成。

也有一些山村因溪水在村中迂回曲折，采用较多的桥梁沟通两岸，以利交通。如泾县查济村、黟县屏山、祁门奇岭，"六桥锦绣"乃奇岭八景之一，可知这类村落中桥的地位。

图 3.7 绍兴坡塘栖凫村三接桥

图 3.8 江西婺源汪口镇板凳桥（晏隆余摄）

3.2.2 俗文化要素

宗教

17世纪的刘献廷在《广阳杂记》卷二中说："余观世之小人，未有不好唱歌看戏者，此性天中之《诗》与《乐》也；未有不看小说听说书者，此性天中之《书》与《春秋》也；未有不信卜祀鬼神者，此性天中之《易》与《礼》也。圣人六经之教，原本人情。"这表明一般劳动者与士人的爱好、习俗是有区别的。这些所谓"小人"的爱好、习俗便是属于低层次的俗文化。

村落历来被认为是落后、愚昧的同义词，即使是在素称"东南邹鲁"的徽州府所属的县，文化发达的村落亦是少数。其中原因很多，自然灾害影响使一大批村落经常处于水深火热之中；村落中姓氏之间的竞争也使一些村落兴盛衰败更迭过频；天灾人祸使较多的村落没有形成文化昌盛、经济繁荣的生存背景，这一切使村落永远是"小人"聚居的主要场所。说村落是俗文化的基地亦就不难理解了。

古籍《章练小志》是这样描述这一水乡村民生活的："农家最勤，习以为常，妇女馌饲外，耘护车灌，率与男子共事，故视他处劳苦数倍，而男女皆能自立，其无田者为人佣耕曰长工……""俗务纺织，乡妇抱布入市易棉归，旦复抱布出……以织助耕之不足。"

这些农夫、渔夫的辛勤劳动并没有带来富裕，更谈不上村落的繁荣了。终年为温饱奋斗的村民是无暇顾及攻读诗书的，在人生的旅途中疲于奔命的村民是不存在"闲适虚清"之情趣的。生活对他们来说并不如意，无病无灾才能不愁饥寒，稍有灾祸就不堪设想，他们祈求丰年，希望得到一种安全的保障。宗教中粗劣、荒诞的因果报应说教成了他们的精神支柱，在遇上不幸的遭遇时，他们希望解脱今世之痛苦，当无法实现时，用求来世福来安慰自己的心灵，虽然来世并不可知。

祈求神灵的保佑，修建寺庙，供奉菩萨神仙对他们来说是必要的，明清期间江南出现大量的小庙，就是这个背景下的产物。在较大的村落，关帝、财神、土地……各种庙宇俱全，小村一般也建有土地庙。据《泾县文物志》载：明代有庙庵31处，到清代剧增至76处。由此可见当时江南村落之一斑。

处于低位文化层次的村民，他们并不懂得道释之区别，只要听说有求必应，管他是佛是仙。庙宇之简陋而无一定格局也正是这个时期的特色，如祁门阳坑之太阳庙仅一间而已，也有在佛塔中供起关圣，在桥中辟有供奉神祇的小空间。现存实物都系经过多次人为破坏后的遗存，已十不存一了。

有些庙宇，特别是较大的庙宇，高于世俗的神权观念，它不愿跻身于屋舍密集的村中，需要有一个清幽的环境，这样不但便于发展，也便于享受众多村落的香火供奉。例如明代宣州上潭村乡绅谭傲祥欲留来自金陵宝华山的高僧悟信长住，在村中建新安寺。上潭村人多地窄，新安寺并不适静修。而村外雪峰山古木参天，奇险幽胜，后来悟信选此修行，遂在此建龙泉寺，香火旺盛，僧徒众多。类似实例尚见于泾县云岭的关圣殿、观音庵，休宁率口的红庙，绍兴双江溪的舜王庙，羊山的石佛寺，黟县南屏村外的周王庙等。由于这些寺庙本身就是村民的公共活动场所，因此往往面对大殿设置戏楼，村民除了在这里祈求菩萨保佑，还能看到乡间杂剧。

自然神崇拜

在古代，由于知识的贫乏和自身能力的渺小，崇拜自然神就成为人们与自然对话的一种方式，这在江南村落下层村民中有着深远的影响。村落中普遍建土地庙以供奉土地神，在水乡泽国，除土地庙外尚有水神庙。此外，还反映为建社坛、崇拜农业神及树木、山石之神灵等。

社坛源远流长，据《史记·孔子世家·素隐》记载："古者二十五家为里，里各有社"，社是供奉农业神之处。村民的祈祷丰年，冀求和希望在这里倾注，这在以农为本的村落里是毫不足怪的。歙县呈坎之"永兴社"、"长春社"，桂溪之"祈极社"，祁门大坦村口之社坛（见村口关帝庙碑上所载）等，都因村民们信奉农业神而建。村落社坛一般设置在村头附近，附有小型广场，与古树组合在一起成为特定的景观。

树木的崇拜与社坛有密切的关联，这也是古树往往在社坛附近被严加保护的理由。《尚书·天逸》载："大社惟松，东社惟柏，南社惟楠，西社惟栗，北社为槐。"在众多文献中，均有社树的记载，树因社而有了乡里、福禄等含义。古老的习俗以简单的形式为村民所保留、流传，使村落对古树十分珍视，如祁门彭龙村头的古树、洞庭西山明湾村的古樟等（参见图3.11，3.55）。这一观念还可以从地名学上得到佐证，一些村落直接采用树木命名，如祁门闪里柏树，村民至今还以那株参天古柏为荣。以宣州为例，采用树木命名的村落有：栗木、稠树、白杨……在村落的风景题咏中还常见以古树为题名的，如祁门和溪十景中的"报慈古柏"，锦城十四景中的"石碛古松"，歙县丰南吴民八景中的"祖祠乔木"等等。无论村落命名还是风景题咏，这中间显然包含有崇拜古树的文化遗存。

3.2.3 娱乐

人类除了生产还需要游娱，这是社会发展到一定阶段必然产生的要求。《朱泾志》载："忙做忙，莫忘朱泾赛城隍……倾动远近四处，人舟云集阛镇。"五月初五龙舟竞渡、八月初一开香市，这种村民风俗在其他村志、县志中都有类似记载。村落中村妇们在水边洗濯时的谈笑，男子们在茶馆中的说长道短，这里还有民间艺人的说唱，可见处于低位层次的村民虽然不会结什么诗社文会，却有他们托物寄兴的天地和方式。

谈起古代游娱，一般都注意于春日踏青，秋日登高，或乘舟楫遨游江湖，其实这往往是文人墨客们的事，其中很少有占绝大多数处于低位文化层次的村民的份。

村俗的游娱活动中，龙舟竞渡或嬉灯游赏，会产生热烈的表演竞争和观看场面，但与理景活动的关系则不如村民听说书、看戏密切。说书虽可在傍晚、树下乘凉时由村民中喜好与善记事者为之，但民间艺人则大多在茶馆酒楼中献艺以博赏钱，由此足见茶馆乃是村民公共娱乐之场所。这种情况在苏、淞水乡泽国十分普遍，其选址往往在村落水陆交汇要冲，有单层的，较讲究的则是楼，两面或三面有窗，可供俯视。戏曲自元代后深受下层村民所喜爱，明清期间戏台建筑在江南村落中普遍兴建。血缘村落往往建于祠堂，实例如安徽祁门珠林村"余庆堂"内的戏台、浙江诸暨边村家祠戏台；地缘村落则往往建于寺庙之中，实例如泾县云岭关帝庙、绍兴双江溪舜王庙、永嘉岩头孝佑庙中都有戏台；在水乡泽国更有建于水上的。由于村民常年耕作劳累，平时无暇顾及，故看戏一事成了定时性的娱乐庆祝活动，如歙县呈坎有：正月社戏、三月谷雨戏、六月保安戏、九月观音戏，多与农事有关；元正年节，这日期又与农闲相吻合，辛苦一年，仅此时可以稍事休娱，演社戏有欢庆收获、祈求来年丰收之意。虽然戏台建筑在皇家苑囿及私家园林中亦有出现，但俗文化影响下戏台完全是为了满足村民共享而建造的，故其选址无论是寺庙、祠堂、广场（有临时搭台的）乃至水上，都是有使多种公共活动集中于一处的特点，这就使其聚众性更强，开放性更大。

江南村落中以水乡戏台理景最为巧妙。水乡泽国由于河港交叉密集，陆地被分割成小块水田，故在有些村落显然难以留出较大的广场作观众聚集的场所，同时水乡以船只为交通工具，于是出现了借水面作为观戏场所的做法，戏台也大多从水中架成。由于平时不演戏，故戏台往往在演戏时另铺台板加宽台面，也有完全是临时搭台的。村民集舟楫于港河之上观戏，小摊、小吃云集。戏文大多是热闹的武打或宣扬因果报应的目连戏。这与设在私宅园亭之中，以欣赏技艺高超的说唱表演艺术的情形大相径庭。

绍兴合作乡东安村戏台，很可能是水乡村落中侥幸残存的唯一水上戏台。戏台从水下砌石礅而起，上铺板成台，台比岸高约一米多，面宽一间，进深二间，歇山顶，整个戏台设在庙沿江上，三面临水，一面靠岸，岸上正对土地庙。绍兴皇甫庄包殿则是在殿前临时搭台演戏的实例。

3.2.4 雅文化要素

江南村落最早由隐逸之士带来雅文化，以后在东晋以及南宋两次政治、文化、经济中心南移的影响下，江南村落先后得到了迅速发展，到南宋末年已形成平原与山区并驾齐驱的局面。名门望族的村民以及大规模的教化活动，特别是程朱理学的普及，使村落中逐渐出现了一批接受儒学思想的理学家与其周围的文化人，一个士人阶层在村落中形成了。尽管绝对数量不大，但这批人在日常生活中以三纲五常等一套尊卑关系作为人生的准则与规范，他们通过"学而优则仕"的途径获得高官厚禄，一生荣华富贵，光宗耀祖，他们给村落理景带来了新的影响，这便是雅文化渗入的第二阶段。

江南商贾的地位历来低下，位于四民之末，长期为士人所不齿。南宋陆游在《东阳陈君义庄记》一文中写道："若推上世之心，爱其子孙，欲使之衣食而足，婚嫁以时，欲使之为士，而不欲使之流为工商，降为皂隶"，代表了当时对商贾的看法。"君子喻于义，小人喻于利"便是把商贾视为小人的理论支柱。

明清以降，情况发生了变化。据《丰南志》载："士而成功也十之一，贾而成功十之九"，道出了由于教化的普及，入仕竞争者增多，使考上功名的概率比以往大为减小，而商品经济在江南的繁荣，客观上使商贾的成功率提高，而商贾与耕渔相比更需要文化知识，商界与官场有相似之处。世上无"利"之"义"本来就不多，而大部分文人原先也是把入仕作为谋利的手段，在入仕难的情况下，弃儒从商也就不足为奇了。"夫贾为厚利，儒为名高，夫人毕事儒不效，则弛儒而张贾，既侧身飨其利矣，及为子孙计，宁张儒而弛贾。一弛一张，迭相为用"[8]。汪道昆这段文字道出了一部分儒士的应变的两栖状态，即"其俗不儒则贾，相代若践更"。由此可见当时儒贾已能相融于一体。而明清的捐纳制度又为有钱的商贾打开了功名与官阶之门，贾利、权势、官禄混合得难分难解。素有"人文荟萃，东南邹鲁"之称的徽州也出现了"商贾为第一生业，科举反次着"（《拍案惊奇》卷三七）的风尚。

这一历史性的改变使商贾的社会地位产生了根本变化，从理学大师王阳明晚年对商贾的肯定到有些地方出现重贾轻士，正是这种社会地位提高和被承认的反映。但这些商贾已不是以往与士无缘的商贾，而是相当多由文人转化而来的新贾，更确切地说是一些"儒贾"或"商士"。儒贾与儒士这种千丝万缕的关系，使他们大量吸收士人的知识、道德观念，影响他们的喜好。"虽为贾者，咸近士风"[9]，他们既有文化，又有财富和功名官品（有些纯系捐纳而来的），正可谓有财有势，少数人则集高官与巨贾于一身，既有皇权社会的政治后台，又有富可敌国的经济实力，他们能办以往寒士无力办成之事。资本意识的淡薄使他们没有把巨额的资金投入再生产的机制，宗法观念的桎梏使他们把财富用到家乡宗族血缘村落的建设和一些好善乐施的义行上。"衣锦还乡"的思想使这些商贾一旦返回故里，竞建豪华的宅院，大修宗祠、书院……雄伟的牌坊，这一切既有魏唐中古门第观念的回光返照，但更多的则是财富和力量的显示和享乐的追求，这在江南山村、水乡均不乏其例。

商贾不但以村落理景的经济支柱出现，而且直接参与其事。由于商贾原先属低下的阶层，俗文化在他们的身上留有深深的痕迹，并没有完全消失，这时大型公共建筑的豪华装修日趋繁琐，争富斗奇以炫耀情趣，欣赏格调较低，细审之，这与"土木之事，最忌奢靡，匪特庶民之家，当从俭朴，即王公大人亦当以此为尚"[⑩]的文人主张不合。商贾们不惜一切代价追求享乐，热衷于筑亭榭以娱游，冀求在回归自然之中平息商务生涯所带给他的那种忙碌厌烦的心情。他们附会风雅，甚至沽名养士，如江南名士邓石如就曾被歙县棠樾富豪鲍漱芳供养如食客，邓石如因此为鲍氏男女祠书《鲍氏五伦述》，为骢步亭写额。明清商贾因受高层次文化深浅不同的熏陶，商人心理夹杂附会风雅，再加上隐逸思想在江南村落有着悠久的传统，崇尚风雅之文人贾儒大有人在。这一切使雅文化以错综复杂的方式渗入村落理景之中。

文化集会地

明清以降，江南文化发达，有一大批村落成了诗书之地、礼义之邦。志趣相同、情投意合之文人结成文社、诗社，研讨文章，吟诗作画，授艺校技。

《周庄志》载："耆老社"，"诸老晏集于怡顺堂"，又"韩先生来潮为领袖，结诗社于花下，名曰'棠巢吟社'，自是七人选为宾主，互相唱和……"

嘉庆《朱泾志》载："文昌阁在钓滩，国初诸老尝于此结文会，朱古匏有'钓滩文会'。"

山村此风更盛，如歙县有"南山文会"、"檀山文社"等。据《岩镇志草》亨集菜园条所载："堂斋台阁，位置其间，古桂百章，比肩斑玄，其北为古香斋，绿荫阶墀，天香满座，四方英贤来就檀山文社者，以此为校艺之场。"

张潮《歙问》小引载："三吴二浙文人游黄山，歙邑尽主人之谊"，"僦园数处，俾吴来者各敬处其中，每客必有一二主人为馆伴……大约各称其技，以书家敌书家，以画家敌画家，以至琴奕篆刻、堪舆星相、投壶蹴鞠、剑槊歌吹之属，无一不备……与之角技"[⑪]。

文人聚会，小则数村，大则三吴二浙，往往租赁园林池馆为聚会之所，使一些私家亭园在功能上趋向开放，成了诗社、文会的活动场所，在山乡村野则有文会馆等建筑，其址选于村头，因借自然环境，挖池、造堤、建亭，或造书院楼阁，是村中文会活动场所的游赏地。现存较完整的此类村头理景有歙县唐模村、雄村，黟县南屏村，祁门县善和村，永嘉县苍坡村、岩头村等（见本章村落理景实例）。这些村落的共同特点是在村头都有一区充满文化气息的风雅理景。也有的村落把这种文化景点布置在山水优美、地形变化多姿多态的"水口"部位。其中有牌坊，用以表彰先人的功名和成就；有书院，是文会、诗会和族人子弟读书修学之所。这些书院有的称文昌阁，有的称书院，有的称某某园，如雄村之竹山书院与凌云阁，南屏村的曲水园与魁星楼、文昌阁，唐模村之檀干园，善和村之梧岗书院；有宗祠，反映了村内族人对封建伦理纲常的尊崇。村落的历史愈久，村内富商巨贾和高位贵官越多，往往牌坊、祠堂、文化建筑也就越多。这些村头理景典型的代表了我国明清时代江南村落文化的丰富，是一份十分可贵的传统文化遗产。

牌坊组群

雅文化以儒家意识为主体。儒家的伦理纲常观念在村落的牌坊上表现得十分强烈而特殊。这些牌坊是为宣扬封建道德伦理而兴建的纪念性建筑，凡忠勋、孝友、节烈、尚义之士均可建之以志嘉勉。江南村落特别是一些皖南血缘宗族古村，自宋代起，受宋明理学影响深重，三纲五常、三从四德成为村民们躬身力行的最高行为规范，在徽州特别以节孝殉葬之多而著称。"新安节烈最多，一邑当他省之半"[12]。这些所谓的"节烈"妇女受到封建统治阶级的表彰，历代帝王为之敕建牌坊者甚众，现散见于徽州村落的各类牌坊总数不下数百，修建时间横跨明清两代，多者一村竟达十余座，有的建于村中，也有相当多的牌坊建于村头。这些牌坊都是持续数百年，通过多次续建才完成的，结果成了江南血缘村落的独特景观。这不能不归功于统一的道德规范与理想模式使之产生相同的追求，从而形成有序的布局与效果。

由于地形条件的制约，村头牌坊的布局方式主要有两类。一类是分散在村中各处，一类是集中在村头。后者因有规整轴线感的布局而收到突出的效果，典型的有歙县棠樾（见本章实例选录）、黟县西递、泾县茂林等村头牌坊群。

泾县茂林从北宋年间延陵吴氏始聚居于此，嗣后繁衍，成为名门望族，明清科第称盛，特别是清代乾隆、嘉庆两朝，曾有"五凤齐飞""六鳌驾海"（五六人同科登第）之称。昔日村口曾耸立14座石牌坊，纵轴密排，气势之壮观，比棠樾有过之而无不及。

黟县西递村自北宋皇祐年间（1049—1053年）吴士良定居于此，明代起发展为吴姓大村，由于士贾互相辅助，清康熙后进入鼎盛时期，明清两代在村头大路上建有12座牌坊，一字纵列。现仅存其中之一。

公益设施

村落中建一些公益设施，如堤坝、桥、亭阁……是耗费资财的事，但可借之以增添本村形胜。这里面既有商人炫耀心理的反映，又有雅文化的渗入，同时还有流芳扬名之意，这也是江南村落中一些公共设施十分考究的原因。如把桥梁修成秀丽的廊桥，有的还和亭、坊组合，成为雅俗共赏的活动场所。这类实例以山村较多且保留较为完好，例如深藏于祁门腹地的大坦村、桃源村等，村头都有十分引人注目的廊桥。

大坦村位于祁门去安庆的驿路上，背山临水，村前驿路为石板铺设，至今仍保持当年旧观。村口距村宅约里许，溪上有一单拱石桥，名"安浮桥"。桥上建屋，西首起楼，二层，采用马头山墙；东首、西首各有圆券门，门上有青石题额，刻"东维揽秀""西俪昭化"。阁前后有八角、葫芦等什锦花式窗孔，活泼而有变化。廊桥西侧紧靠山麓，林木茂密，环境幽静（图3.9）。对于村口的环境，昔日里人也有评语："宅之东偏环拍水以为带，面月山以为屏，遥接竹林，苍翠欲滴，近邻桥阁，盘舞若飞。巍巍焉，煌煌焉。"这是村口关帝庙碑所记，碑文中所称"桥阁"即村口廊桥。碑文下具："清乾隆四十三年岁在戊戌季夏闰六月三日门族公立"。据村民相告，大坦廊桥维修中在梁木上曾发现："乾隆十三年修"的文字，则距今已250多年了。今内部梁架已改，但外观造型如旧，关帝庙碑文与廊桥修建时间仅隔30年，故不但碑文足信，尤可证今日所见与原有环境无多大变化。

桃源村头廊桥与大坦相似，只是更为深入山区，距大坦还有15公里山路，故保存更为完好。此桥一端亦起楼，但楼为八角攒尖重檐式样，比大坦桥阁更为华丽。据桥内碑记："经始于癸巳之冬，落成于甲午之春"，碑文落款"成化十五年己亥岁冬十有一月吉日立石"。据此推算，廊桥是明成化九年（1473年）冬动工、十年春竣工，至今已有520多年的历史了。碑文记曰："况里桥实可以为一源之巩镇，故于北首之傍，培山植木，倍前高美，有如罗星之形，巍然而峙焉。"可知当年除筑桥之外，还对环境作过改造。桥之功能，碑文中亦有披露："朝夕以游焉息焉，而凡往来经其地者，无不便之。"可知除了交通功能之外，游息功能也早已被里人所认识。

祁门大坦、桃源都是有悠久历史的大村，歙县西乡古桥村观音桥，则是小村村头交通型桥梁建成优美廊桥的有趣实例。

古桥村距丰南约2.5公里，村头有一桥，当地人称为"观音桥"（图3.10），为何冠以观音桥之名已不得而知。桥为梁式，石砌桥墩。迎水面设水射，桥孔低平，这是山区小溪不必行舟之故。桥上建有廊屋九间，每三间用山墙作分隔，敞廊内为木构抬梁式梁架，简洁无华。山墙与隔墙均为弧形顶，两侧采用叠涩出跳为墀头，有轻巧之感。周围林木葱翠，廊桥虚灵空透，实为山区小村之佳景。祁门彭龙村头景点则是又一有趣的典型。据《文溪汪氏正宗谱》记载："吾汪氏之族自鲁成公第二子食采颍川，因以得姓，至汉文始迁新安"，后从"黄墩迁古黟赤山，大历丙午拆镇置邑，雅公迁井亭，历五世名倚者又迁文溪，倚公乃吾文溪始祖也"，由此可知彭龙是历史悠久的古村。彭龙村口景点主要由参天古树、文溪、文溪桥及记载着汪氏门第沿革和赞美文溪山川秀丽的洋洋数千言的《文溪桥记》碑组成（图3.11）。如果说古村的石桥与参天的老树已隐喻着村落的古老，那么这通立于成化年间的碑记，不但用文字明确地揭示了它那古老的历史，而且道出了中国传统文化所特有的"人杰地灵"的环境观。周围的山川美景与桥下不远处村姑们洗濯取水的活动融于一体，又与古树、古桥、古碑和谐地组合在这一雅俗共赏的空间里。

景因水而活，村落中一些精美的景点往往与水联系在一起。廊桥这种形式不但出现在村口，而且也在村内广泛采用，村口之廊桥除了供村人使用外，来往过路者亦便之，但实际上的使用率远不如村内的廊桥为高，因为出入村落的过境行人终究是少数。

村内之桥简朴者亦有仅置设桥亭的，实例如歙县呈坎桥亭、绍兴陶堰桥亭等，其区别之一是山区桥亭常置桥上，水乡则往往置于桥前。作为一个可供停息的空间，由于有了屋顶，夏可避晒，冬可避雪，再加上亭柱间两侧设有靠座（鹅颈椅），可坐而谈天、凭眺，确是一处受村民喜爱的场所。受雅文化渗入较明显的则是一些大型的桥廊，廊与桥等长，造型也有变化，窗采用什锦式样，沿溪两岸看去，那秀丽的廊桥横跨溪上，两侧村舍屋宇，远处绿树青山，的确为村容增色。特别是有些廊桥与牌坊、楼阁相结合，构成一个空间环境更为丰富的建筑群。现存歙县许村村内高阳桥、大观亭、五马坊便是一组佳例（见本章第3.4.3节理景实例）。而廊桥本身筹划之周详，设计之精妙，则以北岸廊桥最为突出。它的秀丽的什锦窗无论是造型、尺度以及位置全是从外观的效果来考虑的，这些窗同时起了采光与通风的作用。由于外观上合适的尺度，站在内部桥面上，那些什锦窗已在一般人的视线之上，不便向外观看，为此又专门设置了供人在桥内坐憩、凭靠、眺望村内及山水景色的低窗。在此不论是站观、坐看，其位置、尺度均十分宜人，而且在窗口上设置精巧的雨披，两侧用雕花撑栱支承，更显得精美（图3.12~图3.16），这种做法在沿溪不远的一户住宅外墙上也有采用，若没有较高的艺术修养是决不会产生如此高雅效果的。楠溪江流域的古村，往往也在村中建亭榭，以创造一个人际交往的公共场所。如永嘉蓬溪村为纪念先祖谢灵运而建康乐亭，亭前有广场，是村民休闲去处；再如芙蓉村在芙蓉池中建芙蓉亭，村民可在此休息、眺望山景。

图 3.9　祁门大坦村村头廊桥

图 3.10　歙县古桥村村头观音桥

图 3.11　祁门彭龙村村头景点

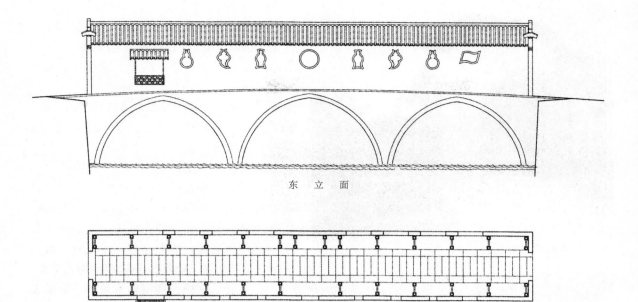

东　立　面

平　　面

图 3.12　歙县北岸村廊桥平、立面图

0 1 2 3 4 5m

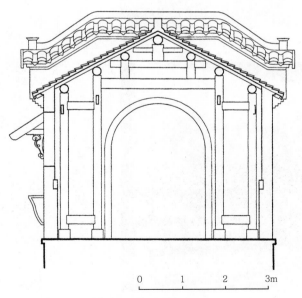

0　　　1　　　2　　　3m

图 3.13　歙县北岸村廊桥剖面图

图 3.14　歙县北岸村廊桥

图 3.15　歙县北岸村村内景色

图 3.16　由歙县北岸村廊桥眺望村内

3.3 村落理景的特色

3.3.1 普遍采用景的冠名，并构成景的组群

我国唐代的山水诗、田园诗已十分成熟且臻于极盛，宋代出现了对风景冠以诗情画意的题名，并对一地的风景概括为八景、十景等的景组群。南宋时的"西湖十景"为此提供了最早的例证。据宋代祝穆《方舆胜览》所载："西湖在州西，周回三十里。山川秀发，四时画舫遨游，歌鼓之声不绝。好事者尝命十题，有曰：平湖秋月，苏堤春晓，断桥残雪，雷峰落照，南屏晚钟，曲院风荷，花港观鱼，柳浪闻莺，三潭印月，两峰插云。"这十景当时被画家称为最奇，"春则花柳争艳，夏则荷榴竞放，秋则桂子飘香，冬则梅花破玉，瑞雪飞摇，四时之景不同，而赏心乐事者亦与之无穷矣"（吴自牧《梦粱录》）。景借文传，景的冠名比诗文更易于传诵，因而很快家喻户晓。

从江南宗谱、家乘中可知，传统村落风景不但有大量诗文传世，而且有村落景名和景的组群。据一些宗谱的记载，村落景名的出现始于元代，到明清期间更是十分普遍，这表明宋代兴起的这种形式很快被江南村落的村民所接受，成了他们表达对自己家乡、村落的赞美方式。村落周围的环境要素，无论是天然的还是人工的，原是一种自在的客观存在，但在人为的品评、题咏、冠名过程中，给予了美学价值上的提纯与升华。人们把这些习以为常、看惯了的景色的内在美质——指点出来，让人欣赏、品味，于是深化了景色的意境，并获得诗画般的美感。这就是题咏和冠名对景观所起的作用。这种我国特有的深化风景意境的方法，从杭州西湖而城邑、而园林、而村落，步步深化而被广泛采用。于是，本来分散而不系统的景色被集中起来，成为本地（或一个园林）的值得骄傲和炫耀的一种口号或标志："金陵四十景"、"休宁八景"、"绩溪十景"、"泾川八景"、歙县"桂溪十二景"、"呈坎八景"……在每个城邑和村镇的地方志中，几乎都可以找到这类冠名的观景。在村落景观中这种冠名的特点是：具有浓郁的乡土气息，用八景或十景、十二景勾勒出本村山水风土的特色。例如水乡村落周庄，就有"庄田落雁""南湖秋月""蚬江鱼唱""急水（港名）扬帆"诸景；而山村的景色则有"北涧寒泉""碧潭钓月"（休宁云溪）、"南山翠屏""清溪涵月"（歙县丰南）"石峡古松""葛潭夜月"（祁门渚口）等等。由于这种题名组景能使村民产生对本乡本土的热爱之情，因此对维护村落环境起到很好的作用。《丰南志》《丰南吴氏八景记》中有一段话："凡为题八，可以寓追远之诚，寄修藏之迹，乐仁智之道，备给养之需，景德辉之余，勉惠济之志，大率因居以移气，玩物而悟理，不独耀世美，备游玩而已也。

凡吾贤后，无落先规，匪予表章之旨不孤，尚有以齿于列祖之蕃裔哉。"道出了对村落景名作用的深刻理解。

3.3.2　寓理景于功能要素之中

正如上文所述，村落理景之形成，几乎很少是出于纯粹游览观赏目的，而总是由于有了某种实际需要而进行人工增筑，无论是桥、亭或书院祠宇，都是有其功能作用而出现的。后人踵事增华加以进一步完善，也往往是为了村落的安全、水利、交通或家族的荣光，这和园林的建造出于游观娱乐的需求有本质的不同。有些村落，为了使各种功能要素在村民心目中产生神圣不可侵犯的地位，还赋予某种含义。例如黟县宏村，把村子的形态概括为牛的形象，穿过村内的溪流和村中心的月塘是"水注肺腑"，村南的南湖是"牛肚"，村东、村南的几座桥梁是"牛腿"，牛本身在中国农民眼中是一种善良、美好的动物，这样一比喻，整个村子就有了有血有肉的整体格局。

正由于村落理景总是结合功能性要素而进行的，因此，它的风格具有质朴简洁、雅俗共赏的特色，没有雕梁画栋，也没有金碧辉煌。这完全是一种素妆淡抹，与自然山水及田园村舍融为一体的风格。除了彰显达官的一些牌坊，为了突出其尊荣高贵而大事雕刻外，其他亭阁就很少有花饰雕镂之事了。因此，石牌坊总是在村落理景中扮演一种与众不同的角色。

3.3.3　村头景点是全村的文化中心

不论是皖南山村还是江浙水乡，村头景点往往是一村景观精华所在。这里总是山环水绕，风景优美，全村的活动中心都设在这里，如戏台、书院、庙宇、宗祠等等。这么多自然优势与人工构筑物的集中，自然会成为村中"风景这边独好"的地段了。从内容上分析，村头景点的组成要素大致有五类：一是神祇与宗教崇拜的相关设施，即社坛（明代后期已渐渐消失）、古树（与社祭相连的古树，称为社树，古时以树代表社神，后设神主牌位以代树，但坛的周围仍植树，各地常以一种乡土树为社树）、佛寺、道庵（道教分宫、观、庵三级，庵是最低一级道教建筑）、宗祠；二是文化教育设施，即书院（村中的学校与文馆）、文会、诗会场所和文昌阁等建筑；三是娱乐设施，即戏台、广场；四是表彰设施，即牌坊、碑亭等；五是实用性设施，如桥梁、路亭、廊桥、堤坝、码头、水碓等。以上五类设施并非村村都有。但这些设施都是倾注了村民大量人力物力，又是集体文化娱乐活动和精神支柱之所在地，因而必然成为全村活动中心。在洞庭东山，村

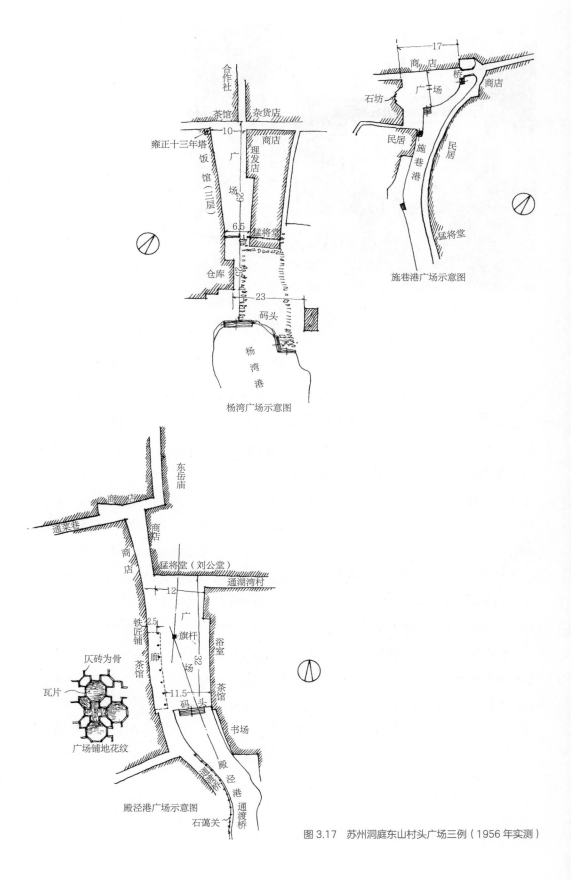

合作社

茶馆　杂货店

雍正十三年塔

饭馆（三层）

－10－

广场　商店　理发店

29

6.5　猛将堂

仓库

23

码头

杨湾港

杨湾广场示意图

－17－

商店　商店

石坊　广场　商店

民居　施巷港　民居

猛将堂

施巷港广场示意图

东岳庙

商店

通菜巷　商店

商店　猛将堂（刘公堂）

铁匠铺　－12－　通湖湾村

廊　2.5　广　旗杆　浴室

茶馆　场　32

仄砖为骨　11.5　码头　茶馆

瓦片　书场

广场铺地花纹　殿泾港　通渡桥

殿泾港广场示意图　石漏关

图 3.17　苏州洞庭东山村头广场三例（1956 年实测）

图 3.18　1956 年吴县洞庭东山杨湾村广场前状况（入口拱门右侧为猛将堂）

落结合港口，形成广场（图 3.17，图 3.18）。这里是对外交通的起点，设有码头，全村的船只都集中于此；这里又是文化活动中心，有宗祠、"猛将堂"，春秋迎神赛会就在庙前广场举行；这里也是戏场，元宵节则在庙前旗杆上升起成百盏灯笼，远近可见，成为一方盛观。一些茶铺小店也在广场周围开设，农民早晚喝茶、听书都在茶馆，农闲时又是农民消遣的最佳去处。近代商业逐渐发展，这里也就成了全村的商业中心。江南村落的村头景点往往依靠当地的豪绅兴建，如歙县许村，主要靠南宋时的"隐士"许友山和明代的许氏后人兴建桥梁、牌坊、路亭（大观亭）。而棠樾村头景点则有赖明工部尚书鲍象贤及九世孙清代两淮盐务总商鲍志道，一切牌坊、路亭、祠堂、社坛、书院的建设，都是在他们的主持与策划下建立起来的。歙县雄村的村头景点，则是由清代盐商曹氏家族出资所建。永嘉岩头孝佑庙景点则是明代桂林公主持下创建的。可见经济的富裕是江南山村村头景点发展的基础，而文化的兴盛发达，又使村头景点内容充实而具有雅俗共赏的特质。相比之下，洞庭东山村头缺少书院、文会设施，而以"猛将堂"为其核心，反映了较浓厚的俗文化色彩。

3.3.4 重视水口建设

"水口"理论源于风水术。在皖南村落理景中极其重视水口的处理与建设。如歙县棠樾村,在其溪流的下方,即村头东南约500米左右处设水口(见本章3.4.2理景实例)。由于这里地势比较平坦,溪流西侧原有一土丘,而溪东无所关锁,所以人工地筑起七个土堆,称为七星墩。在西面的大土丘上建一亭,名"清逸亭",而东面的小土丘则种上大树,形成一大对七小的左右夹峙形势,溪上建桥亭,名善义亭,借以锁住村中流出的"气"。这个"气",既是地气、人气,也是财气。在村西溪水的上游又设有"上水口",这里地形较为收拢,一侧是狮山,另一侧是后头山,故水口不作地形改造,只是建有牌坊、祠堂及申明亭各一座。这座申明亭不是一般的休息亭,而是专为公布族众犯法、违纪等恶行而设立的示诫亭,相当于公告栏,是明代府县通行的制度,而在山野村落中竟设有此亭,当与在朝廷任监察御史的里人鲍光祖有关。

从棠樾之水口设置可以看出,风水把水视为全村的命脉,是"气"之所系,所以要在村子溪流上下两端关锁这个"气"脉,以促使村落的发展与繁荣。

按风水的说法,水口近者可依村旁,远者可数十里,"自一里至六七十里或二三十里……若收十余里者示为大地;收五六里七八里者为中地;若收一二里者,不过一山一水人财地耳。"[13]可见,风水把水口所收范围大小视为人"气"、财"气"所能包蓄的地理容量,也即村落今后发展的环境容量。因此有些村落水口的位置距村头颇远,如许村水口,即在溪流下游五六里处,以小山及林木作为水口标志(其实也是村落预计发展的地界)。有的村落水口就在村头,如歙县唐模(见本章第3.4.4节理景实例),此时水口与村头理景重合,成为一村形胜之重点及文化活动之中心所在。

水口的设置与营造,一是依靠天然地形,二是适当人工增筑。因为需要关锁"气脉",也是为了标志远景规划的地界,这里最好是水曲山夹,峰回路转,在宏观地形上起闭锁作用,然后再适当建桥(或桥、闸兼备,以利节水)、亭,或栽植"风水树"、"风水林"。这样就形成了一种分界与阻隔的环境氛围,标记出地域的区划。只有在地形有缺陷的情况下,才适当改造地形,或开凿池塘,或增培土方。上述棠樾村的水口即属此类。

3.4　村落理景实例选录

3.4.1　桃花潭理景

翟村与万村位于泾县青弋江两岸，江流至此变得深而开阔，故当地称为桃花潭（图3.19～图3.25）。西岸临江有石壁峭立水边。两村隔青弋江相望。江上原有东园古渡可通往来，此渡口创始之时不迟于唐代。当年李白曾在此访当地名流汪伦，并过江与万村之万巨同游这一带风光，临行作《桃花潭绝句·赠汪伦》："李白乘舟将欲行，忽闻岸上踏歌声。桃花潭水深千尺，不及汪伦送我情。"从此桃花潭闻名于世。

桃花潭西岸万村村口门楼，隔江与翟村村口"踏歌古岸"阁相对。门楼两层，窄小，面阔仅一间而已。向江一面底层为拱券门洞，楼层为实墙，墙上砖砌"桃潭西岸"嵌方，为翟芝年所书。由江边渡口下船，上石阶十数步，便是门楼，门楼两侧房舍濒江而筑，与门楼等高。墙为大片实墙，难以攀越。门楼内侧直对街巷，楼上是通间窗扇，空透、开敞，一反外墙实墙面的封闭做法。村落入口采用外实内虚门楼做法的，在桃花潭附近尚有位于江东翟村的镇南关门楼和江西万村的"义门"。这种做法是古代村民防卫心理在空间域的反映。

万村对岸是一处格调高雅的濒江村口建筑——"踏歌古岸"阁，这就是翟村的入口。据县志记载，阁乃后人为纪念唐时汪伦送李白而建。阁面宽三间，面江明间下层有券形门洞，可通行人；上层窗扇与明间等宽，登楼可眺望隔岸风光。内侧明间无墙，与桃花潭西岸万村门楼相比，显得开敞。阁南侧与屋宇相连，屋宇稍低，面江均为实墙，北侧为一段更为低矮的围墙。显然"踏歌古岸"阁在环境中被处理得十分显要，这是西岸门楼无法比拟的。江边上岸的踏阶一直伸至阁的底层内，这种做法颇为少见，显然是江岸较近而街巷太高，唯有这样才不致坡度太陡。此阁构筑中颇具匠心的另一妙着是阁的外墙在明间南缝处有一约 15° 的转折，使明间朝向随之北转，隔岸沿江的一些景色因此而可以一览无遗。现此阁已列为安徽省重点文物保护单位。今人又修怀仙阁于潭之西岸，与"踏歌古岸"阁形成对景，进一步丰富了景观。

3.4.2　棠樾村村头理景

棠樾（图 3.26～图 3.30）地处歙县西南约 7 公里处，地理环境优越，北有龙山，南临平原沃野，有黄山之水经由丰乐河穿村而过。明代此村已有四景："复古虹桥""令尹清泉""横塘月霁""龙山雪晴"。

文昌阁

关圣殿

翟氏宗祠

万村甲门楼

万村

0 10 30 50m

图 3.19　泾县万村、翟村平面图

图 3.20　桃花潭图（摹自清嘉庆十一年《泾县志》）

图 3.21　泾县万村"桃潭西岸"门（晏隆余摄）　　图 3.22　泾县万村桃花潭

图 3.23　泾县万村村头义门（晏隆余摄）　　图 3.24　泾县翟村"踏歌古岸"阁
　　　　　　　　　　　　　　　　　　　　　　（晏隆余摄）

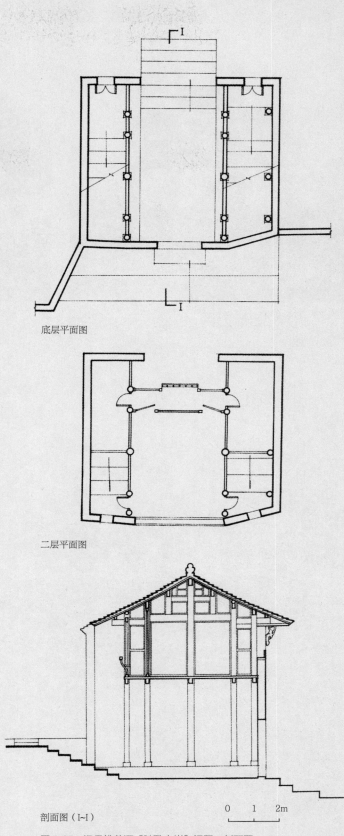

底层平面图

二层平面图

剖面图（I~I）

0 1 2m

图 3.25 泾县桃花潭"踏歌古岸"阁平、剖面图

图 3.26 歙县棠樾村村头牌坊群

图 3.27 歙县棠樾村村头宗祠及牌坊

图 3.28 歙县棠樾村图（摹自清嘉庆《宣忠堂家谱》）

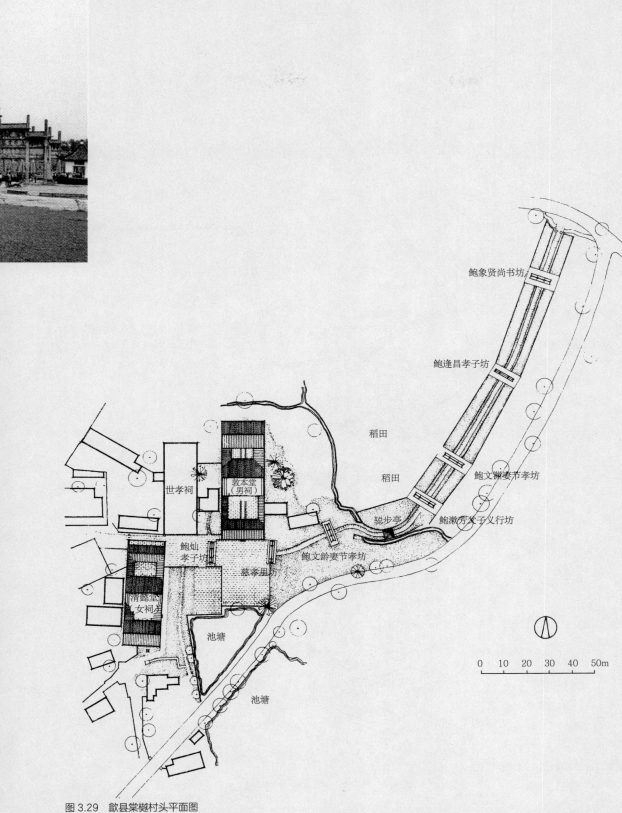

鲍象贤尚书坊

鲍逢昌孝子坊

稻田

稻田

鲍文渊妻节孝坊

骢步亭

鲍漱芳父子义行坊

世孝祠

敦本堂
（男祠）

鲍灿
孝子坊

鲍文龄妻节孝坊

慈孝里坊

清懿堂
女祠

池塘

池塘

0 10 20 30 40 50m

图 3.29 歙县棠樾村头平面图

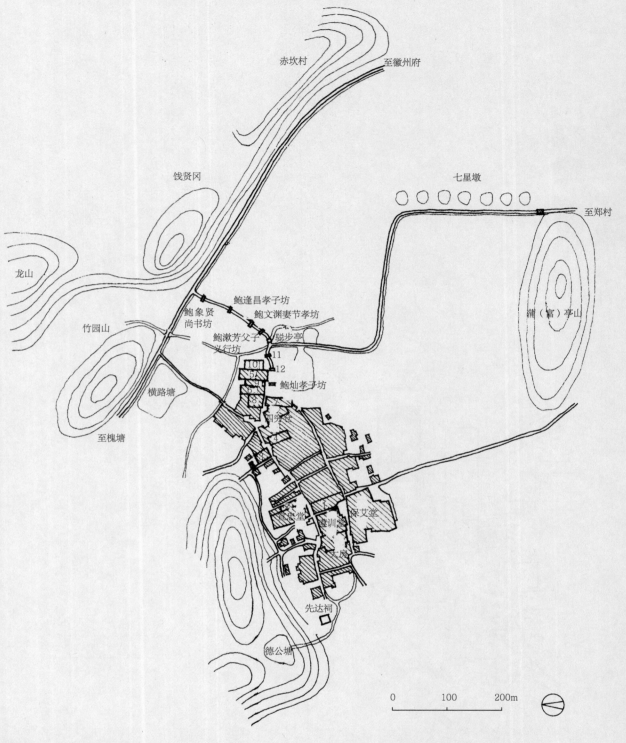

赤坎村

至徽州府

钱贤冈

七星墩

至郑村

龙山

竹园山

蒲（富）亭山

鲍逢昌孝子坊

鲍文渊妻节孝坊

鲍象贤
尚书坊

骢步亭

鲍漱芳父子
义行坊

11

横路塘

10

12

5

鲍灿孝子坊

至槐塘

9

6

8

如第巷

存爱堂

保艾堂

遵训堂

大厦

先达祠

德公塘

0   100   200m

图 3.30　歙县棠樾村平面图

1. 存养山房与欣所遇斋　　2. "慈孝之门"宅　　3. 存爱堂　　4. 从心堂　　5. 敦本堂　　6. 世孝祠
7. 清懿堂　　　　　　　　8. 大和社　　　　　9. 文会　　　10. 西畴书院　　11. 鲍文龄妻节孝坊　12. 慈孝里坊

棠樾始建于南宋初年，以徽州文士鲍荣建别业于此而开始其建村的历史。"棠樾"就是棠荫，其含义可能与鲍荣所建别墅园林有关。到了明朝中期，棠樾鲍氏出了一个工部尚书鲍象贤，于是村落建设有了新的发展，建住宅、牌坊、祠堂、墓园，鲍象贤祖孙三代的宅、坊成了当时棠樾最显赫的建筑物。这时，村口建筑群也已形成，这里有社坛，绕以周垣，是祭祀农神之所；坛前有广场，称"社屋坦"，供村人祈求农神后在此演戏乐神，大和社之后为柏园，古柏苍郁而屏立。隆庆年间（1567—1572年）在村口溪桥边建路亭（骢步亭）。在社坛东侧是鲍象贤所建祠堂及村中的书院（西畴书院）。这社、场、园、亭、祠堂、书院成为村落文化精神生活的活动中心，并组成了标志性的村头理景。

到清代，棠樾鲍氏又出了鲍志道这个盐商巨富（鲍象贤的九世孙）。他曾任两淮盐政总商20年，清廷加封虚衔六个，在扬州有私园"西园曲水"。后长子鲍漱芳接任总商，二子又成乾隆御侍，一家尊荣，集官、商于一身。于是在棠樾大兴土木，修桥铺路，办书院，兴水利，大力兴建祠堂、立牌坊，使棠樾小小村庄又出现了一次建设高潮。在这次兴作中，增建了男祠、女祠（考、妣分祀）的独特格局，增建牌坊四座，形成按忠、孝、节、义次序排列的七座牌坊群，坊下以长堤相连，堤旁植梅花及紫荆，使村口景色气势雄伟，特色鲜明。

村中水口在村的东南角溪水流出处。其地西有小丘，东侧较开敞，故以人工堆成土墩七座，称为七星墩，墩上植树以障风蓄水，至今犹存。这是按风水之说而对地形采取的补偿措施。不论其理论是否荒谬，但在视觉上给人以平衡、完整、和美的感觉，效果良好。在村西端来水口，也有少量公共建筑，包括石坊（监察御史坊）、祠堂（先达祠）、申明亭等。

这样布局完整而保存较完好的村落理景，在皖南也已不多见，可称是研究我国传统文化的一个良好范例。

3.4.3　许村村头景点

许村在歙县城北20公里处，地处县城去京师的交通要冲，古称富甾里。北宋末隐士许友山在此居住，建有友山楼，藏书数千卷于其上，以后此地成为许氏聚居之地。明清时最为繁盛。村头一组建筑构成此村具有特色的景点（图3.31～图3.35），包括桥、阁、坊、寺四种内容。这是许村的标志性设施。其中石桥年代最早，创于许友山之手，"友山公因升水浩瀚，车马苦涉，乃建石桥于其上，名曰升溪桥"[13]，至明代颓坏，经许氏后人重建如故，改称高阳桥。现存桥上桥亭为清康熙年间所增建。桥东跨路建一阁，名大观亭，嘉靖十八年（1539年），许正岩等率族众捐次建造。建阁的目的是"跨道

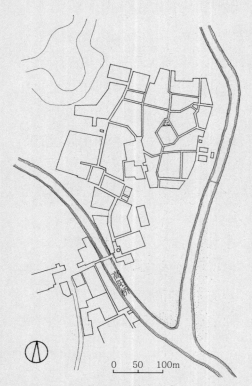

0   50   100m

图 3.31　歙县许村平面图（局部）

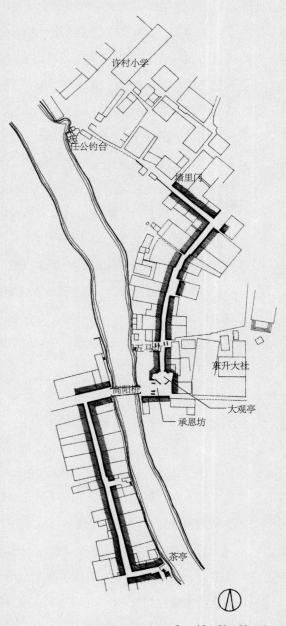

许村小学

汪公钓台

檣里闸

五马坊

东升大社

高阳桥

大观亭

承恩坊

茶亭

0   10   20   30   40m

图 3.32　歙县许村村头平面图

图 3.33　歙县许村村头景点（高阳桥、牌坊、大观亭）

图 3.34　歙县许村村头牌坊（晏隆余摄）

图 3.35　歙县许村村内望大观亭、高阳桥（晏隆余摄）

建亭为游观计，下罗以石，辟二门通行旅……摄陡上连三登……外周曲槛，可凭眺辽远，中虚而敞，堪列筵几，召宾客，赋诗醉月。右邻古刹，有钟鼓声可供朝夕，石桥横架，飞虹旁松，屈曲偃仰，如龙如虹。"⑮可知建此阁的目的是为登楼远眺，召集宾客，俨然一村之最佳瞭望临眺之所。现此阁尚完好。桥东还有石坊三座，其一名五马坊建于明正德年间，原是木坊，成化年间（1465—1487年）被毁后重建，是为表彰洪武年间（1368—1398年）汀州知府许伯升而建。在大观亭与五马坊的临溪一侧原有佛寺名镇山寺，后为纪念南朝梁代太守任昉而改称任公寺。此寺现已不存。

从这一组村头建筑来看，其形成过程由桥而寺、而坊，最后建造观赏性楼阁而形成全村的标志性建筑群。这里既是交通要冲，又是村人休息聚会之处，也是全村的骄傲所在。

3.4.4 唐模村村头檀干园景点

唐模村村头檀干园（图3.36～图3.40），据《歙县志》记载："昔为许氏文会馆，清初建，乾隆间增修，有池亭花木之胜，并宋明清初书法石刻极精，鲍倚云馆，许氏双水鹿喧堂，时常宴集于此，题咏甚多，程读山诗注言：'檀干园亭，涵烟浸月'。大有幽致，鲍瑞骏题二额，俗称小西湖。"⑯

如今该村历经沧桑，鲍倚云馆等早已倾圮，但入口处尚保留曲桥及重檐路亭。从村外望去，有亭翼然，进村前可先到亭中稍憩。之后便进入了风景如画的村头。出亭循石板路而上便是康熙进士许承宣、许承家"同胞翰林"石牌坊，这巍峨高大、精致的牌坊所旌表的兄弟二人曾被清代学者王士祯称许为"云间洛下齐名士"，"四世簪缨，一门风雅"。

逐溪而筑的石板路是入村要道，又是村头景点的动观路线。路侧溪水淙淙，曲折相伴，横跨溪上的几座小桥，增添了空间的层次，隔溪有小丘平顶山随溪而行，将人引入村中，起了很好的导向与聚景作用，使人的视线自然地引向檀干溪右侧小西湖中的镜亭。亭与长堤、玉带桥相连伸入湖中，把曲折的湖面进一步分割，显得灵秀、妩媚。这里路上原植有檀树、紫荆等花木，还有桃花林一片，"喜桃露春浓，荷云夏净，桂风秋馥，梅雪冬妍，地僻历俱忘，四序且凭花事告。"这镜亭的半联道出了当年这里的四季景色。已毁的许氏文会馆原来坐落在与镜亭隔溪相对的平顶山的余脉上，地势高爽，视野开阔，实是登眺佳处。"花红润碧纷烂漫，天光云影共徘徊。"想当年文士在此吟诗作画何等风雅。

村头景点与进村石板路、小桥以及溪流、山丘、林木结合在一起，成为村民的共同游赏空间，它所采取的开放形态与私家园林大相径庭，这是村落理景的一大特点，也是一大长处。

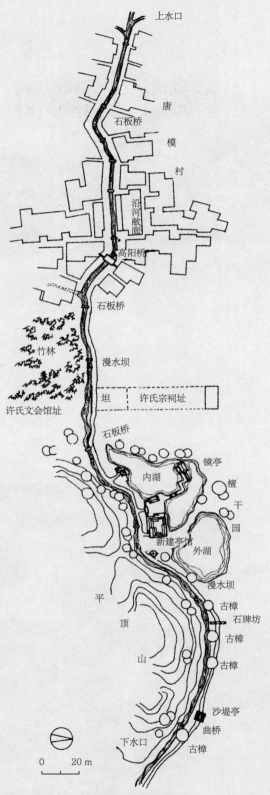

上水口

唐
模
村

石板桥

沿河敞廊

高阳桥

石板桥

竹林

漫水坝

坦　许氏宗祠址

许氏文会馆址

石板桥

镜亭

内湖

檀
干
园

外湖

新建亭馆

漫水坝

平
顶
山

古樟

石牌坊

古樟

古樟

沙堤亭

下水口

曲桥

古樟

0　　20 m

图 3.36　歙县唐模村平面图

图 3.37 歙县唐模村头牌坊、路亭、古树

图 3.38 歙县唐模村头路亭、曲桥、古树

图 3.39　歙县唐模村村头檀干园"小西湖"

图 3.40　歙县唐模村村头廊桥

3.4.5　雄村濒江景点

歙县雄村面江枕山。桃花坝一带则是雄村最美的濒临新安江的景点，这里有竹山书院以及与之相连的高耸俊秀的凌云阁等建筑，清乾隆年间（1736—1795年）已是村中游胜之地（图3.41～图3.44）。至今除桃花坝毁于1942年洪水外，其余基本完好。

清代诗人乾隆戊辰（1748年）进士曹学诗在此游览后作《清旷赋》云："畅以沙际鹤，兼之云外山。"足见此处是借景于自然，融景于田野。

楼阁庭院面积不大，除凌云阁、清旷轩外尚有平台、曲廊、百花头上楼等建筑，布局曲折而富有变化，园中还栽有丹桂、素梅、玉兰、石榴、山茶等名木佳卉。或绕以楼阁，或隔以花墙，或伴秀竹，或倚片石，均各自成景。

园之右有小轩，可供停憩，凭槛而望新安江帆影尽收眼底。远眺则以登凌云阁最宜。阁两层八面，登临后既可环视四周山村烟岚，又可仰视新安江对岸高山，俯察江中清流舟楫。这里还可直接在桃花坝上游赏。

书院较为规整，正厅有联："竹解心虚，学然后知不足；山由篑进，为则必要其成。"

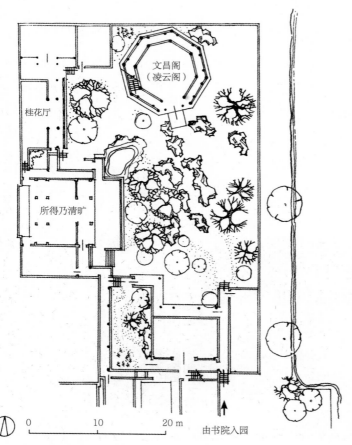

图3.41　歙县雄村竹山书院平面图

图 3.42 歙县雄村竹山书院入口

图 3.43 歙县雄村隔江远眺竹山书院

图 3.44 歙县雄村竹山书院文昌阁（凌云阁）

可说是对学生们提出的一种学习态度的要求。

纵观整个景点，是由以书院及凌云阁为主体的人工空间与桃花坝及新安江渡口、青山等自然景观共同构成，在这里自然景观成了人工空间的理想环境，人工空间又丰富了景观内涵，改善了对自然景观的观赏条件，进一步开拓了自然景观，两者相互映衬而更具魅力。

竹山书院为雄村里人曹干屏、曹映青兄弟所建。曹氏家族清初即为盐商，至干屏父时已大富，故书院、凌云阁等实源于贾资。徽商历来有儒风，曹氏更是贾儒更迭，名利双收之家。曹映青子文植长于诗文，官至户部尚书，交往多文士墨客。李渔曰："以主人之取去为去取，主人雅而善工，则工且雅者致矣，主人俗而客拙，则拙而俗者来矣（《一家言》）"。造园如此，村落理景亦然，何况曹氏融办学、造园与理景于一体，雅而不俗，自与俗商争奇斗富不同。

3.4.6　南屏村村头景点

南屏村位于黟县西武乡，因村北有南屏山而得名。村处黟县盆地南部，土地平坦肥沃，水质甘美，村中叶氏为大姓。据《南屏叶氏族谱》所载，汉末建安之乱，叶氏南迁，后几经转折。元季，叶伯祥由祁门码山迁黟县南屏定居。明成化年间（1465—1487年）始建叙秩堂，祀始迁祖。到清乾隆年间，这里已是人丁兴旺的叶姓大村，先后建有供乡里子弟读书的家塾书屋、书院多处，讲求诗书之风可谓盛矣。到嘉庆年间（1796—1820年）叶氏支脉更是兴旺，村中有祠堂13处，以文入仕及兼商贾使村民十分富足。南屏村当时颇为得意的是嘉庆十六年（1811年）耗银1200两建成碧阳书院。南屏村头景点的一些理景活动也是从乾隆开始一直到嘉庆这个鼎盛时期兴建的（图3.45～图3.50）。

村头南有溪水绕村而过，溪水在万松桥东侧有一分支向北流，几经曲折绕过一片松林后，又向西经曲水园前流去，整个面积达2公顷余。村头的景点便是由曲折的溪水、竹园、松林、古樟、古槐、金家墩、醸泉等天然景观与人工修筑的万松桥、石板小桥、小路、在林中供人游息停坐的石凳、石桌、万松亭和供生童肄业、文人文会用的曲水园、魁星楼、文昌阁、观音阁等组成。邻近有可供借的敦本堂、周王庙等人文景观。前有广阔的田野，后有秀丽的南屏山，右侧便是居户鳞次的南屏村舍。

村头景点最外面的一座建筑是嘉庆七年（1802年）九月建成的万松桥，桥三孔，长40米，高5.3米，宽4米。由于有清代桐城派姚匙畅《鼎作记》（见《南屏叶氏族谱》卷一，桥梁），使这一为满足交通功能而修建的津梁产生一种不同于一般石桥的名气与文气。

整个村头景点中点缀着的建筑大多是为村中的文化活动而设。在这十分重视教化的村落中，品赏这里景观的是大有人在的。

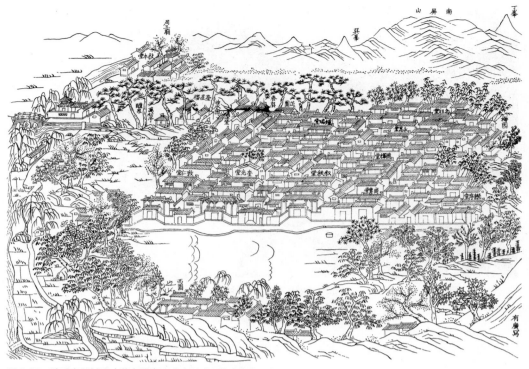

图 3.45　黟县南屏村图（摹自清嘉庆《南屏叶氏族谱》）

图 3.46　黟县南屏村祠堂

图 3.47　黟县南屏村村头万松桥、观音阁及曲水园林木（1984 年摄）

图 3.48　黟县南屏村村头景点远眺（晏隆余摄）

图 3.49 黟县南屏村平面图

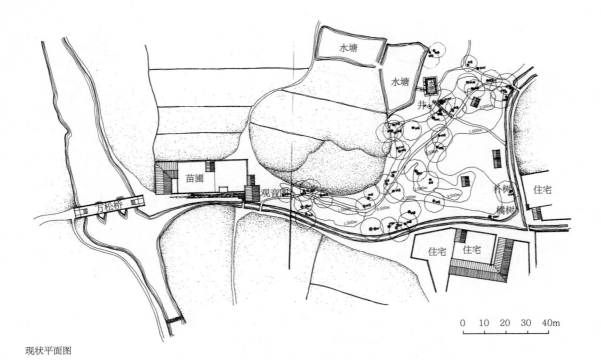

现状平面图

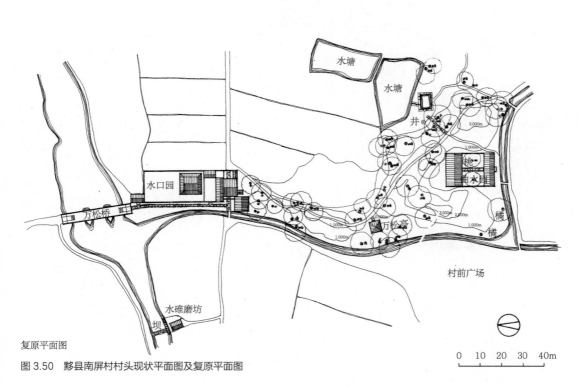

复原平面图

图 3.50 黟县南屏村村头现状平面图及复原平面图

3.4.7　善和村村头理景

善和是千年古村（图 3.51～图 3.52），据《祁门善和程氏宗谱》载：新安太守程元潭于东晋初卒，"帝闻为之震悼，赐子孙宅于新安歙之黄墩"。唐乾符年间（874—879 年），程仲繁迁祁门善和定居，是为始祖，后来人丁兴旺，一部分分迁他处，而善和久盛不衰，至清末仍是程氏大村。

程氏本新安望族，善和一脉也代有名人，如南宋的程鸣凤是名震朝野的武状元。明初起以入仕而荣耀乡里者日众。善和居江南万山间，远离喧市，至今该村尚无汽车可通，山遥岭道崎岖，直到村前还几经曲折，不像歙县棠樾和泾县茂林，坦坦平地，大道可以直达村口。

据谱图所示，善和村头原有六座牌坊，以村口的"参政坊"为前奏，此坊四柱三楼，坊周翠竹浓密，是善和十景之一"傍云修竹"。向北隐约可见深藏于树林中的佛寺，名报慈寺，由入村山路西拐，过四涧桥便可到达该寺，寺前古柏参天，"报慈古柏"也是

图 3.51　祁门善和村图（摹自《仁山门程氏支谱》）

图 3.52　祁门善和村大方伯坊

善和十景之一。从"傍云修竹"处沿山路向前，路旁有两座"节孝坊"，体量比"参政坊"略小，坊后有岗，村民把这里称为"月山晚霄"，也属善和十景。再往东走，则有一座"大方伯坊"骑跨路上。在"大方伯坊"东侧，隔溪相对的山坳里有几幢建筑，前有程氏宗祠，远处是梧岗，是善和名景"梧岗书院"。过大方伯坊，山路又向西南转，便能看到"程吴坊"一座，双柱三楼，这里左逢"和溪桃浪"，前眺"日山晓晴"，都是善和佳景。沿"砂笋"长堤一路过来便到了村头，与村宅的连接处，有一亭二桥，亭名曰"善和里"，题额"居仁由义"四字，亭为重檐，颇为壮观。桥一名和溪桥，一名珠浦桥。和溪桥被赞为"关锁水口，通达要津"（《善和程氏支谱》和溪桥记）。珠浦桥架于和溪通向村宅的支流上，屋侧砌水射以迎之，颇为特殊，村民以"珠浦花桥"列入善和十景之列。过和溪桥便是一座四柱五楼的"按察坊"，乃是旌表四川按察史程昌而建。

　　善和村头理景全面地展开了既重视以才人士，谋求门第之尊，又雅好山水，欣赏修身养性的理想情趣，这一切都是利用了特定的地貌，将布局展开如干枝关系，主干上通过座座牌坊，有序地表示了门第意识，分枝则主要通过对村落十景的组合来表达。

3.4.8　明湾村村头理景

明湾村在太湖中的岛山洞庭西山最南端，村东岛尖上有著名的"天下第九洞天"林屋洞和石公山（图3.53～图3.55）。这里背山面湖，风景极美。相传春秋时吴王夏日在此消暑赏月，故称明月湾。明湾村历史未考，但从村内现存住宅看，均为清代遗构，建筑质量较高（其中南寿轩庭院已列入本书第1.3.1节庭院理景实例8），可见清代中叶以后比较兴旺。村头两座祠堂残址也可证明这一点。

此村村头以港湾码头为基础，配有桥梁、石驳岸、祠堂、神庙（存遗址）及古树，形成气象独特的景点。前面是碧波万顷、一望无际的太湖，后面是林木葱郁的山岭，整个景点映衬在如此幽静的背景下，好似一处与世隔绝的世外桃源。为了船只避风，港湾修成S形，并由湖岸向外伸出手指状防浪堤，用以护卫港口。堤用石筑，上面用石板被覆，并植柳树一行，可借之抵御湖上飓风侵凌。港口上有古樟一株，树干已达二人合抱，与庙宇相依形成村民崇拜中心。进村入口两处均较隐蔽而封闭，可能出于防风、防盗的原因而作如此布置。在如此开旷荒野的地点，封闭式的处理也使人在心理上产生安定、可靠感。

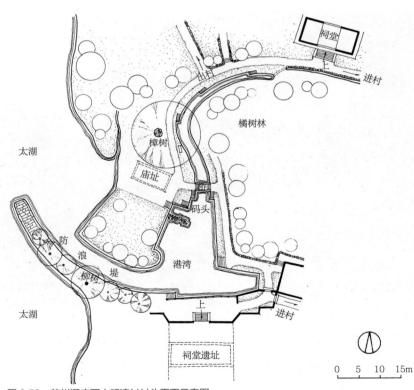

图3.53　苏州洞庭西山明湾村村头平面示意图

图 3.54　苏州洞庭西山明湾村港湾防浪堤（潘谷西摄）

图 3.55　苏州洞庭西山明湾村港湾码头（潘谷西摄）

3.4.9　苍坡村村头理景

　　苍坡村坐落于浙江省永嘉县岩头镇以北永仙公路西侧，是楠溪江流域的有名古村。该村始建于唐末，一世祖从福建长溪迁入，此地原名苍墩，因避先宗名讳而改为苍坡。

　　苍坡村（图3.56～图3.60）的理景思想首先得益于"风水之说"。相传宋孝宗淳熙戊戌年（1178年），国师李时日应苍坡村九世祖李嵩之聘，来村相地，认为全村火旺缺水，遂在村东南方建池储水，村周开渠，使村落形成绿水环绕、碧波叠翠的村落理水系统。

　　苍坡村入口建有朴素典雅的入口村门，为村落的重要标识性建筑，门上有联曰："四壁青山藏虎豹，双池碧水储蛟龙"。进入村内，在村东南方长池之间建有李氏大宗祠、仁济庙、太阴宫、水月堂、望兄亭等公共建筑。这种相对集中布置公共建筑的手法，使村头形成丰富的空间序列与优美的人文景观，这里也是村民的游息活动中心。

　　苍坡村理景还寓意于"文房四宝"，它以远山为笔架，长街为笔，以村东南水池为砚池，池边置长石代墨，体现了古代择地隐居的士人对"耕读传家"理想的追求，使

图3.56　永嘉苍坡村平面示意图（根据《新建筑》1989年第4期何重义等"楠溪江古村落建筑的环境意趣"插图摹画，并调整示意）
1. 李氏大宗祠；2. 太阳宫；3. 水月场；4. 望兄亭；5. 砚池；6. 笔街

图 3.57　永嘉苍坡村长池、太阴宫、望兄亭

图 3.58　永嘉苍坡村溪门

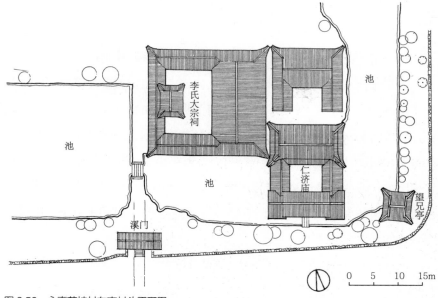

图 3.59　永嘉苍坡村东南村头平面图

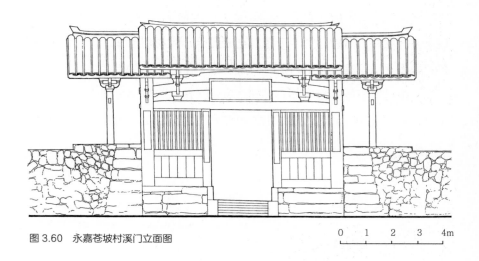

图 3.60　永嘉苍坡村溪门立面图

村落的景观环境起到陶冶村民心灵的作用。

　　村中的仁济庙，供奉着当地普遍信奉的平水圣王周凯。楠溪江地区以农耕为生，供奉掌管水利的平水圣王，正是村民实用主义价值观的反映。此外，闻名乡里的望兄亭，更有一段美好的传说。据载七纪祖兄弟二人，兄李秋山迁居邻村方岙，弟李嘉木居苍坡，因手足情深，频频往来探望，遂在苍坡村村头面南建望兄亭，而在方岙村村头面北修送弟阁，亭阁晚上挂灯供相望以示平安。望兄亭濒水而建，不但建筑轻盈、环境秀美而受人注目，还因体现了礼让睦处的美德而动人心弦。

3.4.10　岩头村落理景

岩头村（图 3.61）位于浙江省永嘉县境内楠溪江中游的平原上，此村为金氏族居之地，始祖于南宋初年迁居于此。创建之初，二世祖日新公浚双渠，为村落的兴旺发展奠定了基础。以后经多次整修，特别是到了明代，由精于风水的桂林公再度大规模兴修水利，村落水系从水质优良、水源丰富的五濑溪取水，通过网络状的明渠、暗涵与村东南的蓄水湖相连，其构架为主渠双绕村，小渠穿巷过，村东南的丽水湖、进宦湖、智水湖、镇南湖等供蓄水以防干旱。岩头村的水系既满足农耕灌溉，又便于住户生活。沿渠的丽水街以及村东南的诸湖风景还供村民游息观赏。岩头村的水系是江南村落中功能性理水与景观性理水成功结合的佳例。

岩头村的理景特色还体现在对礼制建筑的重视上，典型代表是明代嘉靖年间（1522—1566 年）由进士及第踏上宦途、历任大理寺及端州知府等职的霞峰公，在岩头建大宗祠，造进士牌楼，并修上、下花园。作为血缘村落，宗法制度是其支柱，修大宗祠以强化宗法权威，建进士牌楼达到宣扬功名利禄、光耀门庭的目的。这实际上是儒家的伦理观在景观上的反映。目前，上、下花园已成遗址，但规划严整、体量宏大的大宗祠与规格颇高的进士牌楼以及与大宗祠相对的贞节坊尚存。

岩头村理景最具特色的是民间的世俗文化，与耕读生涯中隐逸文士的审美情趣和对理想环境的追求与创造，它集中体现在水口的建设上。岩头村的水口建有供奉卢氏尊神

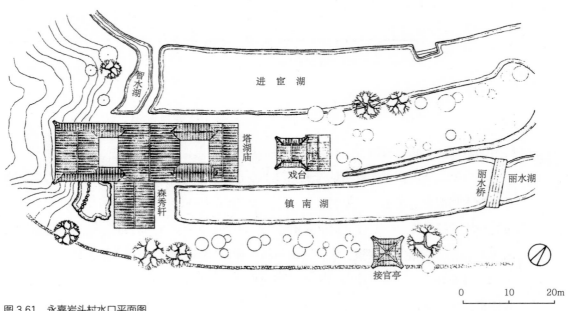

图 3.61　永嘉岩头村水口平面图

与袁氏娘娘的孝佑庙，据宗谱记载，这两位地方神能"御灾捍患""为一方之保障"。庙外建有戏台一座，村民不但在这里求神保佑，而且还得到娱乐与美的享受。这里庙侧有轩、湖、堤；堤上建有重檐接官亭一座，亭内梁架斗栱藻井华丽，沿柱设美人靠。亭侧古树参天，湖中栽荷，岛上植紫薇、芙蓉，花香鸟语、风景佳丽。

明清期间，这里还建有文昌阁、文峰塔、森秀轩和水亭祠（原为书院）。现尚存庙、戏台、轩、亭、桥等建筑。当年村中隐逸文人在此游赏题咏，提炼为：长堤春晓、丽桥观荷、清沼观鱼、琴屿流莺、笔峰耸翠、水亭秋月、曲流积雪、塔湖印月等八景，集四季山水和建筑于一体，成为村中最具魅力的风景胜地。

注释

① 柳宗元语。见柳宗元《永州韦使君新堂记》。
② 1937 年版《歙县志》卷一，舆地，风俗。
③《休宁县志》卷二一，艺术，记述之十二。
④《岩镇志草》元集，建置。
⑤ 1937 年版《歙县志》卷二，营建，二。"水射"即水中设置的构筑物，用以改变水之流向，避免直接冲向堤岸或桥墩。
⑥《岩镇志草》元集，桥梁。
⑦ "汭"即在水流弯曲处所环抱之地。如西周时，周公营洛，"以庶殷攻位于洛"，即命众殷人在洛水之内，营建洛邑。
⑧ 汪道昆《太函集》卷五五，《诰赠奉直大夫户部员外郎程公暨赠宜人闵氏合葬墓志铭》。
⑨《戴震集》上编《文集》卷一二，载节妇家传。
⑩ 李渔《一家言》居室器玩部。
⑪《时代丛书》甲卷二四。
⑫ 赵吉士《寄所寄》，又见徐卓《休宁碎事》卷一。
⑬《入地眼图说》卷七，水口。转引何晓昕《风水探源》，84 页，东南大学出版社，1990
⑭ 明隆庆三年（1569 年）《新安许氏东支世说》墓道、宫室、桥梁考。
⑮ 同书《大观亭记》，明隆庆元年（1567 年）许可复记。
⑯ 石国柱《歙县志》卷一，舆地志，古迹。

第4章 邑郊理景

4.1 江南邑郊理景的发展及其特点

邑郊理景是指专属于某一城邑的近郊风景建设。作为城市生活的重要内容之一，邑郊理景的形成和城邑本身的发展是密切关联的。

我国邑郊理景的历史极为久远。江南地区城邑多依山傍水，风景秀美，自然条件优越，一旦城市经济文化水平提高，邑郊理景随即兴起。最早的这类活动是春秋时吴越诸侯在近郊建造离宫别馆和游宴之所[①]。尽管这些地方还只是属于少数统治者所有，一般人不能享用，但对原始状况的风景资源有了初步开发。真正作为公共游览场所而发展起来的邑郊理景，则是和市民春天修禊被除[②]及九月初九重阳登高[③]相应而发展起来的水际、山巅风景点。其中最负盛名的是绍兴兰亭，因王羲之等名流于东晋永和九年（353年）在此修禊赋诗并由王羲之作《兰亭集序》而名垂千古。这就是所谓的"山水借文章以显，文章亦凭山水以传"。纯粹供众人游览而建设起来的景点在南朝也已出现。刘宋的南兖州刺史徐湛之，在广陵城（故址在今扬州北部蜀岗上唐子城的位置上）之北，结合原有水面，建造了风亭、月观、琴室、吹台四座景观建筑，又栽植花木，使之"果竹繁茂，花药成行"，并"招集文士，尽游玩之适，一时之盛也"（《宋书·徐湛之传》）。这个风景点的游人可能也仅限于士大夫阶层，但与台榭离宫相比已有了公共性质，和修禊、登高相比则又有了专属和常设的特点，即成了固定游览点，而不像修禊只是在水边选择一处合适地点举行灌濯、赋诗、宴饮。因此，可以视为是我国公共风景游览点的起始[④]。

佛教的兴起，使一些近郊山林成为信徒膜拜的圣地，同时也是游览景点。苏州虎丘由东晋大族王珣、王珉兄弟舍宅为虎丘寺，遂成为苏州一方名胜。南京栖霞山，在南齐永明七年（489年）由明僧绍舍宅为栖霞精舍，这就是栖霞寺的起源。杭州灵隐则于东晋咸和元年（326年）创建佛寺。无锡的惠山寺原是刘宋司徒右长史湛挺的别墅，于景平元年（423年）改为僧院华山精舍，萧梁时正式为佛寺，以后就成为无锡近郊的著名风景游览地。这些佛寺所在地一则靠近城邑，来去便利；二则风景殊佳，泉水丰沛，林木茂密，既宜于近玩，又可以登高远眺，因此成为千年长盛不衰的风景游览场所。

唐宋是江南邑郊理景的大发展时期，由于佛教的广泛传播以及郡邑守臣的有意兴作，江南各地邑郊理景呈全面开花之势。首先，在理论上人们已不再把理景视为只是一种无关紧要的游乐，而是政通人和的象征、高尚道德的表现和修身养性的必需。例如唐代大儒韩愈盛赞连州太守王弘中开辟荒丘作风景点是"智"、"仁"之德和山水相契合的结果（韩愈《燕喜亭记》）。当时有些人把风景建设看作和大政方针无关的闲事，柳宗元认为这是很大的误解，一个人心烦就会意乱，视野闭塞就会意志消沉，所以高明之士必须有游览的去处和高尚的消遣，使心境清宁平夷，泰然自若，才能思考问题通达周全，获得事业的成功。他是从社会学、心理学方面阐述风景建设对人们所起的积极作用（柳宗元《零陵三亭记》），和六朝以来对待风景游览所持的消极颓废和避世的态度截然不同。一些地方官员则更多的是把风景建设视为"宣上恩德，以与民共乐，刺史之事也"（欧阳修《丰乐亭记》）。所以到了宋代，不仅是邑郊和城区的风景建设十分兴盛，而且州县衙门里的"郡圃"也到处出现，每到春暖花开，必向市民开放，以示"与民同乐"。南宋时杭州西湖的景观建设，更是盛况空前（图 4.1），正月上元节后，府县就着手修理西湖周围及堤上轩馆亭桥，油漆装画，栽植花卉，以备春游之需（《梦粱录》）。

明清两代是邑郊理景更为普及的时期。由于经济的发展，江南地区城市化进程加快，出现了大批新城镇，单是太湖下游就有上海、太仓、青浦、崇明、平湖等八个州县和一批卫、所防倭城建立，新出现的集镇就更多。这些地区新老城镇的理景都有很大发展，像平湖县（今平湖市）东湖，周围四十余里，明代建县后这里就成了风景游览地，湖中有鹦鹉洲、弄珠楼、悠然亭诸胜（图 4.2）。嘉兴南湖，也在明嘉靖间利用疏浚城河的淤土，填湖成岛，建烟雨楼于岛上而成为一方胜景。杭州西湖的三潭印月、湖心亭都是明中、晚期所建景点。清乾隆年间，扬州瘦西湖更是盛极一时，其理景与园林之繁盛比之苏、杭有过之而无不及。州县风景建设的风气，甚至也影响到了村落，苏南、皖南、浙东的一些经济文化发展水平较高的地区如洞庭东西山、徽州、温州楠溪江一带，都出现了许多优秀的村头理景佳例（见本书第 3 章村落理景）。

由此可见，邑郊理景在我国——尤其是江南地区有着千余年的悠久传统，表现了我国人民对优化城镇生存环境的执着追求。这种优良传统在今天的城市现代化建设中，决不能淡化，更不能忘掉，而是应该更强烈、更执着地追求。俾使我们的城市环境更加美好宜人。

江南邑郊理景之所以能在如此长的时间中保持其普遍的兴盛，除了城市经济文化的

图 4.1　宋代李嵩西湖图（左为雷峰塔，右为保俶塔）

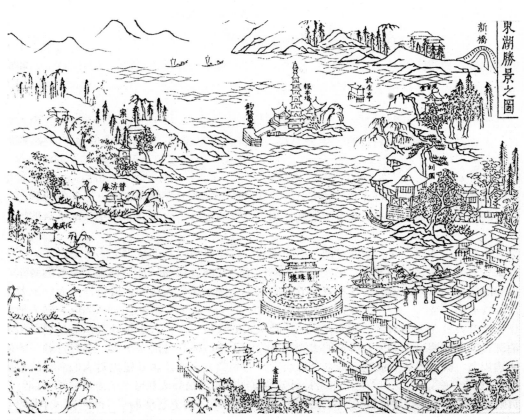

图 4.2　明代浙江平湖东湖图（天启《平湖县志》）

发展是其支撑的背景外，它的自身优势条件也是重要因素。

首先，邑郊风景点都具有近便的特点，大致都可以朝往而夕返，一日之内可以完成朝拜、宴饮、游览各项活动。因此，这些景点山不高、水不深，却得地理位置上的优势，再加上人工的适当建设，就成了有吸引力的游览地。例如滁州的琅琊山，宋时离城有数里（现已在城边），所以欧阳修任太守时往游，其景象是："山行六七里，渐闻水声潺潺，而泻出于两峰之间者，酿泉也……至于负者歌于途，行者休于树，前者呼，后者应，伛偻提携，往来而不绝者，滁人游也……已而夕阳在山，人影散乱，太守归而宾客从也。树林荫翳，鸣声上下，游人去而禽鸟乐也"（欧阳修《醉翁亭记》）。从中可以看出一日之中从太守到一般人民游览琅琊山的情景。计成在《园冶》中论及郊野园址时也说："去城不数里，而往来可以任意，若为快也。"

其次，邑郊风景点都具有开放的特点，它不像私家园林，属于私产，有些园林虽在春时开放，但局限性很大，不能随时往游。而邑郊理景具有公共游览地性质，任何人可随时赏游。佛寺、道观也是开放性的场所，善男信女可以登堂入殿，参拜佛圣道祖，而无所谓购买门票一事。这样，就吸引了广泛的游人。其实，那些虔诚的宗教信徒们，在"还愿"、"修福业"、"造功德"等等的诱惑和鼓动下所施舍的钱财，不知比门票要多多少倍，景点中的寺观就是赖此以生存、发展和兴旺起来的。

再次，邑郊风景点都具有文化兼容的特点，宗教的、世俗的；佛教的、道教的；高雅的、低俗的都可以进入，从而达到出世、入世共存，佛道同山，雅俗共赏。例如琅琊山，上有琅琊寺、碧霞宫、醉翁亭，三者代表佛、道、世俗三种文化。又如苏州虎丘，总的是一处山地寺庙理景，有佛寺山门、殿、塔组成中心轴线，但又掺入许多神话、掌故、传说。如白莲池中的生公石就有"生公说法，顽石点头"神话；相传晋代名僧竺道生在此传教，无人相信，他就聚石为徒，为他们说法，这些顽石都点头表示理解[⑤]。还有二仙亭，内刻道教吕洞宾及陈抟像。有试剑石，相传是吴王得干将、镆铘两宝剑，以此石做试验，一劈为二，其石实为因天然风化或震动而裂为二，中有缝如刀劈。在神道东侧有一处"真娘墓"，是为纪念唐代名妓而建的，系文人墨客好事者为之，与杭州西湖苏小小墓齐名。山上还有登高远眺的致爽阁、冷香阁和拥翠山庄等景点，以及历代名人如颜真卿、米芾等人的题字。这些都使虎丘山包容了中国传统文化的丰富内涵。

最后，正是由于以上三种原因，使邑郊景点能获得各方面的关注而在历史长河中不被湮没。不像私家园林，一旦园主家道中落，园即废弃或出售，或分割，或散为民居。在保持邑郊风景延续与发展的众多因素中，宗教常起重要作用。不同时期的修理改造和增补，使它具有历史的延续性与不同时代风格的综合性，历史人文景观特别丰富，这是中国各类风景地的突出特点，也是邑郊理景的特点之一。

4.2 江南邑郊理景的类型

对邑郊理景进行分类研究，可以总结同类型风景的成因和发展特点，为今天保护、重建一些有特色、有价值的传统邑郊风景点提供有益的参考。

风景是人为开发与自然环境相互作用的结果，其特质就在于人文景观与自然景观的结合。因此，可以根据人所施加的作用以及自然条件的特点来对之进行综合分类。这里，我们把江南邑郊理景分为六种类型，即：宗教山林理景、城邑治水理景、名人效应理景、开山采石理景、登高远眺理景及综合理景。由于风景的兼容性特点，每一种类型的景点除了它主要的、标志性的特性外，还往往包含一些其他方面的特性。

4.2.1 宗教山林理景

这是一种以佛教寺庙或道教宫观为主要内容而与自然山林有机结合的理景类型，其中佛寺山林所占比重较大，几乎所有著名邑郊山林风景，都有或曾有佛寺占据。谚云："天下名山僧占多"，江南也不例外。而佛寺的开发与经营也往往推动风景的开发。

对于佛教徒来说，一方面需要有一个修炼悟禅的清净场所，另一方面又要靠施主供养以维持其生计和佛寺的运作，这样，邑郊山林就成了理想的建寺地点。这里既有山林泉石之美、超尘出世之境，又靠近城市，交通便捷，上至达官贵人，下至一般庶人，都可就近来礼佛、参拜、施舍。所以，佛教虽然标榜隔尘超凡的出世境界，其实是无法脱离社会的物质供给而达到真正的出世的。

至于庙宇的选址，除了上述两点之外，还有一个极为重要的条件就是水源，山无水不活，僧无水也不能活。生活用水的保障是寺庙立足的根本条件之一，因此，必须选择有泉、有溪、可池、可井的地点建寺。例如无锡惠山寺有众多石泉，扬州大明寺有"天下第五泉"，杭州灵隐寺有冷泉等。

寺庙的布局民间有所谓"寺包山"、"山包寺"之说。

所谓"寺包山"，其实就是山体很小，寺的塔、阁布置在山巅，其余殿堂、僧房、斋厨等依次布置在山腹山趾，从而形成寺庙被覆山体的格局。镇江金山寺、扬州观音山、南通狼山广教寺等都属这类实例。又如苏州虎丘，在苏州城西北 3.5 公里处，远望是在平地突起的一座小丘，高约 30 余米，云岩寺由山下的头山门开始，经二山门、千人石（殿门、大殿已毁），而止于七层宝塔。全寺轴线由山门曲折而上贯穿整个山丘的南坡。由于山小，所以当地有"寺中藏山"的说法。古人也用"塔从林外出，山向寺中藏"的诗句来描写虎丘的特色。其实这里所用的"寺包山"遣字并不十分确切，只是一种形象化的说法而已，因为山的体量再小，也不可能被建筑全部包起来，而只是覆盖了它的一部分。

　　所谓"山包寺"，就是山体气势博大，岗岭连绵，寺在山中只占其一谷或一坡。这类寺庙占山寺中的多数，如南京灵谷寺、栖霞寺，无锡惠山寺，杭州灵隐寺，滁州琅琊寺等。对于山中的寺院来说，其布局的原则首要的是根据地形取得最好的景向，以南为贵的朝向在这里并不占主导地位。因此，门殿朝南者有之，如灵谷寺；朝东者有之，如惠山寺、琅琊寺；朝西者有之，如栖霞寺；朝北者有之，如镇江高资香山寺（已毁）。这些寺庙之所以朝向不定，都是采取了"背山面旷"原则的缘故，即背倚山峰，面朝开阔辽远的视域：或是平畴沃野，远山如黛（灵谷寺）；或是居民街市，鳞次栉比（惠山寺、栖霞寺）；或是炊烟处处，长江如带（香山寺）。用风水理论来诠释就是"龙脉旺"（即山脉连绵，其势辽远；林木葱郁，植被繁茂；水源充沛，宜于居止），"明堂宽"（即是寺庙所占基地开阔，一般都选择较平坦的坡地，易于布置门堂殿宇及僧人生活用房），"前庭阔"（即是寺前视野开阔，登高而望，可以极目千里）。其中琅琊寺的基址又不及以上各寺，因其所处地势较为局促，基址不够开阔，其"气"（形势）也就差多了。不过，佛教最初是不信风水的，认为佛法无边，什么灾难都不敌佛祖的法力，区区风水造成的灾患又何足挂齿？可是后来佛、道、儒日益同流，佛教世俗化也愈演愈烈，趋吉避凶的风水观念终于战胜佛祖的领地而成为佛徒们的信条。有些和尚道士还精通风水，并据之以布置寺院格局。

　　上述诸寺选址都在山趾或缓坡上，一般都有开阔的基地，方便的交通，与居民区距离较近等特点，故能成为城邑居民经常游览之地。南京有"春（游）牛首（山），秋（游）栖霞（山）"之谚，说明这两处近郊山林佛教圣地，已成为市民传统游览地。这些寺庙都已不是孤零的宗教礼拜之处，在其周围有许多景点环绕、配合，形成一种内容多样的名副其实的游览区。

4.2.2　城邑治水理景

　　水利对一个城邑来说关系到全城居民生命安全和日常生活的大事，是一件功利性极强的城市基本建设工程。所以古代的地方官都十分重视城邑的城濠、市河、郊湖的整治。

　　例如杭州西湖，古有明圣湖之称，但中唐以前，"华艳之迹，题咏之篇，寥落莫睹"[6]。中唐时，李泌守杭州，"悯市民苦江水卤苦也，开六井，凿阴窦，引湖水以灌之"[7]，以便民汲；白居易则重修六井，甃涵通笕，以蓄泄湖水，溉沿湖之田，并自序云："每减湖水一寸，可溉田十五余顷；每一夏时，可溉五十余顷。此州春多雨、夏秋多旱。若堤防如法，蓄泄及时，即濒湖千余顷无凶年。"⑧宋元祐五年 (1090 年)，苏轼守郡，认为"杭州之有西湖，如人之有眉目"，力主治理西湖，膏泽百姓。他上书言五点"西湖不可废"的理由，中心意思在西湖对于城市之经济、交通等方面的作用，于是浚治湖河，又用葑湖泥筑苏堤，以通南北。"自是西湖大展，至绍兴建都，生齿日富，湖山表里，点饰浸繁，离宫别墅，梵宇仙居，舞榭歌楼，彤碧辉列，丰媚极矣"⑨ (图 4.1)。

绍兴镜湖，在城西南 1.5 公里处，系东汉太守马臻发动民众筑堤蓄水，总纳山阴、会稽三十六源之水为湖，横亘 80 公里，周围 179 公里。湖高田丈余，田高海丈余，旱引湖水溉田，涝泄田水入海。可溉田九千余顷，在蓄泄、灌溉、交通、养殖等方面，作用巨大，使古越泽国黄茅白苇之地变为稻麦丰熟的良田沃土，百姓大得其利⑩。另一方面，这一水利工程也造就了镜湖成为水面风景的条件：广阔的湖面，湖水清澈如镜，远山层峦叠翠，舟楫比肩争流……一派迷人风光！于是有了"山阴道上行，如在镜中游"，"人在镜中，舟行画里"⑪的环境感受。

南京玄武湖，在城北，因北方为玄武神的方位，故有此称。它是在西面筑堤堰钟山诸流之水而形成的人工湖。堤在明初筑城时已成为城墙的一段，即今玄武湖西岸城墙。金陵地濒长江，水源丰沛，但城市宫室基址较高，城濠用水、宫苑用水均有赖于玄武湖供给，宋王安石守金陵时，虽曾废湖为田，但元代以后又予恢复。明初曾在湖中岛上贮放"黄册"，成为庋存天下人口田赋名册的国家档案库。清末，这里才成为近郊游览地。

嘉兴南湖，也是一方之地赖以灌溉的蓄水湖，上承天目山苕、霅二溪之水，下泄于黄浦江。五代时，中吴节度使广陵王钱元璙在湖滨筑台构楼作为登眺之所，取名为"烟雨楼"，后毁。明嘉靖中知府赵瀛浚治城河，将余土填于湖中为岛，并于岛上建烟雨楼，遂成一方胜景。

由此可见，江南邑郊以水为主的风景环境的形成，不少是由治水引起的，再和理景结合并施加各种人工要素，如堤、桥、岛、楼阁亭台、花木等。这种以大面积水面形成的景观最大的长处是开阔、磅礴，即是柳宗元所称的"旷"境特色。站在湖边，看到一碧无际、清澈见底的湖水，或是疾风骤雨，白浪排空，或是明月当空，微波不起，可以领略湖上各种情趣。但最大弱点是缺少层次，缺少曲折，也即缺乏柳宗元所说的"奥"的境界。因此，岛与堤两者就成了重要的理景手段。杭州西湖有白堤及苏堤，嘉兴南湖有烟雨楼所在的湖心岛及仓圣祠所在的小屿，南京玄武湖有梁洲、樱洲、环洲、翠洲、菱洲五岛。再在岛上建楼阁亭台，堤上建桥、亭等建筑物，植柳、桃等花木，以达到分隔湖面空间、增加层次、丰富景面的目的。这些都是十分成功的经验，以至清乾隆游江南后，把西湖苏堤的办法搬到了北京清漪园 (即后来的颐和园)，在昆明湖中筑起了西堤，建造了六桥；在承德避暑山庄中也仿建了烟雨楼和长堤。

4.2.3　名人效应理景

在江南，有一种理景与前代名人在此游憩、题咏或居止、瘗埋相联系，后人仰慕前贤，历代有所兴作，遂成风景名胜地。绍兴兰亭，原是王羲之等41人在一处普通山边小溪修禊、赋诗的地方。由于王羲之是我国的"书圣"，中国书法的大宗师，他那次为修禊诗篇所写的《序》，是我国书法史上最贵重的墨宝，曾为唐太宗收藏，后又随之殉葬，因而此人此事在历史上被每个时代的文士墨客所追慕。而兰亭也因此而屡毁屡建，长存于世，迨及现代，已成为中外书法爱好者的朝圣之地。论自然风景，这里算不上一流水平，既无山之奇秀，又无水之浩淼，但竟能闻名于世者，均有赖于名人的世代流传。再如滁州琅琊山，山不高，水不丰，而中外华人慕名前往者络绎不绝，原因是欧阳修的《醉翁亭记》，几乎没有一个有文化的中国人没有读过此文而又不被其所感染的，醉翁亭因此成了举世闻名的邑郊风景点。当年欧阳修描述的醉翁亭是："峰回路转，有亭翼然，临于泉上者，醉翁亭也。"他还命幕客去醉翁亭周围种花，要求做到："浅深红白宜相间，先后仍须次第栽。我欲四时携酒去，莫教一日不花开。"⑫每日有花开当然很难办到，他的要求有点过分，但至少说明醉翁亭周围有四季花卉可看，而亭本身又是紧靠酿泉或凌架于泉上的。可是现存的醉翁亭已是20世纪50年代所改作，亭围于层层院墙之中，与酿泉截然分开而无任何直接关联，至于四季花卉更谈不上了。尤有甚者，目前大小客车可以直达醉翁亭院墙外，亭前是停车场和各式摊贩布列于道路两旁，欧公所描写此亭的种种天然意趣，已荡然无存。今后应从风景区规划的层面来解决停车问题，恢复醉翁亭当年意境。

南京的莫愁湖，原在长江水域之中，自六朝以降，江水外移，这里就淳而为一片水面。北宋以后，逐渐成了金陵名胜，在玄武湖开放以前，这里是南京第一名湖。所谓"莫愁"，梁武帝萧衍的《河中之水歌》有云："河中之水向东流，洛阳女儿名莫愁。莫愁十三能织绮，十四采桑南陌头。十五嫁为卢家妇……"以后历代文人也有所记述，而梁武帝此歌流传最广，影响最大。相传莫愁是南齐时人，远嫁江东富户卢家，婚后丈夫从军奔赴前线，久无音讯，遂投水死。后人为纪念她，名之为莫愁湖。这个美丽的民间传说，使莫愁湖成了南京著名的邑郊景点。后来，这里又有徐达与朱元璋下棋的故事，因徐达胜棋而得恩赐此湖，楼也因此命名为胜棋楼，为莫愁湖又增添了一份新的名人名事内涵。

绍兴禹陵，则是因中国历史上第一位治水伟人的墓地所在而成为风景名胜地。《史记·夏本纪》载："禹东巡狩至会稽而崩。"《汉书·地理志》云："会稽山，在（山阴）南，上有禹冢、禹井。"后会稽山又被定为南镇山。历代在禹陵均有修建，原有陵殿、禹祠等建筑，现仅存禹陵碑亭。在禹陵的右侧，还建有禹庙，此庙初建于南朝萧梁时期，现存建筑为清代及民国时重建,轴线自南至北依次有照壁、午门、拜殿、正殿及左右配殿,地面依山势逐步升高。庙与陵两者组合成一组建筑群体,是绍兴郊外的著名游览地。

南京东郊的钟山风景区可说是江南邑郊名人理景中最突出的例子,因为这里同时埋葬着明代开国皇帝朱元璋和近代民主革命先行者孙中山,两大陵墓占据了钟山南坡的很大一部分面积。尤其是中山陵,因在海内外的巨大影响而使这里成为举世闻名的风景游览地。

中国有句名言:"山不在高,有仙则名;水不在深,有龙则灵。"风景中的名人就是"仙",就是"龙"。名人效应以及与之有关的传说、故事,可以使那些本来并不出色的景观,增添许多闪光色彩,变得格外动人。无疑,这是一种宝贵的风景资源(即所谓的人文景观资源),这种资源在我们这样一个历史悠久的文明古国,可说是比比皆是,每个城市几乎都可举出若干例子来。我们应该利用好这种资源,使我国的风景建设更有民族特色。

4.2.4　开山采石理景

这是一种颇能引起人们的兴趣并且很有借鉴意义的理景方法。

当前各地都把开山采石当作一种产业,纯粹从经济利益出发:开采的石料可供工程使用,或供高炉炼钢……开采者也从中获得了一定的利润,同时也为社会增加了就业机会。石料开采光了,这里也就变成一个无人过问的废石塘或废遗址,从来没有人想过在开山采石过程中可以形成优美的山水风景,为城市和广大居民创造出一片可供游乐的好去处。可是,这一个现代人没有办到的举措早在二千年前汉代的浙江绍兴就开始有计划地进行了,而且还创造出了东湖、羊山石佛寺、柯岩、吼山等一批令人叹为观止的奇妙景观。

绍兴东湖,原为一座青石山。从汉代起,这里即为采石场,以后代代采石筑城,使山一侧形成百丈峭壁悬崖,迤逦数百米;崖下凿为深水塘,潴水成湖;洞窟幽深,大者如"仙桃"、"陶公"二洞,可容舟入,仰观岩高数十米,如坐井中。"仙桃洞"状如仙桃,口小内大,壁上刻有"桃三千年一开花,洞五百尺不见底"。及至清代,绍兴知府陶心远见其地崖峭壁陡,山岩合抱一湖碧水,气象幽肃,颇可玩味,遂筑堤数百丈为界,堤内为湖以资游览,堤外为河可供通航,长堤遍植绿柳红桃,建石亭书楼,置别业其上,名曰"稷山草堂"。又在湖上架横跨,使狭长的湖面富于变化和层次感,遂使东湖成为一方之胜[⑬](图 4.3、图 4.4)。

羊山石佛寺,在绍兴城北约 15 公里。隋开皇年间(581—600 年)于此山采石筑城,

图 4.3　绍兴东湖鸟瞰

图 4.4　绍兴东湖长堤及峭壁俯视

留下高十余丈临潭壁立的孤岩，后人于此岩上凿成高三丈、阔四十步的石壁，又在其内凿出石佛一尊。隋大业年间（605—617年）即依岩建寺，以供石佛。寺周碧潭环绕，水深莫测，山水相映。寺内石径蜿蜒，大佛端坐，氛围幽绝。从远处眺望此山此寺，犹如一座天然石盆景[14]（图4.5、图4.6）。

绍兴柯岩，在绍兴市西12.5公里。此处原为石山，开山采石特别留下孤岩一柱兀立云表，高十余丈（疑为原山高），下窄上宽，犹如塔幢，顶端又叠堆石块如宝顶，怪异奇绝。清代摩崖石刻"云骨"二字于其上，这就是著名的"孤峰云骨"，所谓"万匠削不尽，一柱空中全。想彼断鳌足，立极撑青天。"[15]云骨对面，旧有"大佛寺"，寺内利用采石留下的岩壁凿大佛一座，依岩筑寺。石佛之西，有"蚕花洞"，历来取石成荡，岩壁孤峭，潭影清冷，入内只见一线天空。再向前，有一巨大峭壁（采石凿遗），上刻篆书"柯岩"二字，系清人所为。绕过峭壁，就是"七星岩"，石岩嵌空，合北斗七星之数，岩外夹壁如门，岩内分列东西石荡，"冷逼幽禽语，危催警句成"[16]。游人至此，如作探奇冒险之行（图4.7、图4.8）。

绍兴吼山，也是千年采石而成的险峻奇特石景（图4.9）。山在绍兴市东13公里，遗留在采石现场的有两块上大下小、凌空兀立的巨石，较大者称"云石"，顶上又覆盖着椭圆形巨石，高耸入云；较小者称"棋盘石"，顶上又托三块怪石，似有摇摇欲坠之势，险怪有趣。又有"烟萝洞"，明人袁宏道《吼山》一文写道："吼山石壁，悉由斧凿成，峭削百余仞，乍见亦可观。山下石骨为匠者搜去，积水为潭，望之洞黑如墨汁，深不可测。每相去数丈，留石柱以支之。上宇下渊，门阈洞穴，窈窕纡回，雨后飞瀑缀帘而下。余等自外望，兴不可遏，呼小舟游其中，潭深无所用篙，每一转折，则震荡数回，舟人皆股栗。因停舟石壁下，观玩良久。"

鉴于此类风景的特征及形成过程，我们似可更深一步研究其开山采石理景之意义：

其一，前人对石之认识，由于传统建筑的木构架体系，石之应用仅在台基、柱础及城墙等工程上，因而大规模开山采石获得建材的例子并不多。我们也较少了解前人对石之认识及采石技术等方面的情况。浙东绍兴周围的这几处石风景环境，不仅有助于我们了解当地建筑之地方性风格，也说明了前人对石之认识极深刻，即东湖等处峭壁悬崖，均系按石之自然层理方向切割、剥凿而成，是用钎、斧等简陋工具开采的最省时省力、又可获得较好建材的方法[17]。在这类石环境中建构理景，也应遵循石之节理缝和层理面，使建筑与环境融洽相处，如东湖于绝壁之上建屋；吼山于两夹壁之上构成石景，周边均陡崖，与环境之险峻相协调。

其二，前人对石之审美有独到和令人深思之处。金石书画，无不与石相关。而对石欣赏之历史，至少可上溯至六朝梁武帝大臣到溉。后经历代爱石士人如唐朝牛僧孺、李

图 4.5　绍兴羊山石佛寺
（建于人工采石遗留的孤岩之前）

图 4.7　绍兴柯岩在采石遗留的石峰上镌雕佛龛

图 4.6　绍兴羊山石佛寺

图 4.8　绍兴柯岩采石所留石峰——"云骨"

图 4.9　绍兴吼山采石所遗石景

德裕，宋代苏轼、米芾等大加阐发，渐渐形成了一套独特的品石标准，以奇、险、怪、丑为美。大凡石景，若不能占四者之一，便不值得欣赏玩味了。由此而论，则东湖、吼山等处之幽洞、奇石、深涧等，均系这种观念下有意凿遗的。

其三，前人对自然之态度，认为"石令人古"。自然山石在开采后经一定时间外力侵蚀和自然风化作用，会重新呈现古朴风貌。在采石时若能认识到这一点，匠意独运，巧加斧凿，整理开采出来的洞壑崖壁，会使人重新领略到自然山石景观的意韵，即所谓"知不是天造，良工匠意成。千年云气老，七日混沌生。"[18]东湖等处的石景就是这种人工造成的如天成地设一般的自然境界。

再看今天，利用现代技术大规模开山采石，一味地破坏自然，破坏风景，仅仅想到"掠夺"自然资源，却不考虑其后果的现象比比皆是，对比之下，这类理景方式就显得尤为可贵。问题不在于是否大规模地开山采石，也不在于如何开采，而是在于人们思想上是否有长远的、系统的考虑，多为后人着想。像绍兴东湖蓄水成湖，出现一处山水相依的风景环境；石佛寺依岩筑寺，成为寺庙风景；吼山、柯岩俱怪石兀立，幽洞峭壁，令人兴不可遏，都是基于有意地斧凿遗留。应该说，这些古人留下的佳例是具有很强的借鉴意义的。

4.2.5 登高远眺理景

登高望远，视域开阔，能使人产生"一览众山小"的豪迈心情，非其他一般景域所能达到，因此中国自古以来就重视这种理景方式。从最早的台，到后来的楼、阁，从重阳登高到山上设亭、建塔，都是为使观者高出于林表、烟云之上，极目千里，一畅襟怀。柳宗元在谈到游览时把风景分为"旷"与"奥"两类，对于"旷"一类的风景，可以"因其旷，虽增以崇台延阁，回环日星，临瞰风雨，不可病其敞也。"（《永州龙兴寺东丘记》）。就是说，为了欣赏"旷"的景观，视域越开阔越好，视点也越高越好，即使高到日星环绕、俯瞰风雨也不为过。从这种欲望出发，就产生了历史上许多著名的楼阁台榭和塔宇，使无数风流韵士和凡夫俗子都以一登为快。从而也出现了像王勃《滕王阁序》、范仲淹《岳阳楼记》这些脍炙人口的描绘登高远眺景观的名篇。"江南多临眺之美"（韩愈语），这种理景场所也就自然多起来，临江、临湖者，倚郭、倚市者，据城、据丘者，往往而是。像著名的"江南三大名楼"，就都是据城而临江者。南京雨花台则是据丘而临郊者。"天下第一塔"金陵报恩寺琉璃塔则是倚郭而俯市者。这种眺望的特点是平视、俯视，所见或是"上下天光，一碧万顷"，或是"风帆沙鸟，烟云竹树"，或是"远山如黛，平畴千里"，都是一些极能快人心意的景色。

扬州平山堂位于扬州西北郊 2 公里处的山丘"蜀岗"之上，这里虽然高出扬州市仅二三十米，但在当地已属岗阜突起之地，故欧阳修为扬州太守时看中此岗，建立堂宇，用以接待过往宾客。从这里远望江南，诸山拱揖槛前，若与堂平而可以攀登，所以取名"平山堂"。欧阳修有词曰："平山栏槛倚晴空，山色有无中"，说的正是远借江南诸山。在平山堂东面大明寺内又有一楼三层，也是登高望江南诸山之处，取意宋画家郭熙语"自近山而望远山谓之平远，平远之意冲融而缥缈"[19]，名为"平远楼"。至此楼中，可感受到"飞槛凌虚，俯视鸟背，望江南诸山，犹历历如画"的情景[20]。

无锡黄埠墩，在运河中流。据传说为夫差当年"楼船鼓吹游宴之所"。清康熙、乾隆各六下江南，每游必至此。这仅是一个面积 220 平方米的小圆土屿，上有阁楼亭榭，垂杨掩映。登"文昌阁"，惠山九峰环列，风帆片片，是远借锡山、惠山和运河风光的好去处。

扬州三塔湾，在市南 500 米，即古运河入江水道弯曲处。因从扬州至长江必经此湾，转折之间，在船中可以三次见到此塔，故称三塔湾。相传鉴真当年东渡传法，即由此上船。其周围河道纵横，地形平坦有余而高显不足，因而"风水"要求在此建塔。从文献及实地调查来看，文峰塔的建立，并无宗教意义，乃是为过往船舟导航，并作为水路来扬州城的标志。"斯塔扬州之表也，财赋兴焉，人文起焉，都仰于此。"[21]取名"文峰"是借塔之高耸以兴文运[22]。从理景角度看，"风水"建塔意在补充山川环境之不足，其实就是远借理景：八面七级的楼阁式宝塔，飞檐翘角，巍然耸于云表；一到夜晚，点起层层灯火，颇为壮观。登临塔上，山色苍茫，房屋鳞次，千帆竞渡，尽收眼底，视域十分广阔。

由于远借理景意在"高"、"旷"，因此还需解决旷有余、奥不足的问题，即增加一个相对隐奥的场所，使空间环境有所变化，求得心理上的补充；同时，以人工之楼、塔矗立于平阔的自然环境中，难免过于孤立突兀，因此，这些隐奥场所通常选择在楼、塔之前后周围，既能解决这种人工与自然生硬接触的矛盾，又能反衬楼、塔之高大，登眺之旷远。如滕王阁周围有"压江"、"挹翠"诸亭组成的隐奥小环境，黄鹤楼有环廊与连庑。黄埠墩上，除文昌阁较为高耸外，"环翠楼"、"水月轩"等都较低小，掩映于花木中。

4.2.6　综合理景

顾名思义，这是一类由数处前述理景类型"综合"而成的风景环境。在这类风景中，各类理景一般是相互独立的，只是因自然地理因素而凑合在一起，成为人们一次游观的对象。不论构成这类风景环境的各种理景在规模、质量上是否已成为独立的风景，不论它们之间有无必然的联系，而是它们共存于同一自然大环境中，不分尊卑、主次，互相因借。由于此类理景所处自然环境较佳，即山即水，亦旷亦奥，地域广阔，使各类相互独立的景观能够按照其各自的特征治理成景，并且融洽于统一的自然环境之中。在这类风景中游览，人们亦可"见仁见智"，选择不同的游览路线，侧重于环境中的不同方面。在江南邑郊理景中，下列实例可归入此类，如扬州蜀岗、无锡锡山与惠山、芜湖神山、贵池齐山等。

扬州蜀岗，位于城西北 2 公里，是一道蜿蜒起伏的山岗，号称扬州诸山之首。蜀岗自古即为游赏名胜地，曾是汉城、唐子城的所在地。蜀岗"三峰突起"：东峰最高，为功德山，山巅建观音寺，系一种选择险峻地点而建寺的"寺包山"型理景。当地习俗，二、六、九月为观音圣诞，逢彼时，"游人如织"，热闹非凡。中峰有大明寺、平山堂等。大明寺始建于刘宋时，现寺为明万历年间（1573—1619 年）于原址重建。寺依山势，自山麓山门始，分为三进，轴线贯通，止于山巅"栖灵塔"。平山堂在大明寺西侧，一墙之隔，月门相通。在大明寺东侧之"鉴真纪念堂"，是今人为纪念鉴真大师而设的一组建筑。平山堂西，是清人所建"西园"，高阜建园，开山凿池，垒石蓄水，野趣盎然。园自成一区，风格也自成一体。蜀岗西峰，山巅有"五烈祠"、"司徒庙"等，也是依山远借的理景方式。

无锡锡山与惠山，在城西 2 公里。锡山作为邑之主山，高仅 74 米多，形体卑小，缺乏明显的特征和象征意义，而其顶"平阔如掌"，人立于山巅，受到树木和西侧惠山的遮挡，无法远观。因于明代附会"风水"而建石塔一座，后改为空心砖塔㉓，即作为无锡的标志，提示由远方南来的过往船只，又是登临远眺的最佳场所，"每逢佳节，窗悬一灯，灯光点点落溪湖中"，由船上望，如火树银花；登塔而望，家家灯火亦如火城㉔。天气晴朗时，于塔上远眺，万顷太湖，烟波浩渺，运河蜿蜒于脚下，船舟争航其中。惠山九曲九峰，势如游龙，环列于锡山之西南面。其理景活动主要集中在惠山寺、第二泉、寄畅园等处。惠山寺依山构筑、渐进渐高，气势壮观。唐代皮日休《惠山听松庵》诗曰："千叶莲花旧有香，半山金刹照方塘。殿前日暮高风起，松子声声打石床。"显然，寺之选址及理景，是属于灵隐寺之类山林佛寺的方式。第二泉泉水甘洌，相传唐人刘伯刍品定为天下第二。后人因之于此临泉题咏赋诗，大事构筑亭榭，使周围渐围成一处以泉为中心的安谧幽邃的环境。皮日休诗："丞相长思煮茗时，郡侯催发只嫌迟。吴阊去国三千里，莫笑杨妃爱荔枝。"这是指牛僧孺在长安为相，仍取惠山泉水煮茶的故事。苏东坡亦有"雪芽为我求阳羡，乳水君应饷惠泉"之句，俱是对惠山泉水的赞美之词。锡山、惠山之间，有两座别墅园林，一是愚公谷，一是寄畅园。这类私人别墅理景，在江南邑郊也很多，如前述鉴湖有陆游之"快阁"，东湖有"稷山草堂"等。其共同特点是特别重视利用自然环境。愚公谷，为明邑人邹迪光别墅，以山为障，引水为沼，亭阁楼台无不"见山见水"，邻借自然景色。邹迪光自传曰："夫屋宇成于人者也，山水本于天者也，吾园成于人而实本于天者也。本于造化，终当还于造化。"[25]至于寄畅园，则"其最在泉，次石、次竹、花、药、果、蔬，又次堂、榭、楼、宇、池筑"[26]（见本书第2.3节名园选录）。

显然，综合理景，并非如上述几类那样是一种独立的理景方法，而是集各种理景于统一自然环境中而形成的。它突出地表现了邑郊风景公共性的特点，在总的因借于自然环境的前提下，各有特征的理景手法并用，为人们提供了更多的机会来欣赏不同的风景。

4.3　江南邑郊理景的手法研究

尽管江南邑郊风景类型多样，各具特色，但也有一些基本的共性的理景手法。下面，择要加以论述。

4.3.1　因借增减，全天逸人

"因借增减，全天逸人"是我们对江南邑郊理景中人们如何利用自然山水来创造风景所作出的基本概括。前四字是理景的方法，后四字是理景的目的。

所谓"因"，对邑郊理景来说，不仅是因其地，因其材，而且是因之于整个环境，因山而成山地风景，因水而成水域风景。从以上对江南邑郊理景的分类也可以看出，各类理景，虽然是由人的主观作用于自然而形成了诸多特征，但人的作用是基于自然条件的，人为的加工是有限的。"因"之得法与否首先取决于选址，选择在什么地方、在哪些地点加工才能较好地突出自然山水特征，提纲挈领地让人领会自然山水风景美，这是关系到全局的一着。"因"的成功与否还在于巧妙顺应地形地貌，恰当利用原有景物，使之有充分显示其特性与本质美的机会。这就需要对景区内的各种要素（包括水体、山石、植物、文化遗存等）进行深入考察，了解整个环境的特征；再在尊重自然、尊重历史的前提下进行人为的治理。这样的理景方式不致作出扭曲风景本质美的盲目诠释和单纯为追求功能目的与某种低格调效应而破坏整个环境气氛。在这方面，江南传统邑郊理景所积累的经验以及值得借鉴之处可谓多矣，绍兴东湖、柯岩、石佛寺等是其中最杰出的例子。扬州瘦西湖也因巧妙利用旧城河建成风景名胜区而形成其为"瘦"的特殊风貌。如无"因"城河这一着，"瘦"也就无从产生。正是这个"瘦"字，曾使好作出巡的乾隆皇帝为之倾心游览；也是这个"瘦"字，使风景区名扬天下，并在今天得以成为国家级风景名胜区。至于风水中为了振兴当地文风而在河湾、山巅建塔，虽然其所据理论不足信，但其景观效果足以令人侧目。扬州三塔湾和无锡锡山龙光塔，都不能不令人感佩其选址之妙、"因"道之精。而在山与寺之关系上也是充分顺应各自地形特点，"山包寺"者多取形势环抱、气势"聚"而不散、有泉有溪、树木茂密之地。其实，这几个因素不是孤立的，而是有其内在联系的：气聚则水聚，水聚则林茂；反之则童山濯濯，当然不宜于建寺了。而"寺包山"者，多为小山，山上无水，从山下提取亦非难事，故过去虎丘山上飞桥有井眼二孔，可吊剑池之水。至于"因"城邑治水之功，加以美化，使之成为市民就近游憩之所，更是十分成功的办法，杭州西湖是其最精彩的例子。由此可见，"因"是邑郊理景的第一要义。

所谓"借"，即是借景。一般地说，"借"是"因"的条件之一，如人们往往选有景可观处构屋筑亭，即可说明"因"乃为了借。瘦西湖"L"形转折处湖岸上，有一处楼阁"四桥烟雨"，不论从南而北，还是由西向东，它都正处在视线的焦点上，并且是纵览瘦西湖精华部分的要址。登楼远眺，阳光下白塔晴云，四桥（五亭桥、长春桥、小虹桥、春波桥）历历在目；阴雨时的四桥飞跨烟雾里之境界，又别有一番兴味。而从另一角度说，"借"则是"因"环境而来的，例如远借，即因环境平阔寥廓足资借赏而采用的一种理景方法。另外，那种倚崖构筑、选择险峻山地建屋的做法，如杭州韬光寺与东湖之"稷山草堂"等，都由于环境之奇险而获得俯临周围、超然出世的意趣。可见，"借"必须基于环境的良好条件。

所谓"增"，即在自然环境中增加人工作为。风景"理"的过程，实际就是在自然中增加人为因素的过程。但"增"并非盲目的，而是因于风景中的自然环境并注意对环境的影响而增。唐代元结《右溪记》记述了他经营一处邑郊风景的例子。在描写了右溪自然环境幽美"不可名状"之后，他又说"乃疏凿芜秽，俾为亭宇，植松与桂，兼之香草，以裨形胜。"[22]所谓"裨"，意即补益，增添好处。可见，这种"增"即是一种"补"——补自然形势之不足。

江南邑郊理景中，那种在平地、低山或较平直的山巅处构筑塔、亭等的方式，都是一种"裨形胜"的作用。

南京九华山（覆舟山），六朝时为宫城屏障，前望宫城，后临玄武湖，环境极佳。明代傍山建城墙，遂使这一高仅 60 余米的小山，失去了形象特征。后建塔于山顶，虽造型施工都较差，塔内又无楼而无助于登高，但它却很好地突出了九华山，完整了它的风景形象。无论从玄武湖，还是自城墙内，塔俱有一种标识作用，使人观而知山之风景所在。南京栖霞山西峰建有"碧云亭"，也是基于对西峰山顶较平直的补充作用，使之富有起伏，从而更具良好的视知感觉。

所谓"减"，即在于对一些不如人意、妨碍自然美的杂乱秽恶的剔除。如元结的"疏凿芜秽"即是"减"的作用。再如柳宗元记述其在永州治理钴鉧潭西小丘，"即更取器用，铲刈秽草，伐去恶木，烈火而焚之。"从而"嘉木立，美竹露，奇石显。由其中以望，则山之高，云之浮，溪之流，鸟兽之遨游，举熙熙然回巧献技……则清泠之状与目谋，瀯瀯之声与耳谋，悠然而虚者与神谋，渊然而静者与心谋。"^㉘可见，"减"在理景时也有重要意义。

江南邑郊理景中，几乎无一例外都有"减"的过程，像"天下第二泉"一类疏凿泉溪的"减"自不必说，而要"增"，也须先减去许多不必要的自然物，以利成景。值得一提的是，像绍兴东湖等开山采石理景，似也可算是对自然山地"减"得成功而形成风景环境的例子。东湖、吼山等先前不过是些高不过百米的小山，这在山岭起伏纵横的绍兴周围，实属平常。但前人开山采石有意在"减"中形成峭壁深潭、怪石阴洞，从而使这些地点突出出来，成为一些引人入胜的场所。

"减"的意义在今天的风景建设中尤为重要，因为现在的风景环境中"增"进了过多的、不必要的人为因素。适当搞一些服务于游人的设施是应该的，但此类设施应巧"因"环境，即在不破坏自然山水风景的情况下来设置。而现在许多风景区中，真山上堆假山，餐厅、办公用房、照相摊点甚至饮食摊贩和一些不堪入目的东西，往往占据一些风景极佳的场所，使风景区变得不伦不类。因此，使用减法减去秽恶之物，是当今风景建设中值得提倡的举措。

当然，"因借增减"并不是各个独立的因素，在某一具体理景中，可能较偏重于某一方面，但一般都是各种因素共同作用于山水风景的。这里，"因"是最基本的，无"因"不成邑郊理景。但只"因"不"借增减"，则只是听任一种"纯自然"状态，也不能称为理景。所以，理景就是因而借、因而增、因而减的过程。"因借增减"也即理景的全部内涵。其实，柳宗元那段话，也已表明了这种意思，"望其地，且异之"是对自然山水的发现、选择；"伐刈疏凿"即"减"；然后是因旷而增，因奥而增，这就是他的理景的方法和过程。

既然邑郊风景与园林的根本差别在于前者是真实自然山水，后者是人造的"有若自然"环境；那么，对自然环境的态度，就是二者理景的最大区别所在。园林也讲借，计成说："园虽别内外，得景无拘远近，晴峦耸秀，绀宇凌空，极目所至"都可以借^㉙。江南私家园林，即有许多远借外景的佳例。园林也讲"因"，计成说："园林巧于因借，精在体宜"，即"因"是为"精而合宜"、"宜亭斯亭，宜榭斯榭，不仿偏迩。"^㉚可见，园林之"因"是出于改造环境，高处堆山，低处凿池，可使建园省工省时。所以，我们说园林无所谓"增减"，因为这里所说"增减"是指在原有地形地貌基础上不改变环境秩序的加工，而园林是重新创造环境，"增减"就无从谈起。但园林和邑郊风景的"借"，在性质上是一致的，这大概是二者作为传统理景艺术的一个共同特征了。

"因借增减"的目的是要"全天逸人"。全天就是要保全景色的天然真趣，人为加工只能起到画龙点睛的作用，为山水林泉增色，而绝不能使之受到损害，否则就和风景建设的根本目的相违背了。所以，"因"做得好，"天"也能保全得好。至于"逸人"，就是减省人力物力。唐代冯宿说过一段有关经营邑郊风景如何"全天逸人"的话，"经斯营斯，因地于山，因材于林，因工于子来，因隙于农闲。"[31]这里的"子来"意即百姓自愿出工。据此，则江南邑郊理景中如城邑治水理景、开石采石理景，是在完成某项工程后适当进行加工，既省人力又省物力，无疑是最好的"逸人"办法。

4.3.2　宜旷宜奥，旷奥兼用

柳宗元说："游之适大率有二，旷如也，奥如也，如斯而已。其地凌阻峭，出幽郁，寥廓悠长，则于旷宜；抵丘垤，伏灌莽，迢邃回合，则于奥宜。"[32]这是对自然景观特性的高度概括。确实，自然界无论何种风景，不外是"旷"与"奥"两类。"旷"与"奥"是相互矛盾又相互依存的统一对立面，没有旷也就无所谓奥，没有奥也就无所谓旷，两者不可缺一。当然，对某个单一的空间环境而言，可以以旷为其特色，或以奥为其特色，但对整个风景区而言，则必然有旷有奥，旷奥兼用。

"旷"的景色能给人以豪迈奔放、悠然遐想的感触。获得这种效果的办法就是创造"极目千里"的条件：一曰开敞；二曰登高。所谓开敞就是前无阻挡，不论是山顶、山坡或是江边、湖畔，只要前无阻挡，就可一纵心目，驰骋于四方虚空之间；所谓登高，就是超出周围的障碍，特立于林木屋宇或众山之上，前节所列登高远眺理景都属于这一类。苏东坡笔下的凌虚台就是平地起台高出于屋檐之上，从而使被阻挡的远山"为之踊跃奋迅而出"（苏轼《凌虚台记》），一改封闭壅塞而为旷远畅达。

"奥"的景色给人以深邃奥秘、变化莫测的感觉，可使人产生寻幽探奇的兴趣。达到"奥"的办法主要是围合、阻挡与曲折，使景观富于层次与深度，而决然排斥一览无余的情况出现。

但是在以自然景观为基础的理景中，无法人为改变山水空间的状态和次序，因此，把"旷"与"奥"艺术地（或是审美地）组织起来的办法只能利用游线（即游览线路）。

风景游线主要有两种：一是轴线，二是路径。轴线的计划性较强，需要明确的始终端点。在江南邑郊风景中，轴线的应用较困难，除了寺庙理景能以轴贯通始终成为组织风景的主导因素外，其他类型的理景，其环境空间通常只是局部采用轴线，更多的是通过较为随意、目的性较强的路径来组织。

就路径本身来说，多是对原始"路径"进行一番"纷者整之，孤者辅之，板者活之，直者婉之，俗者雅之，枯者腴之"[33]的剪裁整理，使之不仅"串联"各"旷奥"景观，达到"得景随形"、"自成天然之趣，不烦人事之功"（计成《园冶》）；同时，它本身也有旷奥显隐，在水域风景中沿岸设路及山地风景中沿脊设路，都是以给人"旷"的感受为目的的。但一般情况下，邑郊理景的路径多呈"奥隐"状态，这是基于奥隐往往能稳定人的情绪，并造成期待感，从而产生兴奋情趣。

综合江南邑郊理景游线的一些特征，可概括如下：

(1) 自然性。路径的高下、曲折依地形变化而随高就低，峰回路转。路径的材料来自当地的自然材料：石径、砂砾径、土径、草径或兼有。往往游线是一处风景总的自然形态的缩影。总之，在形象、质感等方面，路径与周围环境是趋于协调统一的。如东湖的登山路，依陡峭山势，凿石蹬使人攀缘而上，颇为险峻。而神山的路，则是平缓的草径，在林荫下蜿蜒上升，游人可优哉游哉地缓行。

(2) 目的性。如前所述，邑郊风景是面对真实自然山水展开的，所以，没有必要如园林那样，三步一曲、五步一折地人为造作，用以延长游览路线。邑郊风景中的路径，是在功能要求下让人尽可能便捷地到达各个风景点，减少人的疲劳乏味。因此，它的每一处转折、取势都有较强的目的性：减缓坡度、避开障碍、连接景点、指引方向等。

(3) 贯通性。贯通性即路径贯穿于风景中的各个主要景点，它引导人们经过"旷"、"奥"，而非从旁绕过。贯通性是目的性和自然风景的共同要求。像寺庙风景中，寺庙内部的道路设置，常是这种"穿过式"——即人们的前进方向多是依轴线从建筑堂中穿过，而非一般平地建寺，人们常从寺院主要殿堂的两旁绕开，经主殿与厢房间的道路前进。这主要是山地平整地形较困难、建筑场地狭促所致。

下面举安徽贵池齐山为例说明自然性、目的性与贯通性的具体表现。

贵池齐山，在城东南三里，系十余座高度相差无几的小山环列成的一处综合理景环境（图4.10、图4.11）。其中有高旷远借的"翠微亭"，也有开山取石而得的奇石幽洞[34]和齐山寺的佛寺山林理景。山最高者不过87米，方圆也仅几平方公里，奇岩怪石林立，幽洞沟壑遍布。旧时三面临水，以"翠微堤"通至山上，曾经有"江南名山之胜"和"盖九华之秀"的美誉。清姜文彪有诗曰："山离南郭两三里，景胜西湖六七分，彼以人工加点缀，此因天趣绝尘氛。无岩不是玲珑体，有石皆成皱瘦纹。最爱翠微亭上望，岚光连水水连云。"[35]这里，游览路径是以石质材料为主，就山势地形时上时下，迂回盘旋于各峰谷之间，以期能将各"旷"、"奥"都串联进去：自翠微堤起（旷），上"池阳胜概"

图 4.10　贵池齐山北面图（清《齐山岩洞志》）

图 4.11　贵池齐山翠微亭（晏隆余摄）

坊（原为楼，旷）→观音岩（奥）→仙人桥（旷）→翠微寒、响板洞（奥）→翠微亭（旷）→奇隐崖（有包拯石刻"齐山"及他人摩崖多处）→骧首石（旷）→青瑶岛（奥）→麒趾石（奥）→华盖洞、齐山寺（奥）→绣春台（最高峰，旷）→狮子洞等（奥）。这条游览路线几经起伏，几乎涉及了齐山的各个主要景点。"奥"者如"岩"、"洞"、"石"等，"秀石参差上下，圆锐翔伏，岩壑窈窈，愈探愈奇"[36]；"旷"者如翠微堤，"两旁澄湖如镜，溪山映发，使人应接不暇"[37]。翠微亭，既是齐山的象征，也是"下瞰陂泽及清溪，州治关其前，长江绕其外，最为临眺之佳境"。亭建于次峰之巅，系唐杜牧根据李白诗句"开窗当翠微"，在山巅建亭以为观赏之所，他的那首《九日齐山登高》诗即作于此："江涵秋影雁初飞，与客携壶上翠微。尘世难逢开口笑，菊花须插满头归……"宋岳飞也有诗："经年尘土满征衣，特特寻芳上翠微。好山好水观未足，马蹄催趁月明归。"[38]

"齐山胜概"坊与翠微亭这两处主要旷景，还构成了一段轴线，很好地控制了整个环境的中心部分，使得这处风景主次有别，游者能适得其所。

4.3.3 塑造意境，各具性格

风景的所谓意境，即是参与的人通过视听等知觉接收到景物环境所给予的感受和抽象意念，从而唤起了回忆与联想，进入了审美的更高层次，成为"意域之景"、"景外之情"。塑造意境，是传统艺术受中国特有美学思想指导而产生的艺术手法之一。但风景的塑造意境不同于其他艺术，因为风景有一个不同于其他艺术的显著特征：不依赖于人力的"规模"。一定的规模决定了风景是让人们进入内部观察、体验，而非外部观照。因此，理景的塑造意境，即在于通过对景物环境的处理，将参与者从经验和文化背景中"唤起"回忆与联想，从而"神与物游"，获得游赏风景的愉悦感。所以，不同的意境创设，能使风景环境具有不同的性格特征。

下面来探讨江南邑郊理景中常见的几种意境塑造手法。

（1）空寂出世——宗教山林理景的意境
佛家追求空寂、超脱，其意境的构成主要依靠下列三种方法：
一曰标。即佛寺常以一种突出的形象，标志出与世俗不同的存在价值与意义，从而能特立于人间。它的具体内容包括环境的清静、建筑的特殊和佛教的各种标记等等。佛教强调"佛地清静"、"隔绝红尘"，同时又宣称"我佛慈悲"、"普度众生"。这一推一拉，目的是使人相信佛地是与世间不同的美好场所。所以就要竭力营造出一种庄严崇高的氛围，这里远离市廛，没有喧闹嘈杂声，只有钟声梵呗和香烟缭绕，还有高出云表的塔，高敞华丽的佛殿，庄严辉煌的佛像。所见所闻和世俗环境是一种强烈对比，从而使信徒们的心灵受到震撼和感染。这种利用各种环境因素的共同作用而标出佛与人的不同，是宗教建筑的一大创造。当人们从密林深处看到一片红墙（或黄墙）、飞檐翘角的山门和钟楼鼓楼、硕大无比的"佛"字以及听到悠扬的钟声，确实也能引发一种不平常的超凡脱俗的思绪。

二曰藏。"深山藏古寺"，寺庙建筑为了创造与世不同的幽静气氛，往往建于深山密林中。这种"藏"主要是靠路径的引导，使人在一定范围、一定角度感觉不到寺庙主体，直到某一时刻突然看到了寺之所在，自觉经过一个漫长的旅程，借山水而达到了"彼岸世界"而欣喜万分。因此，大凡山林佛寺，不论其有无明显"标"的起始，都有一段幽静曲折的路径。例如杭州灵隐寺的"七里云松"，旁有小溪，沿石径而下，溪左侧"飞来峰"上摩崖佛像遍布，右侧寺墙掩映于林木中，清幽寒净，徜徉着恍惚迷离的宗教气氛。

三曰隔。所谓"隔"，就是"隔尘世"。佛徒得依靠人间供应，又要清静出世，两者的矛盾只有用"隔"来解决。在中国古代建筑中，庭院是"隔"的最好办法，所以寺庙历来就由院落来组成，以致称为"寺院"。寺中又有"观音院"、"千佛院"、"普贤院"等等。主持寺院的方丈也专有一院。这些院落既与外界隔绝，又相互分隔。庭院既非佛寺创造，也非佛寺专有，但它倒是充分发挥了院落"隔"的效果。

标、藏、隔三者相辅相成，彼此配合，成为佛寺理景达到"空寂出世"环境气氛的主要建筑手段。

（2）涤我尘襟——登高及治水理景的意境

登高远眺理景与城邑治水理景都能展现开阔、辽远的场面，形成"旷如"之景，引起人们豪迈奔放的联想。"江山如此多娇，引无数英雄尽折腰"，登高而望，祖国山河如此美好，哪能不引起仁人志士为之尽力报效？所以范仲淹登岳阳楼而产生"去国怀乡，忧谗畏讥"、"心旷神怡，宠辱皆忘"的思绪，进而诵出"先天下之忧而忧，后天下之乐而乐"（范仲淹《岳阳楼记》）的千古名句。可见，这种"旷"之境界，对人的思想能起到一种净化作用，甚至使精神升华。柳宗元在谈到邑郊风景作用时曾说："邑之游观，或以为非政，是大不然！夫气烦则虑乱，视壅则志滞。君子必有游息之物、高明之具，使之清宁平夷，恒若有余，然后理达而事成"（《零陵三亭记》）。他是中国历史上第一个阐明风景对人们能起到调节情绪、净化思想作用的学者。看来，游览风景，从第一个层面上来说是一种高尚的休息、娱乐；从第二个层面上来说，则是一种修身养性、净化精神境界之举。所以柳宗元驳斥了一种把城邑风景建设视为不务正业的"非政"之说，是十分正确的。当然，这并不是说能净化精神境界的仅是"旷"景，而"奥"景就不能起到这种作用。只是"旷"所展示的场面、规模远远大于"奥"，山河似锦的美好境界更能被人们领略和体会，所以作用也就更为明显。

（3）标志意蕴——诗文题字追求的意境

江南邑郊风景中，人文景观除建筑、路径外，还有大量的题记、碑刻和摩崖石刻。这些文字，用墨不多，却对风景起到了深化主题的点景作用，从而使风景富有内涵与意蕴，使之充满诗情画意。这种把自然山水与历史文化艺术融为一体的手法，是江南邑郊风景，也是传统风景环境的显著特色。

蜀岗平山堂有联曰："晓起凭栏，六代青山都到眼；晚来对酒，二分明月正当头"，既点醒了于此游赏的意趣，又使人联想起欧公当年于此观景建堂，对酒赋诗之情景。无锡太湖鼋头渚摩崖刻大字"包孕吴越"，不仅说明了太湖之广阔浩瀚，而且融进了数千年的历史。绍兴东湖"桃花洞"壁上有联曰："洞五百尺不见底，桃三千年一开花"，令人顿觉此洞虽小，却深不可测，感到它太古久远的年代和天然化工的绝妙！事实上，在江南邑郊风景中，几乎每一景观处，都有因时、因地而点景的这类"题咏"，若"不见只字，游者顿觉有所失"[39]。南京栖霞山主峰下枫林中有"太虚亭"，而无他字点景，深秋到此，看满山红叶，心有所感，却一时难以抒发，甚感遗憾。若有联如是"夕阳虽好近黄昏，白日依山，莫若晨曦出海；秋令从来多肃煞，丹枫如画，何如红芍飘香"[40]，当会令人"神与物游"了。

塑造意境的方法很多，既可靠实物映衬，也可靠诗词点醒。而不同的理景，往往也依其需要而创设不同的意境。这多种意境的创造和产生，如果深究一下，那自然要归结到我国传统思维方式了。

中国传统文学创作的思维方式，偏重于经验性和直觉感悟。经验性即对直观经验的确认和概括，而不去追求现象背后的本质；直觉感悟是通过心里体验，不离开直观经验而达到对于事物本质的悟解。二者虽有差别，但基本一点都是基于直观经验的确认和悟解，而不是通过逻辑思辨对现象进行由表及里的分析，以求抽象出事物的本质。因此，当我们在风景中看到那些暗示意境的构筑、景物或概括风景的题字后，感到悟解，在心中产生了共鸣，即得到了"味外之旨"的意境感受。因此，人们可以不求客观形象的真实、相像，而只求感觉的相像、感情之真实。苟感情之真，那么"白发三千丈"、"雪花大如席"[41]亦无不可。如苏州寒山"千尺雪"，虽仅凿壁数丈，清流飞溅，却题名"千尺雪"，这就是一种创设意境的手法，它使人联想起那"千尺飞瀑溅如雪"的场景，也把人的思绪送到李白诗句"飞流直下三千尺，疑是银河落九天"的磅礴意境中去。这一处的景，点得好。

4.4 邑郊理景实例选录

4.4.1 扬州瘦西湖

瘦西湖（图 4.12～图 4.18）在扬州西北部，南自南门古渡桥，北至蜀岗平山堂，全长 5 000 多米，是由唐宋时的部分护城河和其他河道经历代浚治而成。宋代，州城缩小后，蜀岗大明寺、栖灵塔、平山堂、观音山摘星寺等仍为城郊名胜。至清代，扬州成为两淮盐商的结集地，经济繁荣，园林兴盛。乾隆六下江南，每次必经扬州。盐商为邀宠皇帝，在瘦西湖两岸大事兴筑，建造园林，以备乾隆南下时临幸增光，一时间瘦西湖畔出现了一个突然兴盛起来的园林建设高潮，以致当时曾有"杭州以湖山胜，苏州以市肆胜，扬州以园林胜"的说法。这种状况在乾隆年间大致保持了数十年。当时的扬州城内有园林数十处，城北自天宁寺行宫门前御码头开始抵平山堂，沿河两岸楼台首尾相接，形成面对水上游线（皇帝在船上游览）连续展开的园林群，在小金山—五亭桥—白塔一区尤为开阔宏丽，成为全局的构图中心。在同一时期内建成如此众多的园林，并由水上游线连成 5 000 多米长的一个整体，在历史上还找不到第二个例子。但正是由于依靠盐商经济掀起这个高潮，所以一旦支持力量消失，园林也迅速衰败。到道光年间，这里已是"楼台荒废难为客，林木飘零不禁樵"了。对此，道光十四年 (1834 年) 节性斋老人在《扬州画舫录二跋》中描述得很具体：

"扬州全盛，在乾隆四五十年间，方翠华南幸 (指乾隆南下)，楼台画舫，十里不断。乾隆六十年，扬州尚殷阗如故。嘉庆八年过扬……此后渐衰，楼台倾毁，花木凋零。近十余年间荒芜更甚。且扬州以盐为业，而造园旧商家多歇业贫散。书馆寒士亦多清苦，吏仆贩贩皆不能糊口。兼以江淮水患，下河饥民由楚黔至滇城……"

道光十九年又写道：

"自《画舫录》成，又四十年，书中楼台园馆，仅有存者，大约有僧守者如小金山、桃花庵、法海寺、平山堂尚在，凡商家园丁管者多废，今止存尺五楼一家矣。"

突然兴起，又突然衰败，一是由于皇帝不再来游赏，官府也不再支持修缮；二是由于江淮水灾，盐业中落，商家贫散。因此，瘦西湖至今保持下来的也只是"僧守"的一些景点了。近年，在扬州市政府领导下，又恢复了卷石洞天、二十四桥、熙春台、望春楼等景点，大明寺则重建了九层的栖灵塔，从而使瘦西湖焕发出新的风采。

小金山是一座人工堆成的土山，四面环水，实为一岛（图 4.18）。山的南坡有一组建筑，其中有面南的琴室和面东的月观两座主要建筑，中间用房屋及院落加以联络，山的西侧有湖上草堂、玉佛洞、小南海与绿荫馆诸胜。山顶建一六角形小亭名"风亭"。

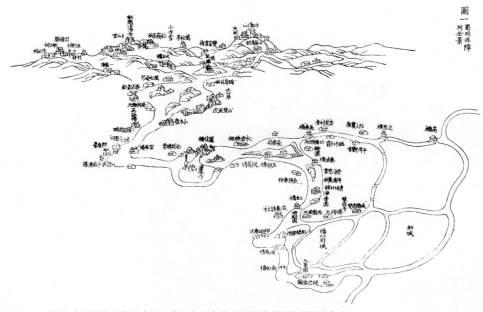

图 4.12　清中叶扬州瘦西湖平山堂一线景点分布图（清乾隆《平山堂图志》）

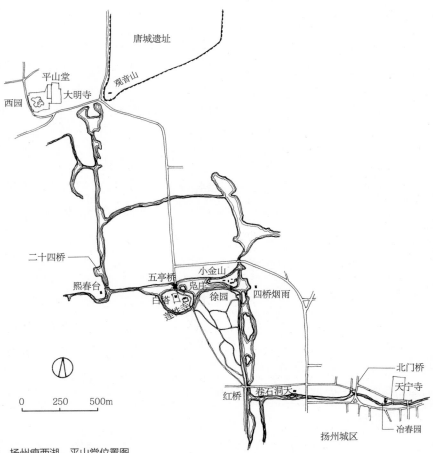

图 4.13　扬州瘦西湖、平山堂位置图

图 4.14　扬州瘦西湖五亭桥

这"风亭"、"月观"、"琴室"连同小金山西面伸入湖中的一座名叫"吹台"的亭子（乾隆后又称钓鱼台），都是仿照南朝徐湛之在蜀岗下池边所建的几个建筑的名称，其实已非原地，更非原物，但也可以表示扬州风景建设及景观建筑题名历史之悠久。

　　与小金山隔湖相望的五亭桥，是为迎接乾隆南下而由盐商们出资兴建的（乾隆二十二年，即 1757 年建）。桥上有五亭，亭下由大小不同的拱券组成桥身，造型极为丰富，已成为扬州的标志性建筑。桥南为莲性寺，寺中白塔系仿北京北海中的白塔，但规模小得多。因其色彩、形象、高度在瘦西湖各建筑中最为突出，故能起到画龙点睛和统领全局的作用。

　　五亭桥东侧湖中有一小岛称为"凫庄"，从桥上俯视，犹如野鸭浮于水面，故有此名。岛上建有亭榭曲廊，可供凭眺水上风光。可惜制作稍显粗糙。

　　瘦西湖之最北端，即是蜀岗，岗有三峰突起，东峰最高，称为功德山，山上建有小型佛寺功德林，因内供观音，故又称观音山；中峰建大明寺、平山堂和西园（见本书第 2.3 节名园选录）；西峰原有五烈祠和司徒庙等建筑。

　　随着景点的陆续修复，很有特色的水上游览必将恢复其昔日魅力。

图 4.15 扬州瘦西湖吹台之框景

图 4.16 扬州瘦西湖莲性寺塔

图 4.17 扬州瘦西湖小南海

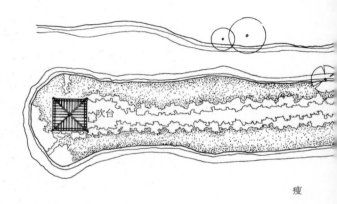

吹台

瘦

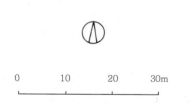

0   10   20   30m

图 4.18　扬州瘦西湖小金山平面图

4.4.2　苏州虎丘

虎丘（图 4.19 ~ 图 4.26）在苏州西北 3.5 公里处，又名海涌山。相传春秋末年，吴王阖闾死后葬于此山。现在山上剑池两崖相峙，中陷为深潭，20 世纪 50 年代天旱时曾将池中水排去，见有洞似隧道，疑为墓之甬道口。东晋时王导之孙司徒王珣、司空王珉在山上建别墅，后舍宅为东西二寺，这是虎丘有佛寺的开始。唐代"会昌灭法"时寺被毁，随后又在山上重建，合二寺为一寺。北宋时改名为云岩寺。以后曾屡毁屡建，现在寺内建筑除云岩寺塔为宋初所建，二山门为元代遗构外，其余都是太平天国以后所建。其中殿门、大殿及后殿等建筑则始终没有恢复。

虎丘的形势是西北为主峰，有二岗向东、南伸展，二岗之间有一平坦石场（称"千人石"，又名"千人坐"）及剑池岩壑。虎丘山寺庙的布局就是依山就势而上，从山塘街头山门起，沿轴线而进，过二山门，一路拾级而上，路西侧山岗有拥翠山庄，为一小型山地园，园之东墙外路旁有一井称"憨憨泉"；路东侧为试剑石、真娘墓。路尽处就是"生公讲台"、"千人坐"。据说东晋名僧竺道生在此说法，可坐千人听讲，故名。"千人坐"下一小池中植有白莲，池中小岛上有一石如人坐而点头，名为点头石，即所谓"生公说法，石点头"的故事。故事隽永，景色优美，可称虎丘一绝。

由"千人坐"东登石级 53 步，即佛经中"五十三参，参参见佛"之义，作为进入正门前一种象征性登临，以表示对佛祖的尊崇与礼拜。不少山上佛寺都有此种手法（如连云港云台山海宁禅寺山门前之五十三参）。由此而进入寺院正门，据宋代及明代《虎丘图》，正门面南，入门为大殿前院，面对大殿，在正门东侧有一重檐殿宇，规格稍逊于大殿。大殿之后为七级宝塔，宝塔后为后殿。明代又在正殿前左侧正对正门建有一阁。可见由于山顶地形缘故，殿宇轴线转而为东西向，与头山门、二山门之轴线成 90 角相交。这是既结合了地形，又解决了殿庭的布局，处理较为成功。

宋明时期，剑池上空的拱桥上有亭廊，且有双桶下垂于剑池取水，以供山上饮用，故此处兼具井亭功能。相传此水曾被品为"天下第五泉"，可见当年水质极佳，不若今日之污浊。

西面山岗地势较高，现存建筑较多，有冷香阁、致爽阁、石观音殿、陆羽石井等。相传唐代刘伯刍曾评此泉为天下第三。东面地势较平，现存建筑已不多。

虎丘作为一处城市近郊的风景名胜，山虽不高，而有充沛的泉水和奇险的悬崖峡谷深涧，又有丰富的历史文化遗存，在自然景观与人文景观方面得天独厚，可称是江南邑郊理景中的难得精品。今后应以保持与恢复原有景观为主，不宜盲目增加新的游娱内容。

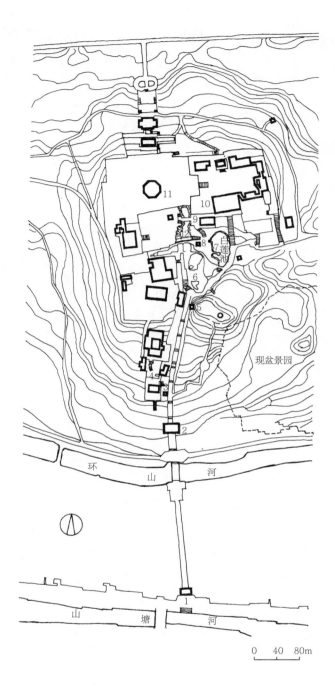

图 4.19　苏州虎丘总平面图

1. 头山门　2. 二山门　3. 憨憨泉　4. 拥翠山庄　5. 真娘墓　6. 千人坐
7. 点头石　8. 二仙亭　9. 悟石轩　10. 天王殿　11. 云岩寺塔　12. 剑池

图 4.20　宋代萧照虎丘图（《支那名画宝鉴》）

图 4.21　明万历李士达虎丘胜概图

图 4.22　清代虎丘图（清乾隆《虎丘山志》）

图 4.23　清代虎丘后山图（清乾隆《虎丘山志》）

图 4.24　苏州虎丘千人坐及云岩寺塔

图 4.25　苏州虎丘剑池

图 4.26　苏州虎丘冷香阁前蹬道

4.4.3 嘉兴南湖烟雨楼

　　嘉兴南湖、杭州西湖、绍兴东湖合称浙东三大名湖。南湖面积不及西湖辽阔，也无层嶂叠翠的山色作映衬，但作为倚郭的一片水面，对城市居民来说无疑也是一处绝好的游览胜地（图 4.27～图 4.34）。

　　烟雨楼原是五代吴越国中吴节度使广陵王钱元璙所筑，当时的位置在湖滨。南宋建炎年间（1127—1130 年）楼毁，到嘉定年间（1208—1224 年）才恢复，以后就成了一方胜景。元末又毁于兵火。明嘉靖二十七年(1548 年)，知府赵瀛疏浚城河，将余土运入湖中填成小岛，于岛上建楼，并沿用"烟雨楼"旧名。万历十年（1582 年），增筑亭榭，并拓楼的南面平台，称为"钓鳌矶"。此后，这里又称"小瀛洲"，和杭州西湖三潭印月所在之岛屿名称相同。这反映出中国古代的一种传统做法，凡是湖中、池中岛屿，不管大小，都喜用汉武帝以来的习惯，或称"小蓬莱"，或称"小瀛洲"，以示其环境之美，犹若东海仙山，即使小园池中一堆假山，也常作这种命名。其后又在岛之南面筑堤，既可对岛起到保护作用，又可在堤内池中养鱼，还增加了风景层次。

　　楼作二层，面南。前面除平台外，别无其他建筑遮挡，视野开阔，南湖景色，尽收眼底。最能动人的景色是细雨迷蒙之时，湖上远舟近树如笼于轻纱之中，故以"烟雨"命名此楼，最能起到点睛作用。楼中有楹联恰到好处地说出了楼的佳境所在：

如坐天上，有客皆仙，烟雨比南朝，多少楼台归画里；

宛在水中，方舟最乐，湖波胜西子，天边风月落樽前。

　　楼的后面是一个不规则的开阔庭院，三面环以屋宇及游廊，院中堆假山、植花木，内容较丰富，形成与前面相对比的"奥如"空间。在楼的南、西、北面，还加筑墙一周，故楼下空间更加封闭，使处于湖中的岛屿免除了空旷无依的感觉，而增加了安全、宁静的意趣。这一处理无疑比杭州三潭印月的效果要好得多。楼前两株古银杏树，树干都已在二人合抱以上，枝叶茂密，直上云霄，为岛的创建年代作了有力的注解。其余树木以朴树最有特色，数量多，树龄老。至若桂、白玉兰、牡丹、樱桃、蜡梅、香樟、槭、盘槐、榆、枇杷等则分布在楼的四周及庭院之中，使烟雨楼处在郁郁葱葱的林木环境之中。而楼周的清晖堂、菱香水榭、孤云簃、宝梅亭、凝碧阁、鉴亭、碑亭等一批辅翼建筑，又烘托着烟雨楼。所以无论从湖滨远望还是从长堤近观，此楼都是前拥后护，左辅右弼，主导地位突出而又不陷于孤立无依，建筑布局是十分成功的。这一格局虽不是一次规划形成，但在其漫长的发展过程中，得到不断改进、最后臻于完美，这恐怕还是我国传统园林和各种景观建筑群所共有的特色。

图 4.27　嘉兴南湖小瀛洲远眺（晏隆余摄）

图 4.28　嘉兴南湖烟雨楼（晏隆余摄）

图 4.29　嘉兴南湖烟雨楼近景

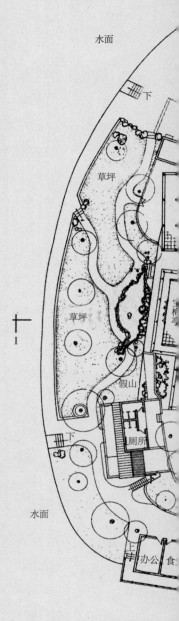

图 4.30　嘉兴烟雨楼平面图

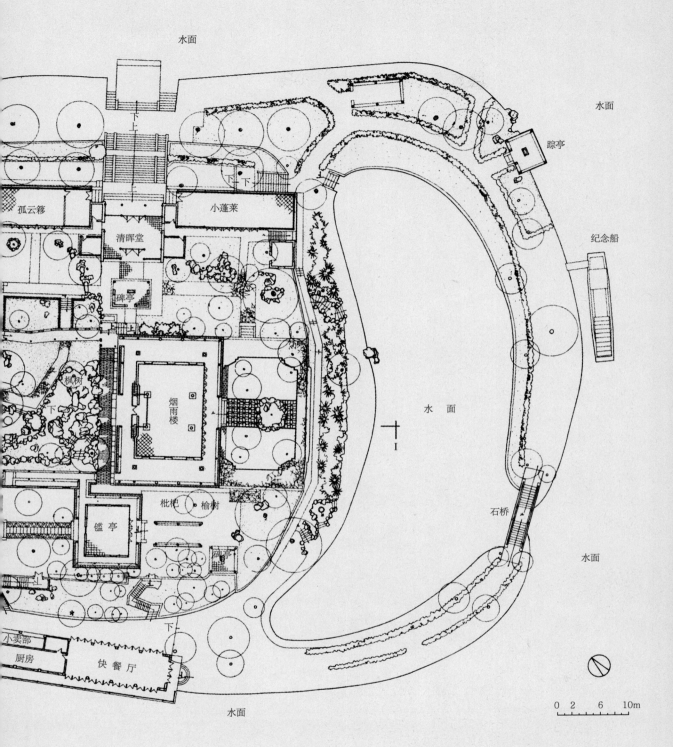

水面

水面

踪亭

纪念船

孤云簃

小蓬莱

清晖堂

碑亭

枫树

烟雨楼

水　面

石桥

水面

枇杷　榆树

鉴亭

碑亭

小卖部

厨房

快餐厅

水面

0 2 6 10m

图 4.31 嘉兴烟雨楼东南立面图

0   2   4m

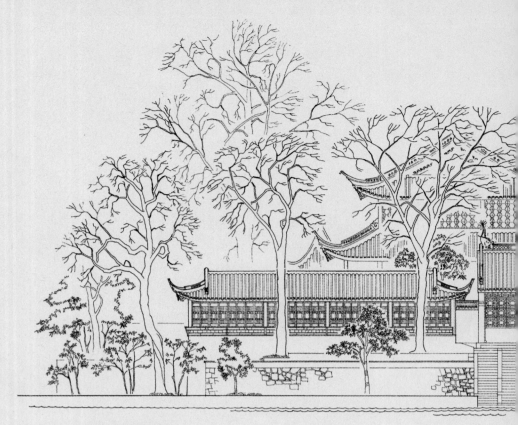

图 4.32　嘉兴烟雨楼东北立面图

图 4.33　嘉兴烟雨楼剖面图（I-I）

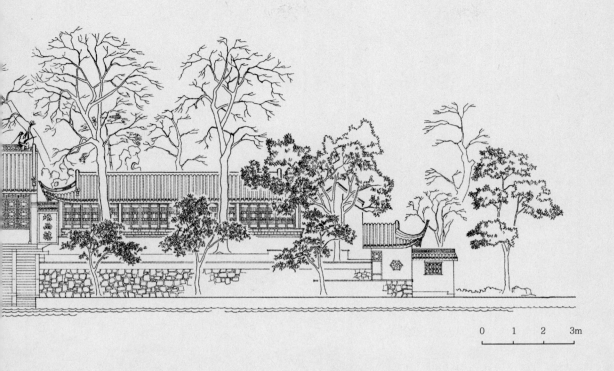

图 4.34 嘉兴烟雨楼鸟瞰图

4.4.4　杭州三潭印月

　　三潭印月（图4.35~图4.40）是西湖十景之一，在杭州西湖小瀛洲岛。此岛始建于明万历三十五年(1607年)，由浚治西湖时的淤泥堆积而成。万历三十九年(1611年)，又周以环形围堤而成岛中有湖的格局。以后又在东西方向连以土堤，南北方向连以曲桥，使整个岛的平面呈"田"字形，遂成为别具一格的湖中有岛、岛中有湖的独特布局。早在宋代，西湖十景中已有"三潭印月"之名，可见小瀛洲岛屿堆成之前，此处已成名胜，但只是水上游览点。自从此岛堆成，三潭印月不但可舟游，而且可以陆游，还扩大了游览内容，使这一名胜更加充实丰满起来。全岛范围约300米×300米，水面约占

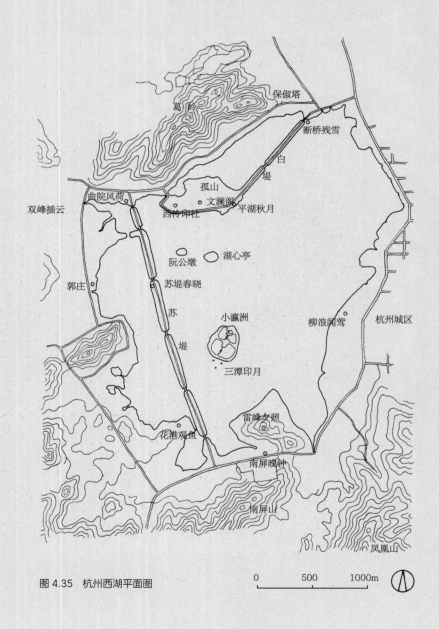

图 4.35　杭州西湖平面图

0　　　　500　　　　1000m

65%，岛上、堤上遍植柳树，夹以石楠、槭、水杉、桂、重阳木、香樟、枫杨、白玉兰等花木。以南北向桥、岛为轴线，由北向南依次布置先贤祠、三角亭（开网亭）、方亭（亭亭亭）、迎翠轩、花鸟馆、六角亭、我心相印亭、三潭印月等建筑物及湖石峰与曲桥，以供游览休息之用。在先贤祠东侧则有一座三面围墙一面敞开的小院落，院中设四面厅式建筑一座，称为"闲放台"，这是在整个岛区极为开阔空旷的环境下设置一处封闭幽静的境域，使人感到一种空间气氛的变化，并从中获得心情上的安定感。

岛南端的"我心相印亭"是观赏三潭印月的最佳去处。三潭印月始建于宋代苏东坡守杭疏浚西湖时，于湖上立三塔为标志，禁止在此范围内种植菱芡，以免造成湖床淤浅，后此处成为湖中一景。明天启元年（1621年）重立三塔，即现存三石塔，塔高2米左右，作喇嘛塔式，塔身成球形，中空，开五孔圆窗，每当明月当空，塔中燃灯，窗孔明亮，映于水中，与天上明月倒影相伴成趣。从"我心相印亭"南望，三塔对称地布置在全岛的轴线上，使岛与塔连成一个整体。

此岛位于西湖中心，岛中又以大片水面为主景，开阔有余，而幽邃不足，闲放台虽在"奥"趣方面有所弥补，但仍不足以扭转整个局面，今后如在旷中有奥、旷奥结合方面有所改造，必将使全局有所改观。

图 4.36　清中叶三潭印月图（清乾隆《西湖志纂》）

图 4.37　杭州小瀛洲方亭（亭亭亭）

图 4.38　杭州小瀛洲我心相印亭

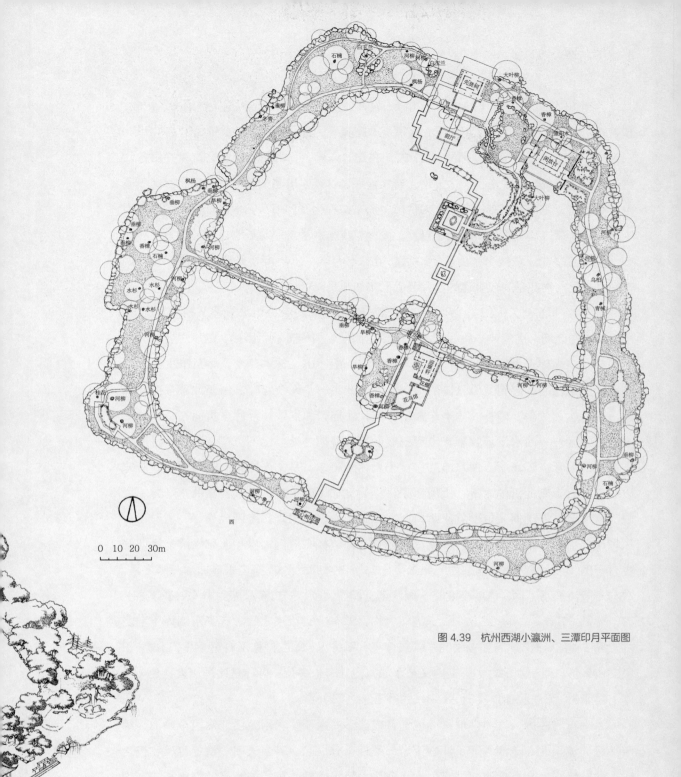

图 4.39　杭州西湖小瀛洲、三潭印月平面图

图 4.40　杭州西湖小瀛洲、三潭印月鸟瞰图

4.4.5　绍兴兰亭

兰亭（图 4.41～图 4.47）在绍兴市南郊 13 公里处的兰渚山下。据《越绝书》记载，越王勾践曾在此种兰渚田。至汉代，这里是一座驿亭，名兰亭。东晋永和九年（353 年）三月三日，王羲之、谢安、孙绰等 41 人，在此"修禊"，行曲水流觞之饮，并由各人赋诗以志这次聚会，并由王羲之为诸人诗集作序，这就是著名的《兰亭集序》。此序不仅文章极美，而且书法有极高的艺术价值，历来被视为我国书法艺术的瑰宝。兰亭也因这次禊饮赋诗及《序》而闻名于后世，被尊为我国书法艺术的圣地。

宋代兰亭在兰溪江南岸山坡上，明嘉靖二十七年（1548 年）迁于江北岸现址。现在的兰亭建筑物都是清代重建的，并经后世屡加修葺。

整个兰亭景区位于平地上，周围为水田。基地南北进深约 200 余米，东西宽约 80 米，入口在北端。进门经一段曲折的竹径到达鹅池，相传王羲之爱鹅，故以之名此池。池旁三角亭内碑上大书"鹅池"二字。池南为土山，山上林木茂密，将兰亭主景部分隐蔽于土山之后，起到"障景"的作用，不使产生一览无余之弊。由鹅池碑亭旁屈曲前进，到达"兰亭"碑亭。此亭作盝顶方亭，式样较为别致。经此亭折而右，就是兰亭主题景区——曲水及流觞亭。当年王羲之等人修禊之处早已不可考，这是后世所作象征性的曲水流觞场所。曲水流觞盛行于六朝至唐宋，是文人雅集的一种形式。唐宋以后都在石上刻曲折的水槽，上覆亭子，称为流杯（觞）亭，众人各据曲水一方，羽觞随水而流，停于何人位前就应赋诗、饮酒，文人以此相娱，格调极高。明清时仍有这种风气，北京中南海、故宫乾隆花园都有这种流杯亭遗例，滁州琅琊山醉翁亭西侧也有一例。但兰亭所建流觞亭为一纪念亭，其式样作四面厅式，亭内不作曲水流觞之举，故与一般流杯亭不同。流觞亭北有一座八角重檐攒尖亭，亭内有康熙手书《兰亭集序》碑，碑高 6.8 米，亭高 12.5 米，这庞然大物，似有喧宾夺主之嫌。碑亭东侧为王羲之祠，俗称"右军祠"。因王羲之在东晋曾官至右军将军，故也自称王右军（见《晋书·王羲之传》）。祠在水池之中，祠内又是水池，内外有水夹持，可称是此祠一大特色（见本书第 1.3.3 节庭院理景实例 28 绍兴兰亭王羲之祠）。

兰亭布局曲折，竹树森郁，环境气氛极佳。曲水流觞利用兰溪江水引至鹅池，经流杯渠而流至北面诸池再泄于江之下游，处理十分成功。若当天朗气清、惠风和畅之时在此行修禊之会，也可一展我国古代文化之风雅情趣。可惜流觞亭及御碑亭二者均以巨大体量排列于小兰亭与右军祠之间，布局刻板，建筑本身也缺少意趣，实为美中不足。

图 4.41 清代兰亭图（清嘉庆《山阴县志》）

图 4.42 绍兴兰亭鹅池

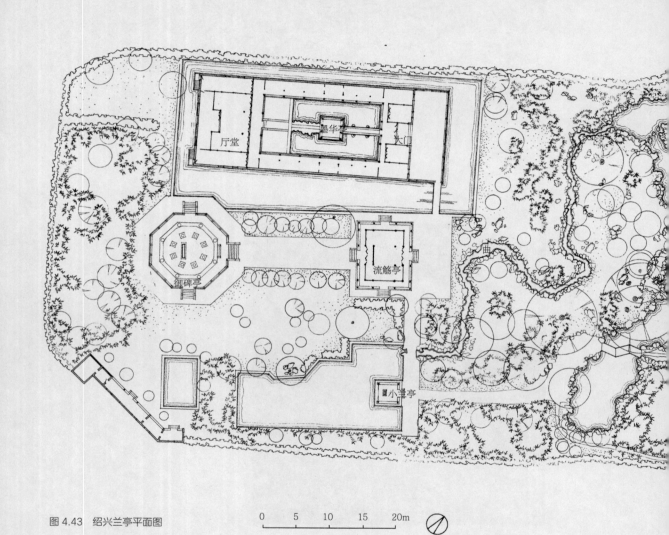

图 4.43 绍兴兰亭平面图

0   5   10   15   20m

厅堂

墨华

大门

流觞亭

御碑亭

小兰亭

图 4.44　绍兴兰亭竹径

入口

台

图 4.45　绍兴兰亭鸟瞰图

图 4.46　绍兴兰亭"小兰亭"碑亭

图 4.47　绍兴兰亭流觞曲水

注释

①无锡西郊的皇埠墩，相传是吴王"浚芙蓉湖楼船鼓吹游宴之所"。见《锡山景物略》卷四。

②《西京杂记》载，汉高祖与戚夫人，正月上辰，出百子池边，灌濯以被妖祥。三月上巳，张乐于流水。故汉时有两次春禊。后成为市民春天游戏之事，"士民并出江渚池沼间为流杯曲水之饮"。晋以后固定于三月三日行修禊。见晋宗懔《荆楚岁时记》。

③魏文帝曹丕《与钟繇书》云："岁往月来，忽复九月九日。九为阳数，而日月并应，俗嘉其名，以为宜于长久，故以享宴高会。"

④徐湛之为齐高祖刘裕的外孙，有权势，性好奢侈，在广陵曾修高楼南望钟山，又建此城北陂泽风景点，时在元嘉二十四、二十五两年（447—448年）之间。

⑤《十道四蕃志》："生出讲经，人无信者，乃聚石为徒，与谈至理，石皆点头。"转引《苏州的名胜古迹》，江苏人民出版社，1956。

⑥、⑦见南宋《临安志》、淳祐《临安志》卷八，西湖；《西湖游览志》卷一，总序。

⑧南宋《临安志》、淳祐《临安志》卷八，西湖；《西湖游览志》卷一，白居易语。

⑨《西湖游览志》、民国《重修浙江通志稿》卷三一、三二。

⑩参见乾隆《绍兴府志》、民国《重修浙江通志稿》、嘉泰《会稽志》、嘉庆《山阴县志》。

⑪王羲之语及宋王十朋诗《鉴湖行》。

⑫童寯《江南园林志》转引《西清诗话》："欧公守滁阳，筑醒心、醉翁两亭于琅琊幽谷，且命幕客谢某者，杂植花卉其间。谢以状问名品，公即书纸尾云：'浅深红白宜相间，先后仍须次第栽。我欲四时携酒去，莫教一日不花开。'"

⑬陶氏筑堤，一方面分隔内外，使通航与游览分开，另一方面限制了视距，沿堤而行，始终让人感到岩壁之陡峭。参见民国《重修浙江通志稿》，卷三一；《绍兴名人名胜录》。

⑭见嘉庆《山阴县志》、乾隆《绍兴府志》、《重修浙江通志稿》卷三一、三二。

⑮清蒋士铨《游柯山》诗。

⑯清商盘《七星岩》诗。

⑰绍兴地区石材多为沉积岩，层理结构规律，较易获得规整的板材、柱材、块材。

⑱明袁宏道《观吼山石壁》诗。

⑲《平山堂图志》卷一转引郭熙《山水训》。

⑳《平山堂图志》卷一及《扬州画舫录》卷一六。

㉑见塔内《重修文峰塔记》碑。

㉒各地所建"文峰塔"都是风水塔。原因是当地科甲不旺，巍科极少，因而据风水之说，择地建塔，以兴文运。这种举措在明清两代最为流行。

㉓《锡山景物略》卷首："昆山顾文康公善风鉴，登山熟视曰：'县无巍科，当是龙不角耳'。正德初，建石塔一，后果发元。或又曰：'龙以角听，塔宜中空。'万历初，又建砖塔一，郡守施公题曰'龙光塔'。"按风水以惠山为龙脉，则锡山为龙首。

㉔《锡山景物略》卷一，《惠山记》卷二。

㉕《锡山景物略》卷四，《邹迪光传》。

㉖明王稚登《寄畅园记》。

㉗元结《右溪记》，转引自《中国古代游记选》。

㉘柳宗元《钴鉧潭西小丘记》，引自《柳河东文集》。

㉙、㉚计成《园冶》。

㉛见唐冯宿《兰溪县灵隐寺东峰新亭记》。

㉜柳宗元《永州龙兴寺东丘记》。

㉝王路《山林佛寺的章法结构》，《建筑师》第28期。

㉞据《齐山岩洞志》，李方玄墓志铭："（唐刺史李方玄）凿齐山西北面，得岩穴，不可名状"。

㉟~㊳引自《齐山岩洞志》。

㊴童寯教授语，见《江南园林志》。

㊵长沙岳麓山爱晚亭联。

㊶李白诗句。

第5章　沿江理景

5.1　沿江景观的历史成因

湛湛江水，漫漫历史，流淌着中国文化的血液，也滋润着秀丽的河山。江南这一中国文化荟萃的地方，沿长江、赣江、富春江留下不胜枚举的文化结晶——沿江景观。它是自然造化、人工巧作与精神文化的综合体，是一定物质形态与观念形态成就的环境艺术。

鸟瞰江南沿江景观，顺长江而下，有忠县的石宝寨，宜昌的黄陵庙，岳阳的岳阳楼，蒲圻的赤壁，武汉的蛇山黄鹤楼与龟山晴川阁，黄冈的东坡赤壁，南昌的滕王阁，九江的锁江楼宝塔，湖口的石钟山和大小孤山，安庆的迎江寺，马鞍山的采石矶，南京的燕子矶，镇江的焦山、金山、北固山及南通的狼山。溯流富春江而上，有海宁盐官镇海塔、杭州六和塔、富阳鹳山、桐庐桐君山与严子陵钓台、建德双塔及抵至新安江的歙县长庆寺塔和太白楼等（图 5.1）。它们或凭江而立，或突兀江中，多依山就势高耸矗立，和

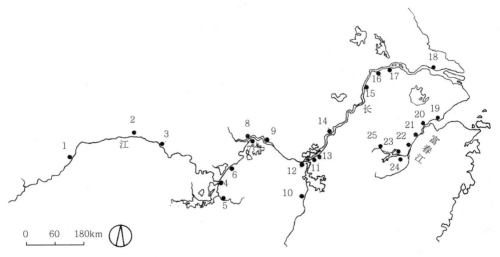

图 5.1　江南沿江主要景点分布图

1. 忠县石宝寨　2. 秭归屈原祠　3. 宜昌黄陵庙　4. 岳阳岳阳楼　5. 汨罗屈子祠　6. 蒲圻赤壁　7. 蛇山黄鹤楼
8. 龟山晴川阁　9. 黄冈东坡赤壁　10. 南昌滕王阁　11. 九江锁江楼宝塔　12. 湖口石钟山　13. 大小孤山
14. 安庆迎江寺　15. 马鞍山采石矶　16. 南京燕子矶　17. 镇江金山、北固山、焦山　18. 南通狼山　19. 海宁盐官镇海塔
20. 杭州六和塔　21. 富阳鹳山　22. 桐庐桐君山　23. 严子陵钓台　24. 建德双塔　25. 长庆寺塔和太白楼

江南清净虚明抑或惊涛翻涌的江水构成鲜明而优美的景观。可谓"山因水活，水绕山转"，此亦为江南沿江景观的物质形态特征。

另一方面，江南沿江景观之所以成为景观，又和诗人妙笔、历史传说密切相关。李白"故人西辞黄鹤楼，烟花三月下扬州。孤帆远影碧空尽，惟见长江天际流"这首千古绝唱，便是成就黄鹤楼名声的重要原因。"文因景成，景随文传"，它使江南沿江景观因文化的蕴含而流光溢彩。山明水静，壑秀川美，往往是天然的造化，但其所以经人工处理成为景观，是与人所认识它、发现它、升华它有关联的，其成因大致有如下所述的四个方面。

5.1.1　士人出世的生活态度与"因寄所托"

"士人"在中国，源远流长，大致在春秋、战国时期的激烈社会变动中，由武士转化为文士而成。随着中国各阶段的发展，士人以不同的面貌出现于世，如先秦是"游士"，秦汉以后则是"士大夫"。当社会动荡、政治腐败，士人往往隐遁于山水，放浪形骸，无非为因寄所托，转倾真情。谢朓《晚登三山还望京邑》（三山：山名，在今江苏省南京市西南，上有三峰，故名"三山"）中脍炙人口的"余霞散成绮，澄江静如练"是对江景的描述，转而"佳期怅何许，泪下如流霰。有情知望乡，谁能鬒不变？"又感慨无限，因寄所托之志、之情、之意。

因东汉焦光隐居而得名的焦山和严光（字子陵）隐于富春山而得名的严子陵钓台乃属此类（图5.2）。焦山本名樵山，南朝江淹、唐初宋之问均有樵山诗。后人重焦光之隐，易称焦山。"一峰横江，浮玉耸翠，若有瞰左右而寄傲者，以隐士隐之，山以隐重，而可为隐士所隐，即谓山之隐者亦宜。"[①]以山之隐、山之傲喻焦光志向。焦光曾"三诏不出，以东汉之末，时无可为，故有托而逃于空虚之地也"[②]。严光因耕钓于富春山，故富春山又叫严陵山。严光为何"不事王侯"，乐于同妻子梅氏流寓桐庐，垂竿钓台呢？唐人王贞白有《题严陵钓台》诗说得好："山色四时碧，溪光七里清。严陵爱此景，下视汉公卿……"故"此身长住画图中"，耕田钓鱼乃有所因寄——下视爵禄如敝屣。范仲淹《严陵词》中说："世视功臣三十六，云台争似钓台高"，称赞严光的"隐钓高节"。唐诗人韩偓在《招隐》中称"时人未会严陵志，不钓鲈鱼只钓名。"宋诗人范成大有佳句"各问此心安处住，钓台无意压云台。"均是后人追慕其名而作，同时也使钓台因文而传（图5.3～图5.5）。

和钓台同属一县的桐君山为另一例。据梁陶弘景《本草序》和明李时珍《本草纲目》等书记载：桐君，黄帝时人。黄帝命桐君与巫彭采药求道，止于桐庐东山，结庐桐树下，

图 5.2　严子陵钓台之东钓台处"溪光七里清"

识草木金石性味，定三品药物，以为君、臣、佐、使，有《桐君采药录》，后被《隋书》和《旧唐书》列为典籍。又《浙江通志》记载：桐君住在县东山隈桐树下，其地"枝柯偃盖，荫蔽数亩，远望如庐舍，或有问其姓名，则指桐以示之，因名其人为桐君，此山亦名桐君山。"至今穿过山麓的石牌坊拾级而上，可见路旁有一摩崖石刻，上刻有两首诗，一首是明朝孙纲的七绝："以桐为姓为庐名，世世相传是隐君。夺得一江风月处，至今不许别人分。"另一首是元朝俞颐轩的五绝："潇洒桐庐郡，江山景物妍。问君君不语，指木是何年。"

　　在安徽歙县练江西岸依山而建的太白楼，也与这种隐士言志有关，相传为李白访歙州名士许宣平在此饮酒赋诗得名。许宣平于唐景云间隐居歙县紫阳山南坞，后有题壁诗："隐居三十载，筑室南山巅。静夜玩明月，闲朝饮碧泉。樵夫歌垅上，谷鸟戏岩前。乐矣不知老，都忘甲子年。"天宝年间李白自翰林出，在洛阳传舍见这首诗，赞曰："此仙人诗也！"于是前来访许，未遇，留下《题许宣平庵诗》："我吟传舍咏，来访真人居。烟岭迷高迹，云林隔太虚。窥庭但萧瑟，倚杖空踟蹰。应化辽天鹤，归当千岁余。"

图 5.3　由桐庐富春江上望严子陵钓台

图 5.4　俯视严子陵钓台

图 5.5　严子陵钓台近观

5.1.2　对重要历史事件与人物的纪念

湖北宜昌的黄陵庙和武汉龟山禹功矶上的晴川阁都是为纪念和江水有关的治水圣人大禹而建的（图5.6）。传说黄陵庙的前身黄牛祠建于夏代，至宋时庙中仍祀黄牛神，欧阳修为令时，改庙名"黄陵"，方供祀禹王。至清代仍是"日夜黄陵庙，滩声转不休。流来蜀帝恨，散作楚宫愁"（朱尔迈）。也因为此地处黄牛岩下九龙山麓的一方台地上，可观上下西陵峡的奇丽风光，而成为一重要沿江景观。禹功矶为纪念大禹疏导汉水，使江、汉在此交汇之大功。同时，此矶为龟山之首，突兀江中，危石壁立，与黄鹄矶（原黄鹤楼所立之石矶，今武昌大桥头）隔江相峙，呈"天连吴蜀，地控荆襄，接洞庭之混茫，吞云梦之空阔"之势，因而得名。所谓"龟蛇锁大江"即是指这两个石矶控扼长江，自古为武昌天然屏障而言的。

镇江的北固山、南京的清凉山、蒲圻的赤壁均和三国时期的历史人物与典故相关联。这些沿江景观多地形险要，三国时东吴凭借此险，据守御敌。蒲圻赤壁古名石头关，嶙峋临江，斜亘百丈，大江汹涌，直扑山壁，噌吰雷鸣，远震里许，气势磅礴。相传东汉建安十三年（208年）孙权、刘备联军，在此用火攻，大破曹操战船，当时火映江岸崖壁，由此得名"赤壁"。北固山则因北临长江，山壁陡峭，形势险固，因名北固，在唐以前犹如半岛伸入江中，三面临水，气势雄伟，梁武帝曾登山顶，北览长江壮丽景色，指点江山，刘备东吴招亲亦有传说遗迹留存。南京清凉山古名石头山，山的西麓有一段石壁凹凸不平，并略向外突出，有如鬼怪的面相，被称为"鬼脸城"，是南京西部的重要军

图5.6　龟山禹功矶上的晴川阁

事据点。战国时楚威王曾建金陵邑于此山，唐代以前清凉山因长江逼近山麓，西部的崖壁被江水冲刷成近乎垂直，紫红色的砾岩和砂岩都暴露在外，故得石头山之名，现虽退后于江南，仍为一重要景观。

上述景观多因历史人物的贡献及有关典故而得名。

5.1.3　对山水美的欣赏与崇拜

秀丽的山水，总能让人赏心悦目，怡情畅志，江南沿江因为山水的形态美而成为景观的不乏其例。如南通的紫琅山正当江面最宽处，水天一色，风光绮丽，其东为军山、剑山，其西为马鞍山、黄泥山，总称五山或狼五山，宋代因"狼"不雅而改称"琅"，又因山岩多紫色，而名紫琅山。兀立长江中游水中的小孤山（旧称海门），因山下回流激荡，狂涛怒吼，山上风声呼啸，鸥鹭出没，加上峭拔秀丽而闻名天下，并且一般秀丽的山水总伴以美丽的传说而富有浪漫色彩，像小孤山就因为关于小姑庙传说而更显美丽、神奇。鄱阳湖北口的大孤山亦作"大姑山"，状如鞋，又称鞋山，四面临水，一峰耸立，陡峭峥嵘，秀丽奇特。湖口南北（上、下）石钟山，耸立在鄱阳湖和长江汇合处，两山均称石钟山。一说因山下有深潭，风吹浪击石，声若洪钟而名石钟山（郦道元）；唐李渤则以为在深潭上发现两块石头，北面击之声清脆而高亢，南面的声厚重而模糊，其声似钟，因而得名；后宋代苏轼写下《石钟山记》以水击山洞声似钟而名；但清代则有人认为石钟山上锐下宽，如钟覆地，应以形定名。不过正因仁智之见，各有所据，难以定论，因而更能令人遐想。黄冈赤壁因壁石为赤色，又因东坡喜悠游其上而得名（图 5.7、图 5.8）。鹳山则因石矶如鹳而名（图 5.9）。

可见，或因形美、态美，或因声美、色美而得名的沿江景观，乃是人们对美向往的结果，对美崇拜的表现。通常人们也喜欢选择这些地方建庙、建寺、建观，如小孤山建有小姑庙（惠济寺）、大孤山建有塔、紫琅山建有广教寺、鹳山建有道观（三国孙吴时）等。宗教建筑在很大程度上提升了自然沿江景观的历史和艺术价值。

5.1.4　人为建造扼守、镇水、引渡的标志

沿江景观也包括原本无特殊景色但由于人为的设置而名声大噪的景观，如忠县石宝寨，江南三大名楼——岳阳楼、滕王阁、黄鹤楼，安庆迎江寺及江边诸塔。它们多出现在交通要道，或为城市扼守、镇水避邪，或为导航引渡、景观标志。

最早记载"岳阳楼"之名的，大概是李白的《与夏十二登岳阳楼》这首诗，而楼最

图 5.7　黄冈东坡赤壁当年临江一面全景（由远及近：坡仙亭、睡仙亭、放龟亭、酹江亭）

图 5.8　黄冈东坡赤壁入口大门

图 5.9　富春江边鹤山

图 5.10　岳阳楼侧的"南极潇湘"牌坊

初是唐开元四年（716年）中书令张说贬官岳州时在西城门阅兵台上建造的。张说有首题为《与赵冬曦、尹懋、子均登南楼》的诗，就是专咏登楼之事的："危楼泻洞湖，积水照城隅。命驾邀渔火，通家引凤雏。山晴红蕊匝，洲晓绿苗铺。举目思乡县，春光定不殊。"城楼既用来防风云突变，又用来镇千变万化的江水。何绍基撰写的对联道出岳阳楼的历史和现实作用："一楼何奇？杜少陵五音绝唱，范希文两字关怀，滕子京百废俱兴，吕纯阳三过必醉。诗耶？儒耶？吏耶？仙耶？前不见古人，使我怆然涕下；诸君试看：洞庭湖南极潇湘，扬子江北通巫峡，巴陵山西来爽气，岳州城东道岩疆。渚者，流者，峙者，镇者，此中有真意，问谁领会得来？"（图5.10）。

黄鹤楼建于黄鹄矶头，相传三国吴黄武二年（223年）创建，后各代屡毁屡修。根据六朝和唐代文字记载、宋元明各代绘画及清代织品所绘，其样式或重檐翼舒，四闼霞敞；或台楼环廊，高标嶙峋；或层楼连庑，开朗幽胜；或独楼三层，耸天峭地。总之，以建筑创造出轩昂宏伟、辉煌瑰丽的镇水景观，又因其高耸入云而峥嵘缥缈，几疑仙宫，甚至附会出许多神话。

滕王阁是唐显庆四年（659年）太宗之弟、滕王李元婴都督洪州（治今南昌）时营建，阁以其封号命名。滕王阁规模历代不同，最大时阁高九丈，南北二亭，一曰"压江"，一曰"挹翠"。阁因初唐文坛四杰之一王勃《滕王阁序》而名扬天下。

安庆迎江寺是长江中游的名寺，建于北宋，寺内镇风塔建成于明隆庆二年（1568年），呈八角形，屋角之下悬有铁铃，江风吹来，叮当作响。另外，像九江锁江楼宝塔、海宁盐官镇海塔、建德双塔、杭州六和塔、新安江边的长庆寺塔等均立于江边，它们和平阔的江面形成对比，以高耸的形象起到引渡、标志的作用。

综上所述，江南沿江景观之形成，不管是因出世的生活哲学，还是因对历史的缅怀，也无论是对自然的顺应、欣赏，还是对自然的尊崇、恐惧，皆为人类参与自然进行活动而形成的景观。同时，也应看到，江南沿江景观之丰富，和历史上江南经济发达、水运普及以及依山傍水建城的地理因素等密切相关。故从形态看，沿江景观的构成反映出一种综合性，它包括以下三个方面的内容：①山、水并存的地质地理条件；②建筑及其所处的环境处理；③历史、社会和人的参与。一个优美的沿江景观，应是这三方面和谐融合的结果。

5.2 沿江景观的类型

江南沿江景观构成的重要方面来自对自然环境的认识、理解和改造。而古人在认识、开发自然的活动过程中，对自然的态度常具有审美和功能的双重特征，如士人寄情山水和欣赏山水偏重审美，建楼建塔建城偏重功能，而多数介于两者之间。如石钟山既因其山声、山质而名扬遐迩，又因其依山建城具犄角形胜而负有盛名。基地和景观成因犹如一对孪生姐妹，一方面，只有当基地所形成的限制条件被认识时，才能考虑景观形成之可能性；另一方面，只有当目的提出后，基地分析才可进行。

江南沿江景观自然环境要素主要是江水和山体，江南丘陵密布，山体变化多样，它们和江水之间相互关系的不同构成了丰富的景观类型。

5.2.1 岛—环水型

山兀立水中，环山惊涛拍岸，山呈开敞式（图 5.11）。如江西湖口大小孤山、江苏镇江焦山和金山、浙江桐庐桐君山等。

这种脱离于城市空间的景点，有浩瀚的水面相隔离，常被视为神仙境界。如汉武帝在上林苑太液池内设蓬莱、方丈、瀛洲三岛象征仙岛。很有意味的是无论东方或西方，均有以水作为隔离空间脱俗于凡界的基地选址，这种"岛—环水"型基地在沿江景观中也常被视为仙界、宗教圣地或隐士的桃花源。

京口金山孤峙江心，山上的江天寺号称天下第一丛林（图 5.12）。金山名始于梁天监四年（505 年）"出自佛书，大地外有香水海，海水播溢无常，天帝设七金山以镇之，

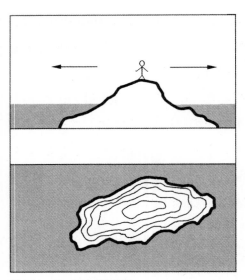

图 5.11　岛—环水型示意图

图 5.12　镇江金山寺塔

图 5.13　安徽宿松小孤山入口

此山在水中，故名。"③金山南朝时名氏父山、泽心山，也叫浮玉山。汪藻《金山龙游寺记》曰：金山"盖其前临沧海，却倚大江，独立无朋，以天为际，风涛朝夕赴其吞吐，日月晦冥环其左右，揽数州之秀于俯仰之间。而下盘鱼龙之宫、神灵之府，盖宇宙区奥古今胜处也。"焦山在宋时也曾有浮玉之称，"此出仙经，上仙居，浮玉山朝上帝，则山自浮去，因金、焦俱在水上故也。"④桐君山位于富春江和分水江汇合处，一峰突兀，下瞰两江，宛如浮玉。小孤山则因小姑庙而具有神奇浪漫的色彩，和金山的出名一样（图5.13、图5.14）。对"岛环水"型的理解，自古就有相通的认识，即"玉山离垢，亘古常浮"。不同的是，焦山和桐君山树木蔽日，建筑稀少，地广而幽僻，有"山驻人宁"之感；而金山和小姑山地狭而巧，"拳立尖仄"之山体覆盖较多建筑。

图 5.14　从长江江面看小孤山

5.2.2　半岛—环水型

山凸于水，形如半岛，三面环水（图5.15）。如江苏南京清凉山、江西湖口石钟山、江苏镇江北固山等。

这种基地处于陆水之间，视野开阔，常有锁钥、咽喉之功能，军事犄角之形胜。

南京清凉山是南京西部的重要制高点，所谓"石头虎踞"即此处，《金陵古今图考》曰"乃天限之门户也"。镇江北固山北临长江，三面环水，成为京口北边重要防地而名北固山。石钟山"三面阻江，其西乃大陆群山所奔凑也"[⑤]，有"长江之险在湖口，湖口之险在石钟"的说法（图5.16～图5.19）。在这样的基地上，"城垣磐石倚其雄，水师屏障扼其要，非幽窈绝尘者可比"[⑥]。当然石钟山也因山声、山形而负盛名，但这种"半岛—环水"型无疑和"离垢"、"绝尘"的"岛—环水"型功用截然不同，有着明显的防卫功能。

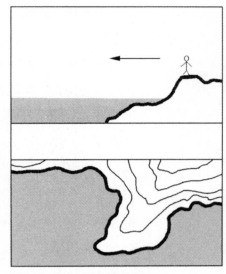

图5.15　半岛—环水型示意图

图5.16　江西湖口石钟山形胜图（摹自清光绪《石钟山志》）

图 5.17　从长江江面看石钟山

图 5.18　九江湖口石钟山昭烈祠入口

图 5.19　九江湖口石钟山昭烈祠内院

图 5.17　从长江江面看石钟山

图 5.18　九江湖口石钟山昭烈祠入口

图 5.19　九江湖口石钟山昭烈祠内院

5.2.3　背山面水型

　　山峰后退于陆地，面水有开阔气象，如江苏南通狼山、湖北宜昌黄陵庙、四川忠县石宝寨、浙江桐庐严子陵钓台、杭州六和塔等。

　　此种景点往往处理成台地，于山腰、山麓或顺应山势形成序列，是符合传统的中国风水理论的基地类型（图5.20）。根据中国风水理论，此山即"龙脉"——"地脉之行止起伏曰龙"[⑦]。一般基地选择于山麓或半山腰的，通常山脊有轮有晕（起伏有晕者则脉有生气），基址（穴）与山顶气脉相承，形成相融相生的蓬勃景象。所谓"龙首当镇，龙尾当避，坐龙腕，避龙爪"[⑧]是也。如黄陵庙乃属此型，台地位于九龙山麓而称为"九龙捧圣"，极目远眺，江上万千气象尽收眼底。对于山顶平淡缺势的，常置建筑于顶部使山耸秀峭峻，将基址结合山体进行有序设计。如狼山山顶建有大圣殿和支云塔，山麓南有广教禅林、北有观音大士院，山半有准提庵，山麓和山顶的布局规则性强，中间灵活，经流线贯穿后使山体有势又有形。忠县石宝寨将玲珑阁楼建于山顶平坦形若玉印的玉印山上，又将山寨依山凿道分九层，将寨门、寨身通至平坦如砥的寨顶，整个山体的山躯和顶部均作为基地（图5.21）。"天作百丈台，秀削疑人工"，绀宇凌霄，鬼斧神工，形成罕见的江上奇景。湖南汨罗江畔的屈子祠，建于玉笥山上，背山面江，和湖北秭归县长江北岸的屈原祠采取同样的处理方式（图5.22～图5.23）。

　　这种"背山面水"型景点的数量最大，形式最丰富，无论基地如何选择，往往很重视江上观赏的整体效果，同时也十分强调观赏、眺望江景的视野，是拜谒、观景的胜地。狼山山顶庙门有石刻对联："长啸一声，山鸣谷应；举头四顾，海阔天空"，道出踞高俯视的境界。

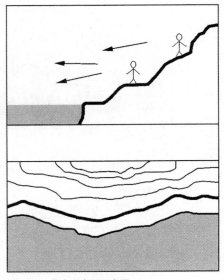

图 5.20　背山面水型示意图

图 5.21 忠县石宝寨立面图

图 5.22 汨罗江屈子祠入口

图 5.23 汨罗江屈子祠内院

5.2.4 石矶临水型

石矶直逼江水，裸岩呈现肌理组织，垂直感强，有凌霄巍峨之态（图5.24）。如江苏南京燕子矶、安徽马鞍山采石矶、湖北蒲圻赤壁、黄冈东坡赤壁等。

这种景点陡石壁立，下临深渊，限制颇多，甚难处理，关键是审时度势，不破坏自然之整体美。燕子矶乃观音山余支一峰，怒突皆巉石叠起，三面斗绝，江上望之形如燕飞，因称燕子矶，明初即山建观音阁，正德初因阁建寺，殿阁皆缘崖构成，以铁缍穿石系栋，其余建筑在石矶后纵深方向奥处设置。采石矶原名牛渚矶，相传古时有金牛出渚而得名，又因此处产五彩石，东吴时改今名。矶悬崖峭壁，万里长江一泻而下，唐代诗人李白曾在此对月举樽，泛舟咏唱，从而有太白楼、行吟桥、衣冠冢等，临江有三元洞，但为收到沿江危耸效果，将三元洞亭阁镶嵌崖上，反衬了绝壁的摄人心魄（图5.25）。蒲圻和黄冈赤壁均将建筑位于矶顶，江水直扑石壁，完全展露剥痕耀红的赤壁。

和"背山面水"型一样，"石矶临水"型有观和被观两重性。但相对而言，"背山面水"型往往因建筑设置而使景观更富意趣，而"石矶临水"型则常因临江山石奇险而出名。

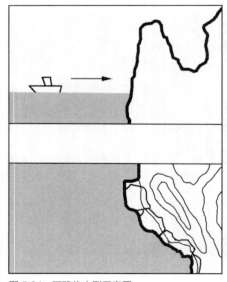

图5.24 石矶临水型示意图

图5.25 马鞍山采石矶三元洞建筑

5.2.5　平冈面水型

沿江平冈处于平缓地带，基地依山傍水，和江水呈平行的水平趋向，在视觉特征中表现为开阔辽远，令人心旷神怡（图5.26）。如湖南岳阳的岳阳楼，江西南昌的滕王阁，安徽安庆的迎江寺等。

岳阳古称巴丘，相传四川巴山的一条大蛟蛇来到洞庭湖兴风作浪，践踏生灵，后羿得仙人宝箭和指正，射死大巴蛟，其尸骨硕大遂成巴丘，唐时改为巴陵，李白的《荆州贼乱临洞庭言怀作》中"修蛇横洞庭，吞象临江岛。积骨成巴陵，遗言闻楚志"说的就是此事。虽然这是传说，却形象地反映出巴丘的山形及其和水的关系，这里处于洞庭咽喉位置，形势险要。建安时期，孙权手下的鲁肃，为求得东吴生息之机，一方面联刘拒曹，另一方面加强自身实力，因此选择巴丘修筑城池，并在城楼西门城上修建阅兵台、阅兵楼，即岳阳楼前身。

滕王阁历经沧桑，数次变迁，细读王勃滕王阁序与诗，所称"列冈峦之体势"、"高阁临江渚"等句，则阁踞冈临江可知，而且负郭，"高楼负崇郭，矗起城之偏"（陈有年登滕王阁诗）。

由于平冈视觉空间视点较低，缺少环境陪衬与烘托，所以对于建筑造型及整体序列空间组织要求较高。岳阳楼、滕王阁、迎江寺等不仅用建楼、建塔、负城的方式创造气势，而且多与沿江面成多轴线展开（图5.27）。另外，根据中国传统风水理论，非常注重城门的设置，"城门者，关系一方居民，不可不辨，总要以迎山接水为主"[⑨]；一城的东南西北四方位中，又以西方之门较难与水之势结合，故常先观看大致地形，"如有月城者，则以外门收之，无月城者，则于门外建一亭或做一阁，以收之。"[⑩]岳阳楼、滕王阁、迎江寺及黄鹤楼均与此符合。

5.2.6　两山夹水型

两山夹一水，楼塔相对应，标志出地理形势上的独特风貌（图5.28）。如湖北武汉龟蛇锁江、浙江建德梅城双塔凌云等。

汉中长江两岸的龟山和蛇山又称为"灵龟"与"长蛇"，龟山上建晴川阁（建于明嘉靖年间，取唐崔颢诗"晴川历历汉阳树"之句），蛇山之首建黄鹤楼，楼阁对举，高标笼崇，形成两山夹江的"天下绝景"。建德梅城双塔挺秀（图5.29），为严州八景之一"双塔凌云"，"并耸则形势全而灵光焕，其文明之象乎"[⑪]，用双塔加强两山之势并和人杰地灵的地理形势相联系，亦为中国古人对山姿水态的特有理解。

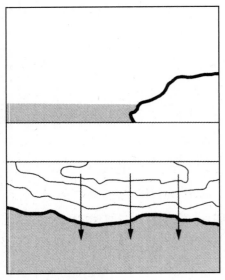

图 5.26　平冈面水型

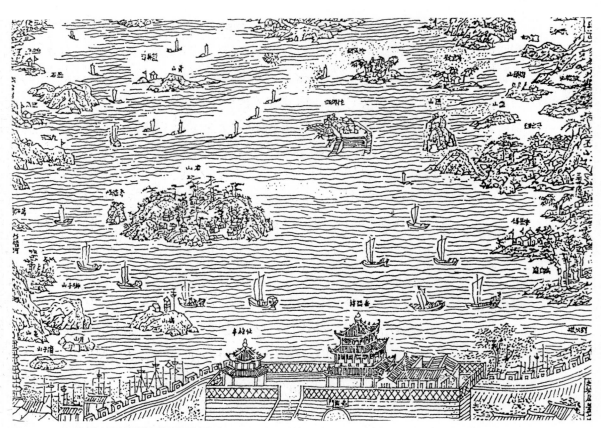

图 5.27　岳阳楼图（清光绪刻本《巴陵县志》）

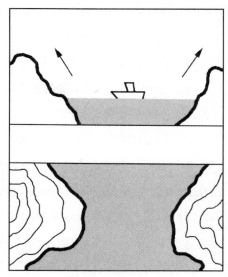

图 5.28　两山夹水型示意图

图 5.29　建德梅城"双塔凌云"图（清《建德县志》）

两山夹水型和平冈面水型，均重视用建筑强化山形山势。所不同的是后者重视山和水的亲和关系，用建筑改善山的形势有沿江平行展开的趋势；而前者则强化山和水的对比关系，用建筑提升山势使之更为突出。

依上分析，江水和山体的关系形成的景观类型，是我们认识和理解江南沿江景观的基础。从基址用途和成景的缘由看，既包含中国传统的审美和文化观念的传承，又反映古人利用和创造自然美的独特匠心。

另一方面，形成江南沿江景观的自然环境，还包括日、月、云、雾、风和雨。由于江水的作用，时间和空间的瞬息变化对沿江景观的影响较山地景观更为突出和鲜明。"淡烟疏雨间斜阳，江色鲜明海气凉。蜃散云收破楼阁，虹残水照断桥梁。风翻白浪花千片，雁点青天字一行……"（白居易诗《江楼晚眺，景物鲜奇，吟玩成篇，寄水部张籍员外》），便是江上特有景观。

5.3 沿江理景的手法

建筑与基地的整合，实际上包含了对基地的运用与选择两方面内容。在沿江景观中，主要是通过景观建筑与环境的设计和创造，以达到成景的目的。

景观的模式有许多种。而在山水间的营造中，古人注重脉络形势，已成为一种传统。山水相依，自然生景，最为关键。人工培补以臻完美，就是"因地构筑，值景而生"，方可宛若天然。

5.3.1 整体序列式——狼山和金山

狼山位于江苏南通，地处长江入海口北岸，扼江海之门户。沿江东西展开一列五山，其中以居中的狼山最为著名，狼山古寺则使狼山成为中国佛教八小名山之一。

狼山面江和背江两面的建筑设置迥然有异（图5.30～图5.33）。山之正面（南面）建筑多，主体建筑型制规范，南麓的广教禅林和山顶的大圣殿等建筑均有严整的纵向轴线组织，构成一定的气势。而山坡上的准提庵则布局灵活，呈不对称型，虽东西有纵向轴线，但入口偏离，余屋及院落格局也富于变化。如此在江上观狼山，形成上下严谨、中间灵活；山顶和山麓纵轴线，山腰自由曲折、灵活变化的序列。山之背面仅有一处很小的观音大士院，经由曲线的路径自山顶延伸至此，环境幽静，张后有弛。

这种整体序列，主要是借助建筑的起点、高潮、终点的布置，增强山的形势，以求屈曲生动。

　　金山位于江苏镇江，原处长江中流。由于金山是江中孤岛，故特别重视用人工建造的方法形成山之形势（图5.34、图5.35）。山体迎向自西而来江水的一面为正向，入口安排在西面码头上，全寺依台地拾级而上，"西卷门一路二十三级，穿门上台十三级"[12]。山上的观音阁、江天阁与江天寺诸殿保持平行或垂直的几何关系，其间通过层层高台的挡土墙和台阶转折联系，形成踞江而峙的特征。东面和西北面，山势险峻，均为峭壁，也就少用人工处理，东麓的建筑群没有统一和明确的轴线，外廊也以参差不齐的手法形成山之自然形态，山背后东南渡口至御码头用长曲走廊围合，布置灵活自由。这种讲究整体序列的处理方式，反映了古人对金山环境特质的理解和把握。

　　古人有"观龙以势，察穴以情"的看法，"势者，神之显也；形者，情之著也"（孟浩《形势辨》）。整体序列式所强化出的屈曲生动的形势，为沿江景观成景模式之一。采用此种布局和设计的还有焦山、桐君山、小孤山等。

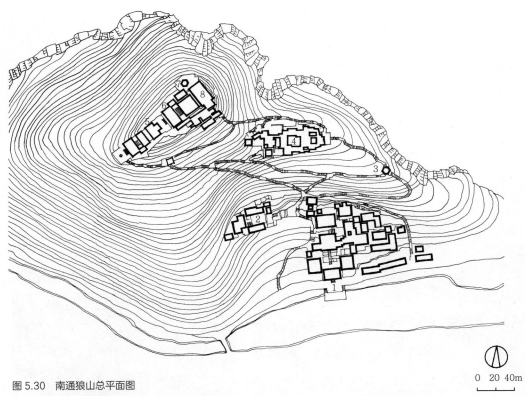

图5.30　南通狼山总平面图
1. 广教禅林　2. 紫琅园　3. 望江亭　4. 准提庵　5. 萃景楼　6. 圆通宝殿　7. 支云塔　8. 大圣殿

图 5.31 从长江江面看狼山

图 5.32 南通狼山广教禅林释迦殿（法乳堂）

图 5.33 南通狼山支云塔

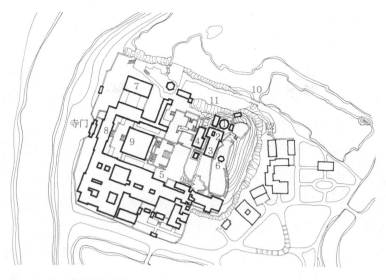

图 5.34 镇江金山总平面图
1. 慈寿塔　2. 黄鹤楼　3. 大观音阁　4. 小观音阁　5. 妙高台　6. 江天一览亭
7. 禅堂　8. 天王殿　9. 大雄宝殿　10. 玉带桥　11. 法海洞　12. 朝阳洞

图 5.35 镇江金山江天寺

5.3.2 散点分布式——采石矶

采石矶，位于安徽马鞍山，西濒长江。该处山石嶙峋，形势险要，自古以来为兵家必争之地。又由于风光旖旎，古代名人雅士纷至沓来，唐代诗人李白一生浪漫，"长来采石江边眠"，传说他最终于此捉月坠江而死，遂使采石别具魅力。

长江万里，百转千折，但到安徽当涂为重要一折，古代称这段江面叫横江，东岸的采石矶就伸向江边，为横渡长江的重要渡口。

采石矶在古代成为景观，主要在于地形、地貌和风景独特。而建筑为历代陆续建置逐步形成，呈散点分布式。山川气象，自然为重，建筑掩映其间。

其中，最重要的是位于大江之浒的太白楼，背山面江，享有"风月江天贮一楼"的美誉（图5.36）。沿太白楼石级西南行不远，台地上建有佛教建筑广济寺，系东吴赤乌二年（239年）佛教传入中国后建置，现还有"赤乌井"一口为证。沿广济寺前小路向西南方前进，绿树尽头豁然开朗处，有北宋创建的蛾眉亭，在此南望长江两岸东西梁山若蛾眉二抹，故名。若沿蛾眉亭一带继续北行，山路急转直下，面江有一块开阔地，是唐代官府设在采石矶用作传递文书、更换马匹、留客歇宿的处所——横江馆。馆左前方直通江流处，乃三元洞，清康熙年间僧人定如在此参禅并供奉天、地、水三神位，故名三元。康熙年间建阁于洞上，叫妙远阁，民间复建后曰三元阁。循山径西上，江天渐趋

图5.36 采石矶太白楼外景

辽阔，登临之后有"唐诗人李白衣冠冢"。由衣冠冢登抵山顶，明代建有高阁三台阁，惜乾隆后阁毁，留下一片空旷（2000—2001年复建）。此外，采石矶除汉、唐、宋、明、清等朝代存有建筑外，历代名贤也在采石留有踪迹和建筑。这些建筑均各自独立，经历代游人寻访自成线路连接起来。

这正对应了"非势无以见龙之神，非形无以察穴之情"的看法（孟浩《形势辨》）。采石矶"绝壁临巨川，连峰势相向。乱石流伏间，回波自成浪。但惊群木秀，莫猜精灵状。更听猿夜啼，忧心醉江上"（李白诗《牛渚矶》）。整体的气势已浑然天成，建筑或应势而建，或退临矶石，或镶嵌崖上，或为驻足和怀古登临处，以不破坏展露石矶裸岩及肌理组织又可抒发情怀是为要点。如此进行建筑和环境处理的，还有北固山、燕子矶、蒲圻赤壁、黄冈东坡赤壁、古清凉山等。

5.3.3　沿江建筑组合式——岳阳楼

岳阳楼是素负盛名的古建筑，也是临江滨洞庭湖的景观（图5.37、图5.38）。它位于岳阳市西门城楼上，该处为岳阳城和洞庭湖的交界处，是一平冈。

岳阳楼自唐至清一千多年中，几经兴废，但主体建筑仍气势雄伟。自湖滩达岳阳楼要通过两侧有高墙封闭的高台阶，拾级而上，翘首而望，只见总高近19米的三层黄色琉璃瓦盔顶建筑屹立其上。一楼四壁均为雕花门窗，二楼周围设明廊，曲栏环绕，游人凭眺湖光山色，大有"天下江山此最雄"之感。李白有诗："楼观岳阳尽，川回洞庭开。雁引愁心去，山衔好月来"；杜甫则云："昔闻洞庭水，今上岳阳楼。吴楚东南坼，乾坤日夜浮"，均道出登岳阳楼的此情彼景。

岳阳楼两侧有辅亭：三醉亭和仙梅亭。虽曰亭，实则碧瓦飞檐，重檐高大，和岳阳楼形成一楼二阁的"品"形布局沿冈展开。实际上，道光十九年（1839年）在重建三醉亭时（始建于清乾隆四十年，即1775年），改名为斗姆阁。同治六年（1867年）再建时，复改斗姆阁为三醉亭，但自亭上建阁可通岳阳楼二楼，还是阁的遗制。仙梅亭始建于明崇祯十二年（1639年），两层三檐，檐角高翘，也是阁的形象。从明清岳阳楼的形制看，与"午门"的布局有一定关系，且西城门和岳阳楼形成中轴线，两辅亭和对应的前面也有阶梯和两亭形成轴线，如此形成前后参差、高低起伏、左呼右应、中心突出的群体建筑形象。

在宋画滕王阁和黄鹤楼中（图5.39），也可以看到这种高下大小、主从虚实、整体局部的既对比又协调的关系，借用三国魏何晏的话，是"势合形离"，也可以理解成由单体建筑的"形"的组合，成就了意象和景观上的"势"。安庆迎江寺中轴线上高塔耸立，

图 5.37　从洞庭湖湖面看岳阳楼

边侧两轴线上殿庑相连，也是这种手法。而清代的黄鹤楼，一反变化多致、丰富多彩的
前态，建造了一座别具一格的塔式建筑，楼后才有亭，从江上观之，此楼就犹如孤鹤了，
显得单薄凄清，虽获得沿江建筑的高度，却失去沿江景观的情致。

图 5.38　岳阳楼近景

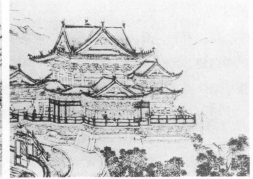

图 5.39　宋画中的滕王阁（左）、黄鹤楼（右）

5.3.4　点穴建置式——黄陵庙和六和塔

在沿江景观中，建筑选址布局精审，以穴位独到画龙点睛地展现"势"的实例，非常丰富。

黄陵庙位于湖北九龙山麓正中的一方台地上。九龙山后的黄牛岩连绵起伏，轮廓柔和，为主山；九龙山的台地则由于环山带水，为吉地。由于穴位极佳，伫立庙前能饱览长江上下西陵峡的奇丽风光，黄陵庙也被俗称为"九龙捧圣"。

庙的布局依台地高差，背山面江，在中轴线上建有山门、禹王殿、屈原殿、佛爷殿。屈、佛二殿规制宏伟，施斗栱重檐，惜1949年前被兵匪拆焚，现仅留二碑记载清代修建始末。禹王殿是明代遗构，重檐歇山，高15米，上檐悬"砥定江澜"额，道出此地巧形展势的境界。殿后有黄牛泉、放生池。殿前山门位于较低的台地上，山门与戏台结合，系光绪丙戌年（1886年）重建，构思奇巧。武侯祠在禹王殿右侧，祠内存有"云霄一羽"匾，点出它和主轴线的关系。"云霄"一词则可想见从江上观黄龙庙的气势。

六和塔，位于杭州段的钱塘江畔月轮山上，也称"六合塔"，创建于宋开宝三年（970年），是吴越王钱弘俶为镇压钱江大潮而筑，塔名"六和"应佛家六种规约，"六合"则是合"天、地、四方"以镇江潮之意。该塔背后三面环山，为突出和醒目，塔造得高大宏敞，因处钱塘江的转折处，又成为船舶导航的标志（图5.40）。古有诗曰："孤塔凌霄汉，天风四周来。江光秋练净，岚色晓屏开。独鸟冲波没，连帆带日回"，对此塔势态和景象作了概括。

这种精心选址、巧妙设计的建筑，使景观形成大气势。这类沿江景观建筑，还有浙江富阳鹳山的"春江第一楼"，可"凭栏远眺婺睦黟歙之山，隐隐云际，烟波混漾，风帆沙鸟，历历在目，阴晴晦暝，山川云气，变态百状。"[13]另外，像盐官镇海塔、梅城双塔、九江锁江楼宝塔等，或于山坡，或于山顶，或于山腰，却都以点穴之功，起到巧形以展势的作用，不但可发挥导航引渡和"镇水"的功效，且因其高耸的形象，成为动人心魄的景观。

可以看到，沿江景观的形成既取决于对基地环境的充分理解和运用，又因建筑参与其中营建，而使自然和人工得以相互修正与调整，整合出古人约定的"情满于山"、"意溢于海"（《文心雕龙·神思》）的沿江景观。

进一步概括沿江理景中关于建筑与基地整合的四种成景模式和手法，有如下方面：

（1）关于形势

中国古代风水形势说在理论上的阐发是很丰富的，除定量给出"千尺为势，百尺为

图 5.40　杭州六和塔高大醒目

"形"的规定外，还有许多要旨，这在江南沿江景观的实践中得到相应的证明。整体序列式形成的景观就是"积形造势"；散点分布式的准则乃"势全形顺"；建筑组合式便是"形全势就"；而点穴建置式则为"驻远势以环形，聚巧形以展势"。这种关于形和势的创作手法，强调外部空间设计的深思熟虑和精湛高超的意匠，在沿江景观中尤为突出。

（2）关于朝向

沿江景观建筑没有明显的朝向要求。景点依江之南、北岸而成的，几乎对等，也有是位于江的支流东、西岸的，或于江中及挟江于两翼的，因此，主体建筑并无朝向上的准则，而只有方向上的向背之分，即各景点的正面都面江或朝向自西而来长江之水。

（3）关于建筑

在沿江景观中，建筑起到很大作用，具"成景"和"观景"双重性。"成景"即从江上要有景可看，有势、有形、有态；"观景"是要登高望远。这双重性的契合点便是建造高大的塔、楼、阁，或于高地上建亭、台、殿。据对沿江各景观主要建筑的统计，建塔、楼、阁的比例甚高,而建亭的更多。这些建筑均高敞通达,从而成为所见景物最丰富的场所。宋代黄冈竹楼可为一证:竹楼"与月波楼通,远吞山光,平挹江濑,幽阒辽复,不可具状。夏宜急雨,有瀑布声,冬宜密雪,有碎玉声。宜鼓琴,琴调和畅;宜咏诗,诗韵清绝;宜围棋,子声丁丁然;宜投壶,矢声铮铮然。皆竹楼之所助也"(王禹偁《黄冈竹楼记》)。且有了这些内部并无实用功能的建筑与空间,便能"空故纳万境,静故了群动"了。

(4)关于自然和人工

自然和人工的整合过程,就是景观的创造过程,一种秩序建立的过程。自然就犹如一个混杂体,江水奔涌,山体上的植物和落叶,土地上的细流和苔藓,它们虽对人会有各自的影响力,但只有对这混杂的环境建立起秩序,才能唤醒人们的知觉。而秩序是趋于向内的。如"洲岛骤回合,圻岸屡崩奔"(谢灵运《入彭蠡湖口》),是自然状态下的水和岛的关系。但如焦山经建立秩序后,山麓建有行宫、定慧禅寺、佛香楼、枕江阁等,便有了一幅深山缠玉带的稳定图景,再有了建筑自山下而山顶的主轴线架构,就有了江裹此山山不浮,"山驻人宁"的感受。

故而,自然和人工的整合,形成一定的秩序,才是沿江景观可以上升为意境的第二个阶梯。

5.4 景观诗文与意境创造

文学在沿江景观中的作用是非常显著的。其中,诗文对形成景观意境更是不可低估。人创作诗文的活动,便是对景观的主观领受与感受的过程。"倾壁忽斜竖,绝顶复弧圆。归海流漫漫,出浦水溅溅",是沈约《早发定山》中对一幅沿江景观的描述,而接下来"誉言采三秀,所徇望九仙"的神话漫想,则是其融入客体达到美轮美奂的境界了。

毫无疑问,主体和客体、感性和理性、个体和社会、人和自然的相互矛盾和对立,往往在大境界中融为一体。而借景发挥,微言大义,必然提升了意境。这就是"世言山川灵境,必借文章以传"。

沿江景观诗文与意境创造的相互关系主要表现在:

第一,情由景生,情景相融。

如李白《夜泊牛渚怀古》:"牛渚西江夜,青天无片云。登舟望秋月,空忆谢将军。余亦能高咏,斯人不可闻。明朝挂帆席,枫叶落纷纷",便是李白观牛渚(采石)夜景后萌生的怀才不遇之情愫的抒发。无独有偶,刘禹锡《泊牛渚》,观江上之景,也联想到东晋袁宏咏史被谢尚赏识的事，而自己则感叹："芦苇晚风起，秋江鳞甲生。残霞忽改色，远雁有余声。戍鼓音响绝，渔家灯火明。无人能咏史，独自月中行。"这种应景而情的感伤便是人与自然在境界中的相融所产生的意境。正如刘勰所说："人禀七情，应物斯感"；"诗人感物，联袂不穷"。

第二，点睛传神，景随文传。

如黄冈赤壁，不过长江南滨一断岩而已，因苏东坡有前后赤壁之游，又有《前赤壁赋》、《后赤壁赋》和《念奴娇·赤壁怀古》等咏唱，"清风徐来，水波不兴"，"山高月小，水落石出"，"乱石穿空，惊涛拍岸，卷起千堆雪。江山如画，一时多少豪杰"，这些点睛之作，大大增加了赤壁之美。"乱石穿空"，逼真传神，提升了赤壁的景观意境。

又如崔颢的名诗《黄鹤楼》传诵千古，在意境上起到光大的作用。虽后来黄鹤楼屡毁屡修，盛景已非昔日，而其知名度仍不减当年，其间诗文传咏，功不可没。这就是"昔人已乘黄鹤去，此地空余黄鹤楼。黄鹤一去不复返，白云千载空悠悠。晴川历历汉阳树，芳草萋萋鹦鹉洲。日暮乡关何处是，烟波江上使人愁。"

第三，审名察意，托物寄兴。

沿江景观中有许多初建时名不见经传，但后因文人审名察意、托物寄兴行文而名声大噪的。实际上，其中最重要的是诗文字字珠玑，脍炙人口，成就了景观的意境。著名的如王勃的《滕王阁序》，作者用神来之笔，描绘了地理的沿革，天文的星野，东南半壁的山川形势，并涉及历史人物、自己身世；在形式上，辞句对仗，讲究声律，琅琅上口。难能可贵的是作者运用委婉的文笔，写出了一种极端复杂矛盾的心境，"落霞与孤鹜齐飞，秋水共长天一色"，含意无穷。每每人们登临滕王阁，此高远意境便油然而生。再如范仲淹于岳阳楼抒发的"居庙堂之高，则忧其民，处江湖之远，则忧其君"和"先天下之忧而忧，后天下之乐而乐"的情愫和抱负，更是意境博大，平添光辉。

宋代诗人陈垲登采石极目亭，留下《极目亭》一篇："谁知极目命亭意？不在登临与品题。天地两间同汗漫，江滩一水自东西。惊栖何日能归燕，灵异当年任照犀。万境尽从心上化，静参飞跃悟端倪。"以一种通达的态度，将自然之景、人文之景、心灵之景刻画出来。从而，我们可以理解，沿江景观的最高境界之美便是人参与活动，将自然和人工整合出的景观赋予更深一层的意义。

注释

①《游焦山记》续中，顾宗泰撰文。
②《游焦山记》续中，沈德潜撰文。
③、④《续金山志》卷上。
⑤《石钟山志》卷二·山水。
⑥《石钟山志·例言》。
⑦《阴阳二宅全书》卷一，龙说。

⑧《管氏地理指蒙》寻龙经序第四六。
⑨、⑩《阳宅会心集》卷下，开城门论。
⑪《严州府志·艺文志》。
⑫《续金山志》卷上，形胜。
⑬《富阳县志》卷一六，胜迹。

附录

江南沿江重要景观建筑建置一览表

主要景点名称	主要建筑建置概况	主要观景建筑名称
四川省忠县石宝寨（江北岸）	清代嘉庆二十四年（1819年）依山建造12层楼阁，由两部分组成，下九层是附崖建筑，山顶为三层魁星阁，阁前有望江台。山顶还有古庙名天子殿，共三重，创建于康熙、乾隆年间	魁星阁、望江台
湖北省宜昌黄陵庙（江北岸）	黄陵庙的前身黄牛祠，建于夏代，至宋时庙中仍祀黄牛神。宋时改庙为"黄陵"，供祀禹王。据考古发掘，有庙"始建于唐"的说法。明清几毁几建，现庙为光绪十二年（1886年）重修而成。主要建筑有山门、禹王殿、屈原殿、佛爷殿、武侯祠。屈、佛二殿中华人民共和国成立前被兵匪拆焚。禹王殿系明构	禹王殿
湖南省岳阳楼（江南岸、湖东岸）	三国时在此设阅兵台，唐开元四年（716年）在此修楼。自唐至清几经兴废，现主楼建于清光绪六年（1880年）。岳阳楼两侧有三醉、仙梅两辅亭。三醉亭始建于清乾隆四十年（1775年），仙梅亭建于明崇祯十二年（1639年）。中华人民共和国成立后均重修	岳阳楼
湖北省蒲圻赤壁（江南岸）	赤壁矶头的石壁上有"赤壁"摩崖石刻，传系周瑜亲笔所题。赤壁遗址的南屏山顶，有拜风台，现存建筑系1935年重建。赤壁遗址的金鸾山腰，有凤雏庵，现存殿室系清道光二十六年（1846年）重建。赤壁山头有翼江亭，近代建	翼江亭、拜风台
湖北省武汉黄鹤楼和晴川阁（江两翼）	古黄鹤楼从东吴黄武二年（220年）始建，至清代光绪十年（1884年），历时1661年，几经兴废。现黄鹤楼系20世纪80年代落成。晴川阁为明嘉靖年间汉阳太守范子箴创建，清顺治、雍正、同治年间多次重修，光绪年间又增修，辛亥革命时仅存平房三间，1983年按光绪年间样式修复，两年后晴川阁落成	黄鹤楼、晴川阁
湖北省黄冈东坡赤壁（江北岸）	原名赤鼻，亦称赤鼻矶，在古黄州城西门外。宋时有四楼：栖霞楼、竹楼、月波楼、涵晖楼。南宋时，赤壁上建筑被战火焚毁。元代至顺年间，在宋代旧址上重建了竹楼等建筑，元末又毁。明代重修四楼，并新建羡江楼、水月亭、问鹤亭、东白亭、酹江亭、万仞堂等楼阁，大士阁比城楼还高。后几圮几建。现建筑为1925年建造，有栖霞楼、挹爽楼、酹江亭、坡仙亭、留仙阁等	挹爽楼、留仙阁
江西省南昌滕王阁（江东岸）	滕王阁系唐永徽四年（653年）洪州都督李元婴所创建，后历代重修、重建约28次。1926年被北洋军阀烧毁。1942年梁思成作过修复滕王阁的方案，现滕王阁系20世纪80年代落成	滕王阁
江西省九江锁江楼宝塔（江南岸）	明万历十三年（1585年）建楼三层，建塔一座，并铸铁牛四头。后地震，仅存宝塔，共七层	锁江楼宝塔
江西省湖口石钟山（江南岸）	"石钟山"名始于北魏，唐代起建有建筑，几经兴废。现存半山亭、怀苏亭、绀园、船厅、江天一览亭、钟石、报慈禅林、太平遗垒、浣香别墅、太平楼等，均为清代重建	怀苏亭、太平楼

主要景点名称	主要建筑建置概况	主要观景建筑名称
江西省湖口小孤山（江中）	相传大禹治水时在此刻石纪功，秦始皇东巡，勒"中流砥柱"于石上，盛唐时有小孤山雅号。半山有启秀寺，民称小姑庙，始建于唐，其后有圮有建，山顶建有梳妆亭。自下而上，名胜古迹有一天门、启秀寺、弥陀阁、半边塔、小天台、太极洞及摩崖石刻等	梳妆亭
安徽省安庆迎江寺（江北岸）	古称永昌禅寺、古万佛寺。始建于北宋开宝七年（974年），历代均有整修或扩建。现存建筑为同治间修建，共三进，有大雄宝殿、藏经阁、大士阁、毗卢宝殿、东西廊房和振风塔	振风塔
安徽省马鞍山采石矶（江南岸）	原名牛渚矶，三国东吴时改今名。建有太白楼（始建于唐，今楼为光绪三年即1877年重建）、广济寺（始建于三国东吴赤乌二年即239年，宋改称广济寺，现为光绪年间重建遗构）、蛾眉亭（始建于北宋熙宁二年即1066年，元明清多次修缮）、衣冠冢、三元洞、行吟桥等。崇祯十五年（1462年）建有三台阁，后毁，2000—2001年重建	太白楼，三台阁
江苏省南京燕子矶（江南岸）	山顶有碑亭，亭中有清乾隆帝书"燕子矶"。燕子矶附近有弘济寺、观音阁，寺废阁存。有头台洞，二台洞，三台洞等	碑亭、观音阁
江苏省镇江金山（江中）	金山江天寺原建于东晋，称泽心寺，唐时通称金山寺，宋改龙游寺，清康熙始有今名。寺前有石坊，入内有天王殿，山巅建慈寿塔、江天一览亭，乾隆时曾建有文宗阁，太平天国时毁。另还有留玉阁、大小观音阁、七峰亭、妙高台、楞伽台等	慈寿塔、江天一览亭
江苏省镇江焦山（江中）	焦山定慧寺始建于东汉兴平年间，宋名普济禅寺，元易名焦山寺。大殿建于南宋定年间，元毁，明宣德间重建，清重修。吸江楼在焦山顶端，清同治十年（1871年）改亭为楼。山下有华严阁、观澜阁、百寿亭、壮观楼等	吸江楼
江苏省镇江北固山（江南岸）	北固山甘露寺相传建于三国时，现寺内殿宇均建于清末。寺东有铁塔，北宋遗物。过去有多景楼、江声阁、凌云亭等。凌云亭六朝时为北固山亭，明代称今名	多景楼、凌云亭
江苏省南通狼山（江北岸）	山上建筑总名广教寺。山顶支云塔建于北宋太平兴国年间，明成化十六年（1480年）焚毁，十八年重建。万历年间地震后有修葺。塔后有大圣殿。半山有葵竹山房等	支云塔
浙江省海宁盐官镇海塔（江北岸）	旧名占鳌塔。明万历四十年（1612年）建	镇海塔
浙江省杭州六和塔（江北岸）	创建于宋开宝三年（970年），九级，北宋宣和三年（1121年）焚毁. 南宋绍兴二十三年（1153年）重建，塔身减为七级。现存塔系光绪二十六年（1900年）照原样修建	六和塔
浙江省富阳鹳山（江北岸）	相传三国孙吴时曾于山顶建道观，更名为观山。上有春江第一楼，重建于清同治年间，改为两层。现楼阁是1964年改建的。矶头和山巅分别建有澄江亭和揽胜亭	春江第一楼、澄江亭、揽胜亭
浙江省桐庐桐君山（江北岸）	山脚旧有"古小金山"石坊，现已被"桐君山"石坊代替。山腰有1937年创建的凤凰亭。近山顶处，建有桐君祠，宋元丰年间建，明嘉靖、清康熙年间都曾多次整修，现祠复建于1981年。山顶建有桐君白塔，初建年代无考，宋景定元年（1260年）重建，后几圮几修，现为1981年整修。还有合江亭，另有四望亭，均为古亭新建	君山白塔、四望亭、合江亭

主要景点名称	主要建筑建置概况	主要观景建筑名称
浙江省桐庐严子陵钓台（江北岸）	严子陵钓台为山半磐石，俯瞰江面，高近 70 米。临江有严子陵祠，建于北宋景祐年间（1034—1037 年）。近水面建有客星亭	客星亭、严光钓台
浙江省建德梅城双塔（江两翼）	两塔隔江相望，南为南峰塔，北为北峰塔，均八角七级。建于隋末唐初，重建于明嘉靖二十五年（1546 年）	南峰塔、北峰塔
安徽省歙县长庆寺塔（江西岸）	又称十寺塔。因塔旁原有长庆寺，故名。传建于北宋重和二年（1119 年），元、明、清及民国年间多次重修，现塔七层	长庆寺塔
安徽省歙县太白楼（江南岸）	楼始建于唐，屡圮屡兴	太白楼

附注：

1. 沿江景观于北岸的 10 处，于南岸的 8 处，于东岸的 1 处，于西岸的 1 处，于江中的 3 处，于江两翼的 2 处。塔 10 座，楼 9 座，阁 6 座，亭 12 座，台 3 座，殿 1 座。

2. 一览表参考文献：

[1]《建筑师》编辑部. 古建筑游览指南（一～三）. 北京：中国建筑工业出版社，1983.

[2] 国家文物局主编. 中国名胜词典. 第 2 版. 上海：上海辞书出版社，1986.

[3] 汪国瑜. 梯云直上，绀宇凌霄——记忠县石宝寨. 建筑师，1981，（6）.

[4] 马鞍山地方志办公室. 马鞍山名胜古迹志. 合肥：黄山书社，1992.

第6章　名山理景

6.1　名山理景的成因与特点

6.1.1　名山理景的成因

山之所以著名而有"名山"之称，其成因十分复杂，概括说来，不外自然与人为两方面：举凡名山，大多拥有优美的自然景观、宜人的气候，这是名山的一个共同的基本特征；其次是人为的因素，诸如宗教的、礼制的、文化的、游览避暑的需要等，以及由此而产生的人工理景活动。因此名山不再是单纯自然造化的三维空间，而是蕴涵丰富的山水文化载体，这一点应是中国名山理景的最大特色。

（1）礼制

人类对山岳的向往与对自然的崇拜有密切的关联。先民们出于对自然力的恐惧与无奈，于是便将"山岳"同鬼神一并列入崇拜祭祀的对象。早在周代祭拜山岳已有了固定的程式。《左传·庄公二十二年》中有："姜，大岳之后也，山岳则配天。"山可以配天而祭，其有关的典章与制度被收录在《周礼》之中。

秦始皇统一中国后，确定了十二座名山，岁时加以祭拜，其中便有江南的会稽山[①]。以后，五岳五镇之祭纳入朝廷祀典。其中南岳衡山、南镇会稽山，都在江南。

（2）宗教

"天下名山僧占多"，僧侣们追求超凡脱俗，大多选择清静之地以为修炼场所。寺观选址以地偏为胜，名山因此而与宗教结下不解之缘。寺因山而构，山借寺而彰，这大约是中国名山景观的一大特征。早在战国及秦汉时期，方士们宣扬神仙方术，其特征之一便是神仙与山林相结合，汉代以前已有了"昆仑"与"蓬莱"一山、一海两大仙境体系，入汉以后，神仙说又有了新的发展，仙境演变得更为丰富。汉代名臣东方朔（或托伪）有《十洲记》传世，从而形成"十洲三岛"之说。时至东汉，经由方士、儒生们的宣传，很多现实的名山都成为神仙栖息的场所，仙境（山）与时人的距离更拉近了。东汉末年，张道陵创五斗米道，奠定了道教的雏形。道士们吸收了方士的学说，根据道教建构的需要，收编了一批"神仙"与"仙境"，江南的大多数名山在列，于是有"洞天福地"之说。在道教的十大洞天、三十六小洞天和七十二福地中有近一半地处江南。以十大洞天为例，处在江南的有：大有空明之洞天（今浙江黄岩委羽山）、上清玉平之洞天（今浙江天台赤城山）、金坛华阳之洞天（今江苏金坛、句容之茅山）、尤神幽虚之洞天（今江苏苏州西洞庭山）、成德隐玄之洞天（今浙江仙居、临海的括苍山）等。而三十六小洞天与七十二福地处江南的就更多了，其中江西贵溪市的龙虎山被尊为道教天师道的祖庭所在，武当山被敬奉为"玄天真武大帝"的发源地，所谓"非真武不足以当之"，武当山便因此而得名。

几乎同时，外来的佛教也相中了名山，汉明帝永平年间，印度僧人摩腾、竺法兰于山西五台山建"大孚灵鹫寺"。东晋武帝年间，庐山建有西林禅寺及东林禅寺。隋开皇十八年（598年），时为晋王的隋炀帝命司马王弘于天台山建国清寺。入唐后江南名山中的释道两教建筑日渐增多。佛教在唐朝有所谓"四大丛林"，即南京的栖霞寺、山东长清的灵岩寺、湖北荆州的玉泉寺和浙江天台的国清寺，这其中地处江南的有一半。明清时期的佛教"四大名山"，即普陀山、九华山、峨眉山、五台山，其中一半也分布在江南。显然宗教在江南名山的开发史上具有特殊的地位。

（3）气候

气候对名山理景具有两重意义，其一为"宜人"。江南的名山大多地处中亚热带，山地因其特殊的地理、地貌条件，大多气候宜人。如地处舟山群岛的普陀山，受亚热带海洋季风作用，雨水丰沛，年平均气温为16.2℃，盛夏时节，月平均气温不超过29℃，冬季也罕见冰雪，最冷月平均气温不低于3℃，冬暖夏凉，堪称避暑佳境。其他如庐山、九华山、莫干山等无一不是享誉远近的避暑胜地。以庐山为例，其地濒临鄱阳湖、赣江，水面蒸发与高山相对气流作用，加之林木的调节，夏季平均气温22℃左右，最高气温不过32℃，年平均降水量1916毫米，降水日170天，气候湿润，云雾迷漫，尤宜避暑。其二为"奇景"。往往特殊的气候现象本身也是一种特色景观，如普陀山相对湿度达79%，故春季多雾，变幻莫测；庐山冬季山上雪景与雾凇甚为壮观，而全年有雾日长达192天，所谓"不识庐山真面目"，与庐山的雾绝非无关。

（4）学术

士人据山筑书院以开展学术活动，这是中国名山的又一特色。书院多数为"民办"

或"民办官助"。东汉年间，隐居讲学在一些失意的文人中颇为流行。东汉时人赵康"隐于武当山，清静不仕，以经传教授"（《后汉书》七三·朱穆传）。两晋南北朝出现了隐读之说，时至盛唐，由于推行科举制，隐读之风大盛，据名山隐居研学，以谋取仕途，即所谓"终南之隐"。李白于唐天宝年间游览九华山，寓居于化城寺东，并建有书舍，史称"李白书堂"。宋代民族英雄文天祥有诗《李白书堂》："兰芷春风满地香，谪仙曾卧白云乡。山间精舍今犹在，落月时时见屋梁。"唐代正式的书院为数不多，书院的选址沿袭士人隐读的传统，同时借鉴寺庙道观的建设经验，为了避开喧嚣的尘世，大多选择山林作为研习讲学的场所。地处江南的有庐山白鹿洞书院（南唐时称"庐山园学"）、句容的茅山书院等。宋、明两朝，理学兴旺，加游学之风盛行，促进了名山书院的建设。理学大师们据名山胜境构书院，授业课徒，交流学术。朱熹于庐山五老峰南麓的后屏山之阳，重建白鹿洞书院宏阐理学，书堂馆舍多达300余间，白鹿洞书院因此而名声大振。周敦颐晚年迁居庐山，于莲花峰下建"濂溪书院"。南宋时期，朝廷南迁，汉文化中心亦随之南移，因而书院多分布于江南，尤以江西、浙江、湖南、福建等地最为集中。

（5）游览

古人云"食饱求美，衣暖求丽，居安求乐"，与"朝圣"、"学术"相比较，更多的人去名山主要是为了饱览风景。人们对名山的向往，与生活环境城市化程度有着密切的关系，城市的发展与完善在客观上加剧了人们回归自然的欲念。游山促进了名山的开发，与之相应，名山的开发也激发了世人饱览名山的愿望，两者相辅相成。

游历名山当始于春秋晚期，特定的历史时期产生了一批"游士"。孔子曾游过泰山、登朐山（今连云港之孔望山）。先秦之际，应游山的需要还出现了一些专门的器具，如战国时秦昭公发明了专供登山用的"钩梯"。秦汉之际的游历名山往往与封禅求仙活动结为一体。大量的、纯粹的游山活动出现在两晋南北朝。南朝诗人谢灵运自创登山鞋"谢公屐"，堪称是一种创举。唐宋以降，大批著名的文人儒士遍游江南名山，将游历名山活动推向高潮。

（6）地质、地貌

通常名山是以其富有典型性的自然景观为基础的，而构成这种自然景观的因素主要有地质、地貌、植被、水文、气候等。江南名山中堪称高山的有：庐山、黄山、天柱山、九华山、武当山、井冈山等。高山多数是由地质断层构成，如庐山、黄山，断层高差很大，山势峻峭，面积也较大。而其中更多的是丘陵地貌，相对高度通常在1 000米以下。其景观特征为：冈阜逶迤，群山绵延不断，所谓"千岩竞秀，万壑争流"。就地质构造而言，以丹霞地貌及花岗岩丘陵居多。丹霞地貌主要分布在长江以南，为陆相红色岩系，由砂岩、砾岩及页岩交叠构成。岩层大体成水平状，随地壳隆起而整体上升，在风化及水流的作用下，形态变化多端，如奇峰突兀的龙虎山、凌空拔起的齐云山等。花岗岩丘陵状若馒头，或节理发育良好，形象圆浑粗犷，如台似鼓，或奇特怪异，状若仙人走兽，如普陀山、黄山、九华山、天台山、天柱山等。江南名山中浙江乐清县的北雁荡山中有奇异的峰、洞、嶂、瀑，尤以瀑布群最具特色，有"东南第一山"的雅称。

（7）人文

人的活动本身也是构成名山景观的一大要素，名山中有为数众多的景观乃至山名，都是因"人"而生的，名山与名人相结合，成为中国名山的又一特色。前世的史实、逸事都可以是营构景观的线索，所谓"山因人彰"，从而更丰富了名山景观的人文内涵。庐山东林寺中有"三笑堂"，史载慧远、陆修静及陶渊明于东林寺辩论儒道释的高下，因而有"虎溪三笑"的传说，后世据此于东林寺中建造"三笑堂"，这纯粹是因人而生的一景。前人留下的诗词文章、摩崖题刻、故居遗迹，无一不是后来者欣赏、吟咏的对象。更有"山以文传"的例子，如庐山的瀑布景观是美的，但更得益于李白的诗——《观庐山瀑布》，"飞流直下三千尺，疑是银河落九天"，超时空的夸张，给人以无限的遐想，其艺术境界的感召力要远胜于现存景观本身。浙江天台山的显扬则是因《世说新语》所载东汉末年刘晨、阮肇在此采药遇仙的故事而引起，由此游踪不断。黄山原名黟山，因山多黑石而得名，唐天宝年间，以黄帝在此炼丹升天的神话而敕改黄山。九华山原名"九子山"，唐天宝年间李白游秋浦，望九峰如莲花，题诗"昔在九华峰"，由此得名"九华山"。继李白之后，唐代的刘禹锡、杜牧、杜荀鹤，宋代的苏轼、苏辙、王安石、文天祥，明代的王阳明、董其昌、汤显祖，清代的袁枚等文人名家游历九华山，都留下了诗句。九华胜景之一——"东岩宴坐"便因王阳明而得名。王阳明每至九华，必游东岩，独居岩上，终日宴坐，观山色、听鸣泉，因此而有"东岩宴坐"一景。几乎每一座名山均有因人、因文而彰的范例。人文景观积淀深厚使江南名山理景的内容更加丰富多彩。

6.1.2 名山理景的特点

与其他的一些游览场所相比较，名山可谓独具特征。首先，在规模上名山范围一般较大，不属于某一城市，而是自成体系。其二，它不同于邑郊游览地，其服务半径及对象也不限于某一城市，而是区域性的。其三，在游览方式上，不是朝往暮归，而是滞留时间较长，食宿问题较为重要。由于这样的一些原因，名山包涵的内容十分丰富，诸如朝圣、游览、避暑、隐居、读书等均是。

早期的名山开发具有自发性，以布局论，名山景点结构通常呈枝蔓状，对于山地景观的整体性及其与周边区域间的相互关系缺乏系统的考虑。在开发顺序上，一般"先山下，后山上"，以接近城镇的区域为早。这首先与交通有关，如庐山的开发由山南开始，由于这一带毗邻星子县城，交通便利。纵然是"出三界"的僧人，同样也离不开芸芸众生。普陀山为海岛型名山，面积 12.5 平方公里，分为前山与后山两大部分，其庙宇大多分布于地处东南的前山，这一方面与朝向有关，另一方面与前山的交通便利不无关系。其次，与经济因素有关。入唐以后，统治者对待宗教的政策相当宽松，随着寺观财富的积聚，寺观出现庄园化的趋势，僧道们的食宿自给自足，不再仰仗供养。与之相仿，儒者也由寺观的经验中得到启示，书院也纷纷置起学田，以为游学之资。如南唐时，李煜曾赐庐山园学善田数十顷，充作供给之用。朱熹于淳熙六年（1179 年）复建白鹿洞书院时十分重视学田之设，以为"规模一新，可垂久远"。由于有了稳定的经济来源，从而为寺观、书院"深入"名山提供了物质保障。

名山理景经历了近 2000 年的实践，有不少成功的经验，可供现今风景名胜区开发、建设、管理资借。其中顺应自然的理景思想、结合环境的设计手法、将人为的理景活动与自然秩序有机地统一起来。直觉中包蕴着理性，玄妙中隐涵着科学等等，不仅独具中国特色，而且仍然有现实的指导意义。

山岳景观构成相当复杂，其中必然也有糟粕。以九华山为例，其中心区域——九华街区，寺院林立，山门当街，以迎合世俗的需要，喧嚣纷杂，所谓"寺门如市，山僧如侩"，俨然一批"市场化了"的寺院，与佛门宗旨相去甚远。而更多的、表面化的所谓自然景观之命名，诸如猪八戒背媳妇、吃西瓜之类，实属牵强附会，格调低下，凡此种种应加以甄别清理。

6.2 江南名山发展概况

中国人究竟什么时候出现对山岳的崇拜已无从考证，然而据史书记载，春秋末年已有了人工理山组景的例子。春秋初期，视山林为自然神灵鬼怪的栖息之地，《左传·宣公三年》中有："民入川泽山林，不逢不若。魑魅魍魉，莫能逢之。用能协于上下，以承天休。""魑魅"即山水之鬼怪；"魍魉"为木石之鬼怪。当时人们在进入山川前必祈求上天保佑不要碰上这些不祥之物。春秋中晚期情形为之一变，随着各诸侯国间交恶争战，商品经济的发展与各国间贸易的增加，"游士"阶层的出现等因素促进了时人对自然的了解。作为观赏对象的自然物大大地增加了，山川、幽谷、激流、草木、鸟兽等皆进入了人们的审美视野。当然由于受到各种因素的限制，往往是离宫别馆与军事堡垒共存，典型者如吴国姑苏城郊姑胥山上的馆娃宫；人为整理山地景观尚未涉足"名山"的范畴，大多仅限于城郊或军事要塞。

秦汉以降，伴随着巡游、封禅活动的展开，名山风景的开发进入到一个新阶段。而江南的名山开发相对于中原、关中等地区要滞后一些，一方面江南远离当时政治文化中心，皇帝出巡多有不便，另一方面，划入五岳、五镇等名山的江南山岳屈指可数。秦始皇在第五次出巡方到东南，主要局限在东南沿海，行至会稽山、琅琊山、荣成山。属江南的仅会稽山。巡游活动主要包括以下几方面内容，其一为封禅，二为祭望，三为刻石，四为造离宫，五为寻仙。就景观开发而言，这些也都可以称得上是早期的开发活动。

除去皇帝的巡游封禅而外，方士选择名山胜境炼丹也是早期的开发活动，如西汉成帝时期，方士梅福隐居普陀山，因普陀山气候宜人，药材丰富，遂居洞穴以炼丹，由此普陀山又称"梅尘"。

东汉末，佛教与道教的相继"入山"，促成了江南名山的开发。相传道教的创始人——张道陵曾于江西省贵溪市建造草堂炼丹修道，倘果如其然，这大约是开宗教与江南名山结合的先河。

江南名山大量的人工理景应是两晋南北朝以后的事，此间尤以宗教为主导。如庐山的开发便是始自东晋，太元年间庐山南麓已建有西林寺，高僧慧远率弟子遍游中原太行山、恒山等名山，南下弘法途中为庐山秀美的景色所吸引，生栖迟之意，暂居西林寺。后经西林寺住持慧永（慧远的同门旧好）倡议，在江州刺史桓伊的资助下，于庐山南麓、西林寺东建造东林寺。由此东林、西林相互辉映。慧远居庐山 30 年，他不仅仅是一位高僧，而且与众多名士相过从，聚十八高贤结莲社，聚佛、儒、玄诸生讲学，在宗教、艺术、文学史上影响甚大。慧远创我国佛教净土宗，被尊为南方佛教宗师。继佛教之后，道教势力接踵而至，南朝宋时道士陆修静于庐山紫霄峰下构"简寂观"，于此修身养性，传播教义，开庐山道观之先。与此同时，儒家隐士陶渊明也卜居庐山南麓，过起悠闲的隐逸生活。除庐山外，江南的许多名山也都有宗教渗入，如张道陵的曾孙、第四代天师张盛移居江西贵溪市龙虎山，以此为道教天师道的祖庭。僧人宝志于梁天监元年（公元502 年）于江苏句容县宝华山创宝志公庵（隆昌寺的前身），讲经传教。

南北朝的时尚对于名山的开发有着不容忽视的作用。文学上玄言诗逐步为格调清新的山水诗所替代。与此同时，山水画也发展起来，文学艺术呈现出一派"山水化"的倾向。这无疑推动了时人的山水审美以及对山水景观的开发。文人士大夫游历山水，寻求山林意趣蔚为风尚。《世说新语》载："顾长康从会稽还，人问山川之美，顾云：'千岩竞秀，万壑争流，草木蒙茸其上，若云兴霞蔚。’”时人眼中的山不再是凶险寂寞的象征，而是可以游观的优美境域。此间的名山理景活动仍以宗教建筑为主，活动范围也大抵限于山麓。

唐宋时期，是江南名山理景的一个高潮，多数名山在这一阶段得以上规模地开发。唐太宗李世民登基后，自称是老子后裔，兴道抑佛，由此各地道观建设日渐繁盛。中唐时期佛教兴盛，寺庙可以拥有土地，并且不承担赋税，国家政策保证了宗教的发展。与此同时，外来的僧人也相中了江南的名山，唐开元七年（719年）新罗国皇亲金乔觉到九华山，虔诚苦修，时称“洞僧”，后被尊为地藏菩萨转世，九华山也成了佛教四大道场之一。唐宣宗大中年间（847—860年）印度僧人来到普陀山，大中十二年（858年），日本僧人慧锷与普陀居民共创“不肯去观音院”，由此普陀山成为观音的道场。入宋以后，江南名山寺观建筑有增无减，仅九华山一处在宋代已有寺庙29座。

另一方面是游学、隐读之风盛行，一大批文人名士入山，或为馆阁，或造别业。白居易于庐山建草堂，观赏山水，研习儒、道、释。李白遍游江苏、江西、安徽、湖南境内诸名山，歌咏山水，留下千古绝唱。

宋代尤其是南宋，理学昌盛，构筑书院遍及江南。如朱熹复建白鹿洞书院，由是庐山不仅是佛教及游览胜地，而且也成为理学的中心。书院建设对宋代的名山理景影响最为显著（图6.1～图6.3）。

在此期间于名山中建造一些公共性游览点的做法也开始兴盛起来，如朱熹在庐山南麓五老峰下修造卧龙庵、筑起亭，作为同好游憩之所。王希孟的《千里江山图卷》形象生动地描绘了当时山水间的理景活动，亭台楼观或突兀山巅，或处山麓水际，人工建筑与自然山水浑然一体。这表明唐宋之际人们对自然山川的认识在深化，名山理景活动已不再局限于山麓，而是广泛地分布于山间。

明清时期，秉承唐宋的遗风，名山理景活动有增无减，一方面是重新修葺前代遗存的建筑与设施，另一方面各名山均有新增项目。加之一些文人旅行家们如徐霞客等人的考察、描述，拓展了时人的视野，同时也扩大了名山大川的知名度。江南的绝大多数名山理景在这一期间有较大发展。明永乐十年（公元1412年）明成祖朱棣出于巩固政权之需，大造“君权神授”、“真武保佑”的舆论，命工部侍郎、驸马都尉等督军夫20余万人在武当山兴造道教宫观，费以百万计，修建了八宫、二观、三十六庵堂、七十二岩庙、三十九桥、十二亭台等一系列的建筑群，将武当山理景活动推向高潮（图6.4）。除武当山外，其他名山的情形大致相仿。以九华山为例，九华山在明代寺庙增加到101座，可谓空前。神宗皇帝于万历十四年（1586年）和万历二十七年（1599年），两次给九华山化城寺颁发《藏经》，并赠予巨款，更推动了九华山佛教的昌盛。至清代，由于康、乾及历代清帝的敕助，九华山的寺庙曾多达156座，僧尼四千，有“莲花佛国”、

图 6.1　庐山白鹿洞书院

图 6.2　庐山白鹿洞书院礼圣殿庭院

图 6.3　庐山南麓宋代观音桥

图 6.4　明代武当山图（摹自明方升《太岳志略》）

"江南第一山"之称。其中以祇园、东岩、万年、甘露四寺规模最大，号称"九华四大丛林"。"香火之盛，甲于天下"（图 6.5）。

近代尤其是民国年间，由于政治中心在南京，江南一带的风景开发相对较为频繁。其中庐山、莫干山等避暑名山在此间有较大发展。晚清政府腐败无能，丧权辱国，外国殖民主义势力渗入名山，庐山、莫干山、北戴河、鸡公山等地均出现了租界和避暑楼馆。以庐山为例，19世纪末，九江、汉口等地的英、美、俄、法等国的传教士、商人及其他的外部势力，先于山下，继而山上，后至山顶，修筑道路，择占山地以建造别墅与娱乐设施。英国传教士李德立甚至成立庐山牯岭公司，有计划地开发牯牛岭，牟取暴利，成为名山中的租界。牯牛岭的市镇化、西式化此间已初具雏形。随后而来的便是军阀、政客、官僚、豪富，均在庐山效仿当时的租界建筑风格营造别墅。国民政府定都南京，每至夏季，政府的要员们纷至庐山避暑，行政院的各部门夏季均移署庐山办公，并且将庐林地区规划为永久性办公用地，因此庐山又有"国民政府的夏都"之称。

近代的名山开发不仅将西式的建筑引入了名山，而且也波及时人的生活方式，如清人周庆云在《莫干山志·自序》中所说："夏令避暑我国视为娴雅之事，高贵者偶为之，而外人则不然，虽普通经商亦往往择地远游，且有所建筑，今风气渐及于我国……"避暑游山已不再为少数特权阶层所专有，而呈现出广泛的趋势。

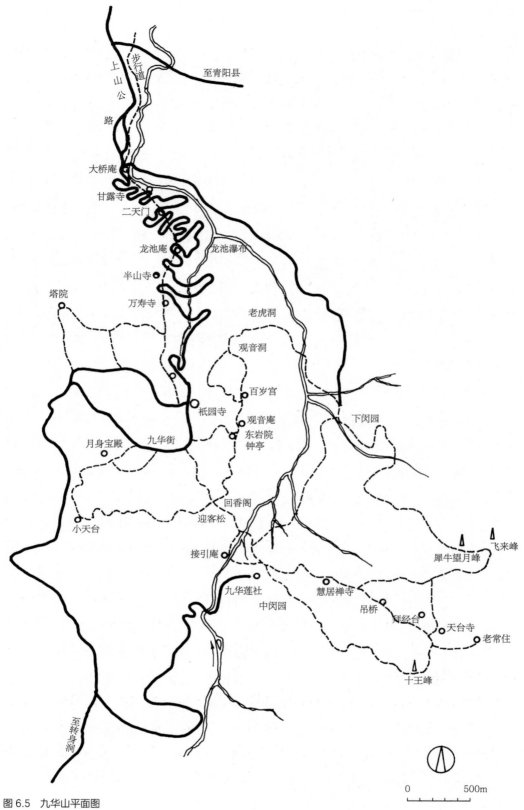

上山公路

步行道

至青阳县

大桥庵

甘露寺

二天门

龙池庵

龙池瀑布

半山寺

塔院

万寿寺

老虎洞

观音洞

百岁宫

祇园寺

观音庵

下闵园

月身宝殿

九华街

东岩院

钟亭

回香阁

迎客松

小天台

接引庵

犀牛望月峰

飞来峰

九华莲社

慧居禅寺

中闵园

吊桥

拜经台

天台寺

老常住

至转身洞

十王峰

0   500m

图 6.5　九华山平面图

6.3 江南名山的类型

名山所占地域广阔，景观构成十分丰富，功能更是兼及多方面。然而就其特色而言，江南的名山大抵可分作三类：其一为避暑型，如庐山、莫干山等；其二为朝圣型，如普陀山、龙虎山、武当山、九华山、宝华山等；其三为观奇型，如黄山、武夷山、雁荡山等。

6.3.1 避暑型

顾名思义，这是以避暑为主要目的之名山，其特征为，海拔较高，植被覆盖率高，景观优美，气候宜人，盛夏季节宛若仲春，山上地域较开阔，便于开发供大量游客居留。这些名山都远离都市，无城市托依，故而大多自成体系，有良好的旅游保障设施，有些甚至出现市镇化趋势。旧时服务设施的分布往往是"逐客而设"，即在入口部分或核心景区形成游览服务基地，前者如武当山下的武当山镇（原名老营镇），后者如庐山顶部的牯岭镇、九华山上九华街等。由于游人量有限，建筑的规模、体量与自然景观之间的矛盾尚不突出。

避暑不同于普通游览，游人滞留时间长。名山避暑设施可以是专门的别墅，但这仅限于少数显贵与豪富，而更多人则是寄宿寺观甚至书院，一则寺院食宿费用低廉，二来环境清静淡雅，避暑与朝圣兼顾，尤其适宜文人及香客居留。及至清代，名山大寺据地理气候之利，广修方丈、禅房、斋堂以及专供旅客住宿的客堂等，"香茶迎待，随令行者"，寺庙成为这一期间游山避暑旅舍之主流。民国年间，寺院寮舍已有"旅馆化"的趋势，巴金先生的《游了佛国》对20世纪30年代普陀山寺院旅舍有生动的描写："寺里有客房，客房就像上海的旅馆，新的设备是齐全的，除了伺候客人的茶房外，还有接送客人的接客者。饭菜是素的，但客人可以买了荤菜带进去。有钱的人可以得着种种方便。"当时寺院旅舍竞争客源已相当激烈，以致知客和尚说："普陀山的各寺院每年就做这几个月的生意。但是开销太大了，这两年各家竞争太厉害，生意又不很好，所以各家都不免要蚀本。"可见寺庙设客堂已不再单纯是供香客暂时驻足或布施的场所，还是寺院创收谋利的渠道。

避暑型名山理景具有一些共同特征，首先是避暑设施大多分布于海拔较高的山区盆地。如庐山牯牛岭地区，为山顶谷地，其地势由东北向西南倾斜，四周有较硬的岩层，谷地之中岩石疏松，四周有天然屏障，林木繁茂，适宜建筑与居住。避暑建筑分布相对集中，一则出于自然的因素如气候、地形、景观等考虑，二来相对集中便于服务保障，发挥群体效应。

6.3.2　朝圣型

　　江南名山中为数过半都可归属于朝圣型，即以宗教活动为其特色。如佛教名山有普陀山、九华山、宝华山；道教名山有武当山、齐云山、茅山、龙虎山。由于宗教本身有门派之别，名山也各有所长。如九华山为"地藏菩萨道场"、普陀山为"观音菩萨道场"……武当山为道教武当派的祖庭，茅山为大茅宗的发祥地，龙虎山为天师派的祖庭，齐云山为释道两教圣地……

　　佛教与道教各有所倡，在理景手法上亦不尽相同。以选址而论，佛寺大多居于山间谷地或冈阜之上；而道观为了体现神仙境界，接近于天国，希冀羽化升仙，常于山巅绝壁之上建道观，以增加神秘感（图 6.6、图 6.7），如武当山金顶建太和宫及紫金城金殿（图 6.8、图 6.9），茅山之巅建大茅宫等。比较而言，佛寺更接近于众生。朝圣型名山在理景上均着意宗教氛围的营造，所谓"编山水为妙声，化树林为宝纲"，典型者莫过于普陀山（图 6.10）。

图 6.6　齐云山上鸟瞰

图 6.7　齐云山香炉峰

图 6.8 武当山由太和宫仰视金殿（潘谷西摄）

图 6.9 武当山由金殿西侧俯视太和宫（潘谷西摄）

图 6.10 普陀山总平面图

6.3.3 观奇型

观奇型名山大多为花岗岩组成，山体高大，形势险峻，多奇峰、怪石、泉瀑、崖壑，自然景观以"奇"、"险"为特征。典型者为黄山，黄山景观有"四奇"之说，即怪石、云海、温泉、奇松，"四奇"之最首推奇石。黄山的奇峰异石的成因有二：一为发育的断层、裂隙构造；二为地表的风化、侵蚀和冰川作用。黄山属南岭山脉，为花岗石断块山，在地质构造上由若干层组成，如黄山断层、汤口至孙村断层、光明顶断层、蜡烛峰断层等，山体裂隙非常发育（图6.11），因此黄山多峭崖、溪谷，黄山的奇峰异石经历代人们的发现、渲染，丰富多彩。又以"似物象形"为特色，著名的景点如"五百罗汉朝南海"，俯瞰壑间，"五百罗汉"老老少少，或立或坐，或动或静……场面生动而壮观，与庐山瀑布、雁荡龙湫合称"天下三奇"。

清代文人朱圭在《广雁荡山志序》中称雁荡山："皆如鬼工雕镂，形态万变，而无不酷肖。"雁荡山景奇特，雁荡山瀑布则为奇中之奇。北雁荡山的瀑布数量多、形态各异。如梅雨瀑落差达40米，瀑宽约20米，悬空飘散，水雾弥漫，状若梅雨，故而得名；连珠瀑地处龙首潭，溪流经两崖连续跌落，形成两瀑三潭，瀑布状若明珠素练……

观奇型名山以观赏山地景观为主，山地崎岖，峰多岭少，不易建筑。这一类名山的开发活动较迟，据文字史料记载，大量的是自唐代以后，而人工理景活动基本上限于山麓及山间平坦之地。

图6.11 黄山形胜图（摹自清《黄山志》）

6.4 名山理景的观念特征

生成于汉民族文化体系中的名山理景观念具有鲜明的特征，其形成经历了近 2000 年的积淀。以今天科学的观点来看，名山的形成多半缺乏系统的总体规划，更多地为自发生成，但以局部及区域而论往往又具有整体的构思与把握。深入分析，总结其成败得失，对今天的建设仍具有一定的现实意义。

6.4.1 因山就势，理景成趣

于名山中开发景观，不同市井造园，更多地体现在"理"，而绝少人工造作，有的是充分利用现有的景观，只需点缀建筑小品、摩崖题刻，稍加搜剔梳理即可。理景的基本点在于"因"、"就"。所谓"因"便是充分利用既存的景观资源与地形条件，强调设计要结合自然。柳宗元对于自然风景的治理有精辟的见解："因其旷，虽增以崇台延阁……不可病其敞也……因其奥虽以茂林蘖石……不可病其邃"。指出了人为的理景应建立在与自然景观原有的奥旷形势同构的基础之上，强化环境空间的固有景观特征，自然环境空旷，则建筑宜相应地彰显，突出山体的竖向变化；空间曲折深邃，则建筑应相应而隐蔽于山间。柳宗元的主张颇具代表性，广泛的见诸名山理景实践，前者如天台山上方广寺，后者如中方广寺。两寺所处环境空间各异，在理景上相应地采取了两种不同的理景手法（图 6.12）。白居易所构庐山草堂，是体现"因山就势，理景成趣"这一理景思想的佳例。因借周边景观，"因面峰腋寺，作为草堂"；"仰观山，俯听泉，旁睨竹树云石"；"堂西，倚北崖右趾，以剖竹架空，引崖上泉，脉分线悬，自檐注砌，累累如贯珠，霏微如雨露，滴沥漂洒，随风远去"（《草堂记》）。从这一段文字可以看出，"构草堂"、"剖竹引水"等人工的理景活动与自然间不是简单地驾驭与从属关系，而是人为与自然的融合。

除去人工建筑利用自然地形外，因天然洞穴、岩石加以发掘整理，或稍加整饰相关内涵，融自然与人文景观于一体，也常见于名山理景中。道教名山齐云山"壶天圣境"一景便巧妙地利用了天然洞穴、洞门修凿成壶状，寓意海上神山——"三壶"（方丈曰方壶，蓬莱曰蓬壶，瀛洲曰瀛壶）。洞内西侧有"一线泉"，水声潺潺，若合"幽泉漱玉"（道教三妙音之一）之音。经这样一方安排，俨然道教所标榜的仙境一般。洞内还置有石炉、石凳，游者身临其中，如入仙界（图 6.13）。

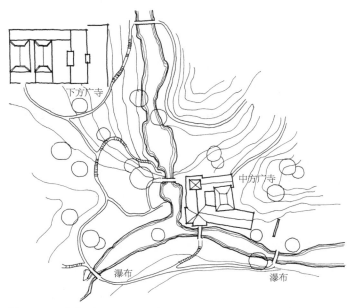

图 6.12　天台山石梁飞瀑平面示意图（摹自《建筑师》第 19 期 "山水空间游赏初探"）

图 6.13　齐云山小壶天

6.4.2　顺应自然，融于山林

我国名山理景处置人工与自然的关系上的特色是：一方面为了满足人的活动需求而从自然空间中截取片段，另一方面却又将人为的建筑活动纳入自然秩序，从而于矛盾中找寻到微妙的平衡点。"顺应自然"是名山理景一种模式，其目的是要求人为的理景活动与自然固有之特征融为一体，从而保持自然环境空间的整体性。名山中的建筑大多与环境有良好的结合，选址布局与地形条件有机结合；建筑群体轮廓与山地形势相同构。在理法上大致包括两个方面：其一便是将建筑融于自然之中，其二是将人工营造的环境加以自然化。

人造建筑并非追求彰显，更多的是要隐匿于山间。名山理景其前提是具有优美的自然景观，先哲们十分注意在人工理景的同时保全自然景观固有的和谐。明成祖朱棣于永乐九年（1411年）敕封庐山天池寺，同时特别规定了天池寺禁山的地界：东至五老峰，南至白云峰，西至马鞍山，北至讲经台。这一区域内严禁采樵放牧、毁林开荒，保护好自然景观。因而直至清末，牯牛岭一带仍旧苍翠如故。明成祖为建造武当山金顶也曾专门下诏强调顺应自然之重要："今大岳太和山金顶砌造四周墙垣，其山分毫不要修动，其墙务随基势高下，不论丈尺，但人过不去即止，务要坚固壮实。万万年与天地同久远。"（图6.8、图6.9）。如此看来，朱棣不仅谋权治国有方，他同样也深谙理景之道。又如武当山复真观，这一组建筑背依狮子山，位于缓坡之上，结合地形条件山门侧开，随山势建复墙夹道，回转起伏。过门入院，进殿门入正院为大殿，左折为道房，院落小巧雅致，前有依山而建的五云楼，后有太子殿，整组建筑群错落有致，与地形地貌十分和谐，建筑与自然融为一体，是为顺应自然的佳构。

6.4.3　名山理景中的风水说

风水堪舆学说对中国的建筑具有深远的影响，名山理景中风水之术所见更为广泛，大致可以分作"相地"与"理气"两大方面。通常《名山志》、《书院志》中多有"形胜"一节，常见"卜定"、"相度"之词，即勘察基地、总体布局。风水堪舆的核心在于考察山川之形势，所谓"藏风得水"。风水说对于山地理景的作用，其合理的内核便是剪裁与重组景观，通过调整建筑的布局与细部安排，求得建筑与环境间的和谐。

风水"分金立向"之说，实则为建筑勘察、定位的基本原则。风水说提出的理想化的建筑环境模式为"左有清流，谓之青龙，右有长道，谓之白虎，前有迂池，谓之朱雀，后有丘陵，谓之玄武，最为贵地"（《阳宅十书》）。青龙、白虎、朱雀、玄武是为四

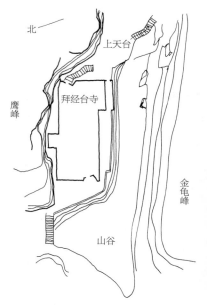

图 6.14 九华山拜经台寺平面图

图 6.15 九华山拜经台

方守护之神。宝华山隆昌寺的布局与山地环境景观相结合，轴线设置并非常见之南北走向，而是采用东西向中轴，山门正对西面龙山，前设放生池，背依主峰，南北两面冈阜逶迤，其环境便具有典型的"四神砂"结构，所谓前有案山、朝山，左右有臂，背有龙脉，环境空间具有向心性。寺院建筑沿轴线顺山势渐次升起，景观层次分明，寺院与环境空间达成契合。道教建筑选址也有类似之举，齐云山太清宫背倚翠屏峰，面朝香炉峰，左有钟峰，右有鼓峰，与"四神"相合，所谓"以玄武为屏，左以青龙为掩，右以白虎为映，前有朱雀为镇"。

倘若自然环境并非理想，风水术则有一系列的修饰、校正措施，即所谓"理气"。通过人为的调整以弥补自然景观之不足，更为合理地利用自然空间。九华山古拜经台寺位于天台峰下，左有金龟峰，右为鹰峰，前有观音峰，惟金龟与观音两峰之间存有谷口，由是谷口可远观山峦原野，与风水中"气口"一说相合，拜经台寺山门因此而改变朝向，以应"气口"。而寺的后门因迫近崖壁，其门亦作相应的转向，以避开山崖。凡此均为风水修正之术（图 6.14、图 6.15）。

6.4.4　意境的烘托

名山理景不仅仅着重于山水空间的组织，而且妙于意境的营构。名山理景对于意境的烘托其核心仍旧在"理"，即因景制宜，点景成趣。将所要表现的主题与山地的环境特征紧密地结合起来，寓人文意蕴于山地环境之中，从而达到"借景生境"的艺术效果。

道教的教义、教规及建筑始终围绕着"神仙境界"做文章，不论是二十八宿星君、三十二帝天子，还是三清四圣与天门瑶台，都是通过隐喻、象征来精心塑造人间仙境。明初武当山道教建筑的布局便是道教神权与人君皇权的体现。建筑群体的布置充分利用地形条件，以体现"庄严、威武、玄妙与神奇"的结合，实现"仙山琼阁"的境界。而玉虚岩庙倚峭壁而建，下为深谷幽涧，危崖绝壁，由下上观，天开一线，隐约之间玉虚岩庙如同天上瑶台，俨然仙境一般。佛教建筑也借鉴了道教的办法，做起天国的文章，相传七月三十为地藏菩萨升天日，九华山天台寺（又名地藏禅林）附会这一传说，选址于天台峰巅。天台为九华山第二高峰，海拔 1 325 米，有诗云："石梯云折断，松涧水飞还"，足见山势险要。天台寺由万佛楼、地藏殿等组成，寺前有渡仙桥，桥梁上刻"中天世界"四字，近旁石刻"非人间"，过桥为捧日亭，内供金地藏铜像，天台峰最高处立有天然石阙，犹如"天门"，石壁上刻"高哉九华与天接，我来爽心胸扩"。经过一番刻意营造与暗示，游人置身山顶，俯瞰九华诸峰，只觉云海茫茫，宛若天上，天国与人间的界限在消逝。前人有诗"从此置身千仞上，不须别处觅蓬莱。"单纯就景观境界的营造而言，天台寺一段的理景是相当成功的。九华山的百岁宫位于较低的山峰上，同样体现了这种构想（图 6.16 ~ 图 6.18）。

佛教名山普陀，其山岛景观的组织与命名也颇具释家境界。"普陀"为梵语音译，原意为小白花，释为观世音的圣地，亦作"普陀洛迦"。宋代起依汉地习惯，将"普陀"、"洛迦"分解开来，将本岛命名为"普陀山"，位于其东南 5 公里的小岛被名为"洛迦山"。《华严经》载："南方有山，名补祖洛迦，彼有菩萨名观自在。"洛迦山面积仅0.34 平方公里，但周边礁石嶙峋，波涛汹涌，从而更强化了普陀胜境的神秘氛围，更为吸引香客，有"不到洛迦，就不算朝完普陀"一说，从而将山岛理景与佛经故事微妙地结合起来，真正实现了宗教所需要的"寓教于乐"（图 6.19）。而自道头至普济寺石板道长 1.5 公里，每隔一定距离间置石雕荷花。途经正趣峰、正趣亭，其中"正趣"二字语本《华严经》，所谓正趣菩萨从他方世界来，一步能超刹尘世界，光明照处，一切众生皆免灾害。而设于慧济寺东山巅的天灯塔，寓意佛光普照。除此之外，还有"二龟听法石"、"对牛谈经"……可见不论是命名还是细部处理都在围绕"佛国世界"做文章。普陀山之所以成为佛教名山，除去其独特的海岛、寺院景观外，更得益于对佛教文化的整合与意境的再现（图 6.20 ~ 图 6.26）。

图 6.16　九华山天台峰天台寺地藏禅林

图 6.17　九华山百岁宫

图 6.18　九华山半山寺（翠云庵）

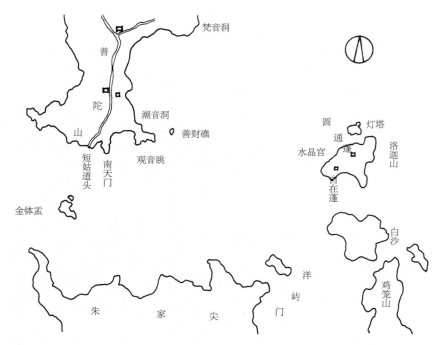

图 6.19 普陀山与洛迦山

图 6.20 普陀山短姑古迹（短姑道头）（丁承朴摄）

图 6.21 普陀山普济寺御碑亭（丁承朴摄）

图 6.22 普陀山普济寺圆通殿（丁承朴摄）

图 6.23 普陀山普济寺海印池（放生池）（丁承朴摄）

图 6.24 普陀山法雨寺圆通殿（丁承朴摄）

图 6.25 普陀山智慧庵千年古樟（丁承朴摄）

图 6.26 普陀山多宝塔（丁承朴摄）

6.5　名山理景方法各论

6.5.1　游览线路的勘定

　　游览线路的选择历来为研究者乐意探讨的一个题目。山地游览线路的选择不同于造园：首先是出入口的选择与周边交通有密切的关系；其次是游览路线的"选线"，地形的走势高低变化决定了道路线型的勘定；再次是出于沟通各景点的需要，景观的层次、节奏及变化，在很大程度上取决于游览线路，迂曲委婉造成了观者视点与方向的不断变化，将一幅幅静态的画面串联起来，构成连续性的景观序列。

　　武当山的明代"故道"选线便很能说明这一问题，倘若说名山大多缺乏系统的规划，那么这条始筑于明代的游览线可谓是有"规划"的。从原均州内城净乐宫（现已淹没于丹江水库）到天柱峰金殿，以青石铺地，长达70公里，山道或依山带水，或临谷跨涧，五里一庵，十里一宫，沿途过冲虚庵、元和观、太上庙、回龙观、同心庵、磨针井、关帝庙、老君堂、太子坡、龙泉观、玉虚岩、黑虎殿、会真桥、赐剑台、南岩宫、榔梅祠、金仙洞、七星树、黄龙洞、太和宫、金殿……通过各景点的交互出现，形成有节奏变化的景观序列，从而强化观者对山景的感受及对序列高潮——金殿的企盼。明代诗人赞美这一段山地景观："五里一庵十里宫，丹墙翠瓦望玲珑。楼台隐映金银气，林岫回环画镜中"（图6.27）。此外，九华山"蓬莱仙境"一段道路的选线与景观组织也颇具匠心，从中闵园至观音峰，沿途石级陡峻，岩壁上刻"天梯"，登山道路依山傍水，左为峭壁，右边峡谷悬流，扣人心弦。

6.5.2　景观轴线与视觉构成

　　山地理景往往境域广阔，空间尺度较大，加之地形地貌变化多端，景点间的相互关联较弱，加之自然空间的界面模糊，因此必须借助于若干景观轴线，完成相邻空间单元间的衔接与转换，将不同的景点及空间单元组织起来，借此沟通景点间的联系，进而组织人流。名山景观的组织包含着"点自然之景"与"人造景点"两个方面。所谓"点景"即将自然原有的景观特征发掘出来，并加以强化，亦即柳宗元提出的"搜剔"。除去发掘自然固有的景观外，于景轴交汇"空白"处增补人工景点以构成对景。山地理景，观赏点的设置因景而定，如庐山的秀峰观三叠泉之沿途观赏点无一不是因景因境而设，沿山涧两侧交互更迭。九华山朝阳洞至吊桥庵、天台一线，分布于不同高程处的景点之间相互通视，组合成一竖向的空间系列，以通达的视线及曲折的登山路线间的"距离差"，激发观者的登山欲念（图 6.28）。

　　于人工景点、自然环境之间建构起视觉关联，这是组织山地景观的基本手段之一。天台山国清寺入口部分的处理巧妙地使用景轴转换，而将观者很自然地引向寺门，由七塔至寺门，每遇视线的转折交汇处均设有对景，如寒拾亭、教观总持壁、丰干桥、隋代古刹照壁、洞窗照壁、寺门，将原本相互独立的空间单元通过"之"形转折的景轴串联起来，形成完整的序列（图 6.29～图 6.34）。

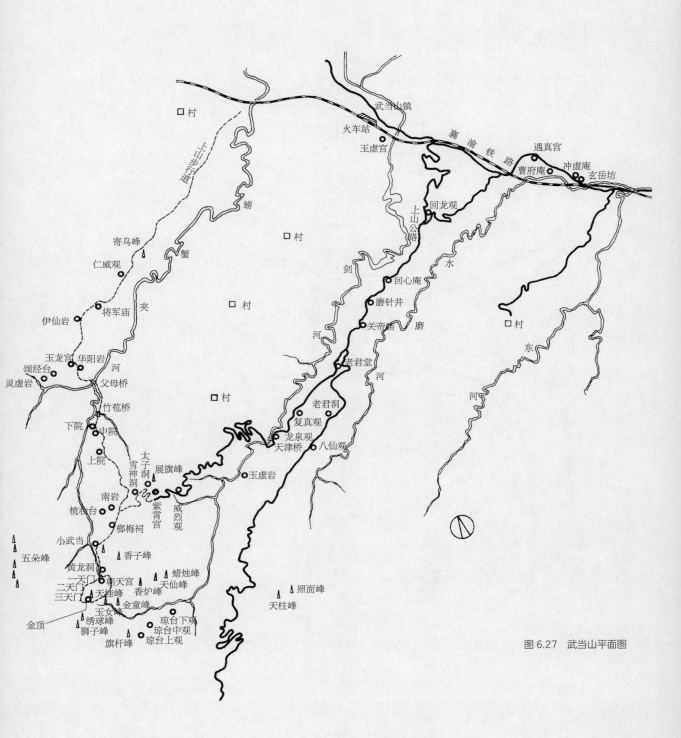

图 6.27　武当山平面图

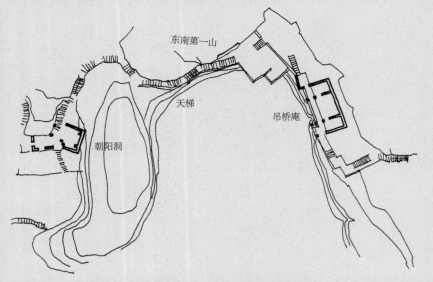

图 6.28　九华山朝阳洞至吊桥庵平面示意图（摹自《建筑师》第19期　孔少凯"山水空间游赏初探"（上）

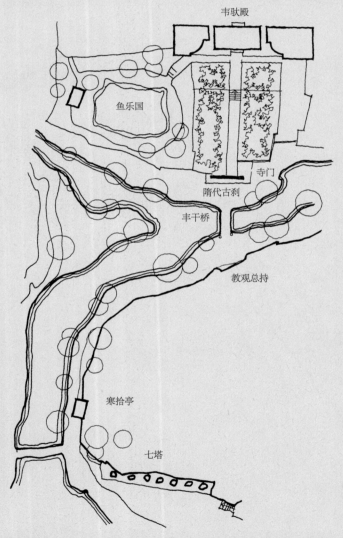

图 6.29　天台山国清寺入口平面示意图（摹自《建筑师》第29期　王路"起·承·转·合——试论山林佛寺的结构章法"）

图 6.30　天台山国清寺前七塔（丁承朴摄）

图 6.31　天台山国清寺丰干桥（丁承朴摄）

图 6.32　天台山国清寺山门（丁承朴摄）

图 6.33　天台山国清寺弥勒殿（丁承朴摄）

图 6.34　晨霭中的天台山国清寺宋塔（丁承朴摄）

6.5.3 景点的设置及其与环境的融合

风景开发免不了人工的增饰，与一般的游览线点的选择有所不同，名山人工景点兼及观赏与被观赏双重功能。依托于自然景观，融自然与建筑为一体，建筑布局一间半间，随曲合方，不苟规矩。九华山吊桥庵坐落于悬崖上方，临崖面谷，形势险峻。武当山南岩宫位于南岩（紫霄岩），传为道教真武得道飞升之"圣境"，崖壁奇峭，岩石横空突兀，上承碧霄，下为绝洞，俯瞰飞身崖，天乙真庆宫石殿便镶嵌在危岩峭壁之上，宛若岩上生出一般。普陀山的"梵音洞"为一跨洞的楼阁，北观莲花洋，南为一线夹洞，隐约可见其中岩石，相传虔诚者可见观音（图6.35）。单纯就建筑而言，无可称奇，有的倒是建筑与环境的融合，从而将世俗情趣与宗教的神秘巧妙地结合起来。

九华山地藏禅寺位于海拔1 300米的主峰——天台正顶之上，整组寺庙南面悬崖，经岩壁石拱门进入建筑底层，登二层至寺前观日台，可近揽九华诸峰，远眺日出（图6.16）。与之相应，数十里之外便可见突兀山巅的寺院建筑。地藏禅寺由于很好地强化了天台正顶固有的景观特征，具有明显的标志性，因而可称点睛之作。

6.5.4 群体建筑的选址与布局

名山中寺庙、道观、书院等，虽然功能不尽相同，但其基本布置手法往往又是相似的。明代徐如翰称普陀山的寺庵布局："山曲处皆藏寺，路欲穷时又遇僧。"这一类建筑群体大多具有轴线，由于处于自然环境之中，其布局更多地受到地形等因素的制约，往往在入口部分多随地形曲折变化，因此有所谓"藏"之一说。而轴线部分也不必拘泥程式，可多条并存，可曲折变化。以江苏句容县宝华山隆昌寺为例，山门西开，入寺之后，经斋堂、小院，南折而入大悲楼、大雄宝殿（图6.36）。再如普陀山观音洞庵一组建筑，规模较大，平面布局随地形而曲折，过众步（山门）右折，上磴道入东门抵甬道，右侧中轴上有天井、正殿，与观音洞轴线正交；左侧僧舍沿甬道一字排开，布局灵活，不守陈规（图6.37）。

名山中建筑的选址颇有讲究。慧远在勘定东林寺址时对环境作了一番细致的研究，"洞尽山美，却负香炉之峰，傍带瀑布之壑。仍石垒基，即松栽构。清泉环阶，白云满室。复于寺内别置禅林。森树烟凝，石径苔生，凡在瞻履，皆神清而气肃焉"（《高僧传》）。仅就群体建筑与环境的关系而言，大致可分为三种：

一为"背山濒流"，这种地貌特征通常为山麓坡地，濒临溪涧河塘，构成单向开口的形态，建筑群大多切等高线而布局，依山就势而渐次升起，其纵剖面呈台地状。

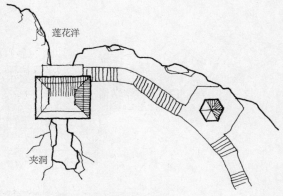

图 6.35 普陀山梵音洞平面示意图

图 6.36 句容县宝华山全图（摹自清《宝华山志》）

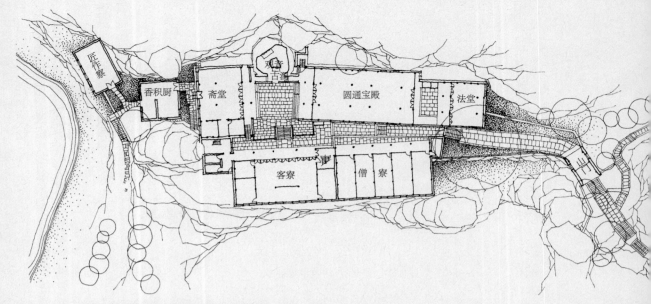

图 6.37 普陀山观音洞庵平面图（摹自《普陀山与建筑》）

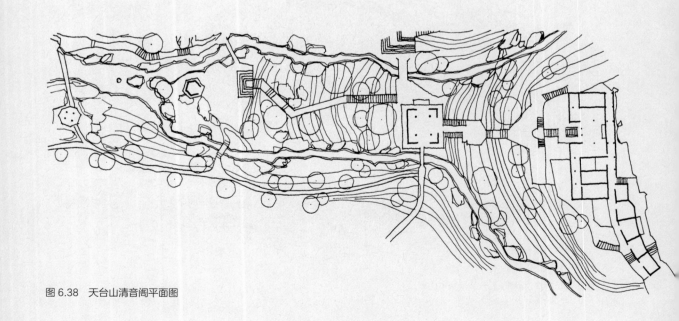

图 6.38 天台山清音阁平面图

这种地段适宜建造宗教、纪念性建筑，通常多数为寺院所选，如天台山清音阁（图6.38）。

二为"依山临崖"，地形竖向变化较大，场地局促，建筑物布局受地形条件制约，无以保持贯穿始终的轴线，因此通常顺等高线布置，总平面大多呈曲尺形或散置。如武当山南岩宫、九华山半山寺等环境即属此类。

三为"突兀山巅"，山顶视野开阔，建筑物环绕山顶，空间外向。建筑形体组合顺应地形变化，具有强化自然空间景观特征的效果，建筑物形象鲜明。典型者如九华山百岁宫、神光岭上月身宝殿、武当山金顶建筑群（图6.39、图6.40）。

图 6.39 武当山金顶紫金城建筑群鸟瞰图

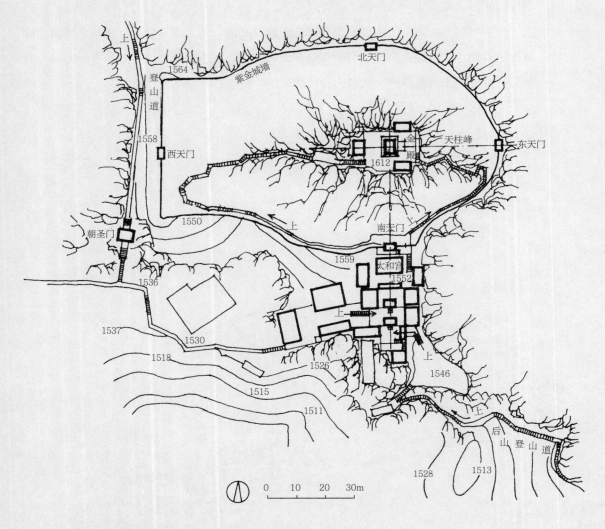

图 6.40　武当山天柱峰金顶紫金城及太和宫平面图

6.5.5　建筑风格

　　山地不同于平原，通常用地紧凑，尤以山巅为甚。加之地形复杂、建材运输困难，单体建筑一般体量较小，宏伟的气势多半借助于地形条件及建筑的群体效应。

　　不同名山的建筑因其时代、地域、气候、功能、做法等的差异，其建筑的风格不尽相同。如武当山的建筑为皇帝敕建，因此有皇家宫殿建筑的金碧辉煌与壮观，使武当山有别于其他的名山古刹。明代王世贞有诗："太和绝顶化城似，玉虚仿佛秦阿房。"庐山则由于特殊的历史原因，其山地建筑形式各异，风格多样。武夷山气候温润潮湿，盛产竹木，故建筑多木构，空间开敞。九华山海拔高，气温低，建筑多为厚墙小窗，常以地产石材砌筑，三合土嵌缝，不施抹面，质朴而自然；众多小寺庙与庵篷建筑则和当地民居风格相似。

注释

①秦时的12座名山为：华山、薄山、岳山、岐山、吴山、鸿冢、渎山、太室、恒山、泰山、会稽、湘山。

第7章 景观建筑

　　中国最早的景观建筑是台。早期筑台都用土，后来逐渐改为砖石。台上构筑木架建筑，称为台榭。前文所提到的越王有燕台、宿台，吴王有姑苏台，楚王有章华台，都是这种台榭建筑。台很高，据文字记述章华台高得惊人，上台途中需休息三次，俗称"三休台"，越王的五台则多建在山上。所以台是登高望远的场所，也是王者的离宫。

　　汉代出现了一种观览建筑——"观"。《三辅黄图》中记述西汉上林苑中有"鱼鸟观"、"观象观"、"白鹿观"，其性质应与动物园相似，而"平乐观"则是观赏角力竞技的场所。此类"观"的建筑式样不详，但当时的阙是在高台座上构木架建筑，亦称"观"，因其供居高临下观察门前往来晋谒者而得名。故上林苑中观看野兽的"观"，形式或应与之相仿佛。

　　台的版筑工程浩大，战国以后逐渐被楼阁所代替。因为据说神仙好楼居，所以追求长生不老之术的汉武帝就在上林苑中建楼以待之。神仙虽未降临，楼阁在风景中的作用却日益显示出来。到六朝时，景观性楼阁已在江南各地涌现，如著名的建康瓦官阁，是眺望长江壮丽景色的好地方，也是当时京都的一大名胜；东晋名将谢玄在浙东浦阳江江曲建桐亭楼，两面临江，富有临眺之趣，可尽收渔歌征帆、烟波浩渺的种种美景。至于建康台城内华林园中，楼阁更多，如景阳山东岭通天观前有朝日、夕月二楼，陈后主建临春、结绮、望仙三阁，后主自居临春阁，其宠妃则居结绮、望仙二阁，三阁成品字形，其间用复道（双层廊）相连接。这种一组三建筑的形式，似是当时宫内常用的建筑组合方式。到了唐宋，这种沿江楼阁和倚城起楼的做法遍及江南各地。其中最著名的就是黄鹤楼、滕王阁和岳阳楼，世称江南三大名楼，历代因诗人题咏唱和而名声益著，故能屡毁屡建而传之于不朽。其他名楼如江州庾楼、仪真（征）扬子江楼、苏州齐云楼、东阳八咏楼等也都有诗人题咏，名噪一时。

　　亭的出现使风景园林建筑的式样变得丰富起来。早期亭是驿站和乡村行政单位，一方面接待过往宾客，同时又管理一方之土，例如汉高祖刘邦就曾任亭长。后来亭的含义延伸到休息亭。南朝时期的园林和风景点已有不少亭，如南朝宋时广陵有风亭，梁时江陵湘东王东苑有临风亭,陈宣帝乐游园有甘露亭等。到了唐代,亭子遍及各地,已取代楼观而成为最具象征性的景观建筑。所以唐人欧阳詹论亭时说:"古者创栋宇,才御风雨,从时适体,未尽其要……降及中古,乃有楼观台榭,异于平居,所以便春夏而陶埏郁也。楼则重构,工用倍也;观亦再成,勤劳厚也;台烦版筑,榭加栏槛,畅耳目,达神气,就则就矣,量其材力,实犹有蠹。近代袭古增妙者,更作为亭。亭也者,借之于人,则与楼观台榭同,制之于人,则与楼观台榭殊:无重构再成之靡费,如版筑栏槛之可处,事约而用博,贤人君子多建之,其建立皆选之于胜境。"[①]从中可以看出,亭子的崛起使楼观台榭退居次要地位,因为亭有楼观台榭的功用优点,而无重构再成的靡费,故能推广而使各地纷纷采用。江南地区见于记载的有:杭州灵隐冷泉亭及自郡城至灵隐一路的五亭;湖州颜真卿为刺史时在白蘋洲建造的八角亭,后增建为五亭;歙州有披云亭;兰溪有东峰新亭;永州有万石亭;零陵有三亭等。亭的形式则有自雨亭(水从亭顶下注,以供夏日纳凉)、流杯亭(亭内地面刻石作流杯渠,供曲水流觞)、八角亭、丁字亭(平面作丁字形)等。"亭"也可代表一个风景点,包含景点内所有建筑,如柳宗元笔下的桂林漓江訾家洲亭,即包含燕(宴)亭、飞阁、闲馆、崇轩四处建筑物,总称之为訾家洲亭。宋代之后,亭的式样更多,使用也更普及。

画舫斋是宋代开始盛行起来的一种独特的景观建筑。那是由一些文学家、诗人首先创造出来的,像欧阳修、陆游等人都亲自制作这种建筑。诗篇的传诵,又使这种建筑形式得到广泛传播。这是一种寄情江湖,追思烟波弥渺意趣的建筑处理,极具浪漫色彩。在明清的园林中,这种建筑形式仍得到广泛运用。

琳宫梵刹一类建筑自六朝以后也因道教、佛教向各地山区发展而日益成为风景区内不可缺少的建筑物。虽然建造寺观的本意不在观赏,不能称之为景观建筑,但它的存在无疑为风景增加了新的内容,客观上必须适应景观要求,在基址选择、殿塔形象、环境处理等方面都有许多讲究。谚云:"天下名山僧占多。"寺观在山地建筑上积累了丰富的经验,并往往运用风水理论为其增添神秘色彩。塔虽是佛徒信仰对象,但由于其形象高耸有力,常被按风水理论的要求用作城镇环境和风景点的标志物,不再是单纯的宗教建筑,如南齐时,建康城内文惠太子的后园"玄圃"里就建有塔宇。各地城镇的风水塔则比比皆是。到了明代,私家园林里建道祠佛庵的风气已很兴盛。清代皇家苑囿里则更是佛殿、宝塔园园皆有,宗教建筑成了名副其实的景观建筑。

风景区的建筑和园林中的建筑在本质上是相同的,都必须做到和周围环境相配合、协调,做到"山之楼观以标胜概",为山水增美,对山水起点景作用。但是,由于风景区的自然景观和人工造园往往境域大小相差甚远,所以如何各自掌握建筑的尺度就是首要的问题。例如在开阔的地形上建一座三间的牌坊，其高度如果低于 10 米，而且在立面额枋以上 "实" 的面没有一定的分量，就不能起到应有的标志作用。在山顶建亭、建塔、建阁，其尺度与轮廓都应与山形相配。自然山体的轮廓线有的起伏曲折，有的平直单调，建筑物在打破山的轮廓线时需根据具体情况来确定其所在位置和体量。最稳妥的办法是实地搭出它的轮廓来权衡决定。笔者曾用此法来研究几处景观建筑的高度、轮廓，收到了较好的效果。在宽阔的环境中布置高耸的建筑一般都有周围附属建筑作陪衬，才不致显得孤立无依。中国古代建筑以群体组合见长，如寺庙、祠宇都用若干院落组成，在构图上就不会造成高耸突兀的孤立感。总之，在风景点中，山水是主题，是主景，建筑是配景，应以恰当的位置、分量、形象，起到画龙点睛、为山水增美的作用，而不应喧宾夺主，以人工建筑物来破坏山水之美。当然，这不等于说建筑在风景园林中是不重要的。恰恰相反，没有建筑，人们将失去在自然中的依托，无法得到驻足、休息、生活的可靠保障，风景的作用也无法得到充分的发挥。

江南园林建筑至迟在明代已形成一种独立于住宅之外的风格，具有活泼、玲珑、空透、典雅的特色。活泼则不刻板，不受家屋须循三间、五间而建的束缚；玲珑则不笨拙，宜于在小空间内造景，产生小中见大的效果；空透则不壅塞，利于眺望，也利于增加景深与层次；典雅则不流于华丽庸俗，可与山水自然意趣相谐和，求得返璞归真的意趣。而江南千年来人杰地灵的蕴蓄又使这种风格得以升华而达到炉火纯青的极致。

吴江计成所著《园冶》，曾以五分之四的篇幅论述园林建筑。这是我国最早关于园林建筑的完备专著，书中图文并茂地记述了江南地区 17 世纪园林建筑的真实状况。现存苏州、扬州、杭州等地古典园林仍基本沿袭《园冶》以来的传统，建筑类型、建筑材料、施工工艺都未有根本性的突破与超越。当然也有一些新的因素掺入，例如玻璃的广泛应用，使门窗上的格子式样有了重大改变。但从整体上说，传统做法仍是一个稳定的、完整的、成熟的体系。

江南景观建筑的风格总的说来比较轻巧、精致，但各地也有不同的表现。其中工艺最精湛的当属苏州，徽州（歙县）、扬州次之，无锡、杭州等又次之。究其原因，苏州有香山帮建筑工匠的优良传统，自明代蒯祥而下，世传其业者众多，至近代则有姚承祖之辈，出而总结苏州传统建筑工程经验，著为《营造法原》传于当代。所以江南园林建筑以苏州为代表是历史发展客观形成，并非主观臆断所能确定。扬州地处南北之交，人称扬州园林建筑兼备北方之雄与南方之秀。南京情况比较复杂，太平天国时期、曾国藩任两江总督时期以及民国时期，都有外地工匠和建筑做法的输入，因此和苏州、扬州的建筑风格均有所不同。

7.1 景观建筑类型

7.1.1 楼阁

楼与阁并无严格区分，一般以四面开窗者称为阁，前后开窗者称为楼，但这种分类也不为所有造园者接受。甚至在文人笔下，有些单层建筑也可以名之为阁。例如南京瞻园的漪澜阁、苏州拙政园的留听阁等其实都是斋轩一类的单层建筑。楼阁的作用是登高望远，"欲穷千里目，更上一层楼"，说出了楼的作用。江南三大名楼黄鹤、滕王、岳阳都是或据高地，或依城台增高而为楼，可以远眺江湖开阔壮丽的景色。在这些楼上所展开的大好河山曾让多少诗人、文学家写出传咏千古的诗文！如范仲淹在岳阳楼的"先天下之忧而忧，后天下之乐而乐"，王勃在滕王阁的"落霞与孤鹜齐飞，秋水共长天一色"等名句，始终为后人百诵不厌。由于处境开阔，这种楼的尺度也比较大，从宋画中的黄鹤楼可知，那是一座大体量的、组合复杂的建筑物。现存的古代名楼如嘉兴烟雨楼、采石矶太白楼，也相当高大。随着城市扩大、建筑增高、道路加宽以及交通便捷带来人的空间观念变化，昔日视为高大的建筑，今天变为矮小；恢复原有楼阁建筑如黄鹤楼、滕王阁以及筹建中的南京阅江楼、镇江北固山多景楼，都有增高加大的趋势。私家园林较小，楼多作两层，层高低、开间少，以适应园林的环境尺度。现存的楼阁如苏州寒山寺的"枫江第一楼"，是从城中住宅移来的，放在寺庙庭院内尚称合宜。而留园之明瑟楼、曲溪楼，拙政园见山楼，无锡二泉云起楼等，则属小巧玲珑者。宁波天一阁属于藏书楼一类，其形制与一般楼阁不同——六开间、硬山顶带一楼前廊，此种式样成为清代皇家所建书楼的统一模式（包括杭州文澜阁）。

1）南京胜棋楼（图 7.1 ~ 图 7.5）

位于莫愁湖公园内，相传朱元璋与徐达在此下棋，徐达获胜，朱元璋遂将此楼连同莫愁湖赐给徐达，所以后人称为"胜棋楼"。清咸丰年间毁于兵火，同治十年（1871 年）曾国藩任两江总督时重建，其后屡有修葺。1973 年又按原貌翻修。此楼平面五间，硬山顶，楼下北面设有披屋五间，加大了楼的进深。楼上陈列有桌椅几案等红木家具及朱元璋、徐达画像，登楼北眺，湖光天色，尽收眼底。木构架较简洁，檐口用梁头挑出承挑檐檩，梁端刻作变体象首形，其风格与苏南迥异。檐下挂落也不同于苏州一带常用的葵式万字与金线如意，而是采用轮廓整齐的横披式格架，表明此楼的建造与曾国藩所领湘军来南京有关。

图 7.1　南京莫愁湖胜棋楼

图 7.2　南京莫愁湖胜棋楼内景（二楼）

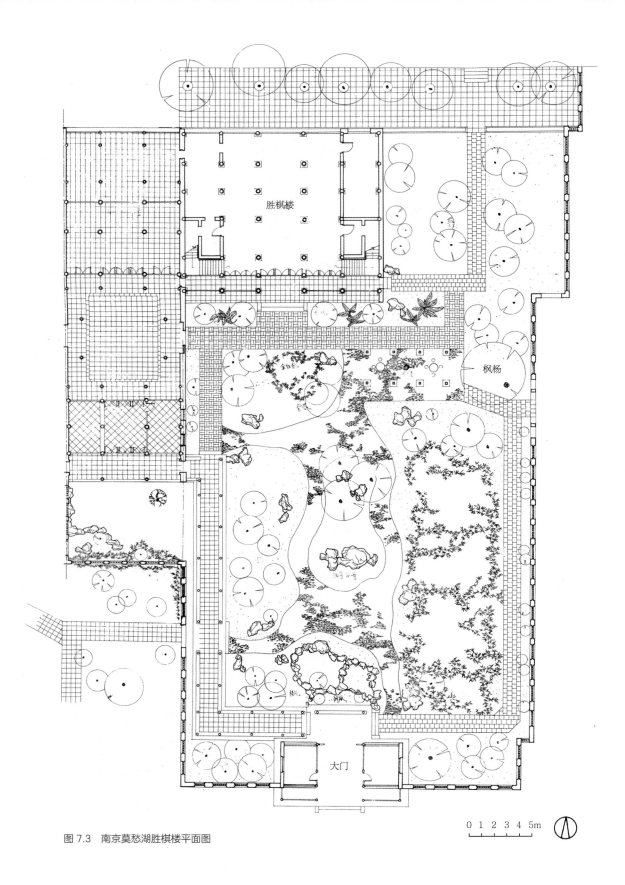

胜棋楼

枫杨

大门

0 1 2 3 4 5m

图 7.3　南京莫愁湖胜棋楼平面图

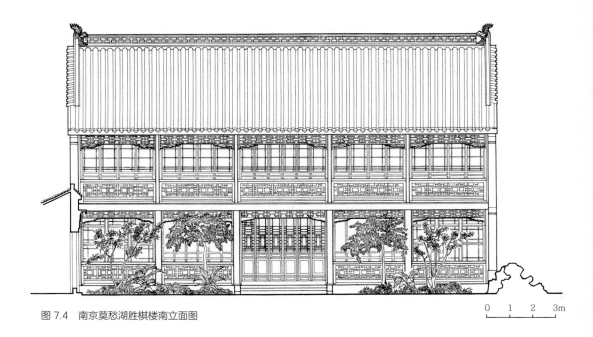

图 7.4　南京莫愁湖胜棋楼南立面图

0　1　2　3m

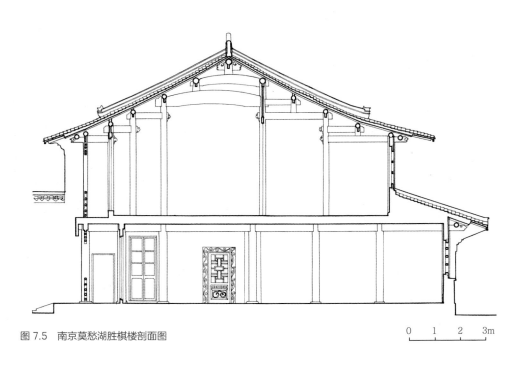

图 7.5　南京莫愁湖胜棋楼剖面图

0　1　2　3m

2）南京夕佳楼（图 7.6 ~ 图 7.10）

此楼坐落于煦园水池（太平湖）西岸，因利于隔岸观赏夕照下的园景而得名。楼作三间，二层，歇山顶，于楼后跨园路设楼梯，由室外登楼。木构做法与胜棋楼相似，以象首形梁头挑出承挑檐檩，参照园中其他亭阁的一些装修做法（如檐柱上雕饰华丽的斜撑），说明此楼及园中一些建筑物也属同治年间重建之物，其时间与胜棋楼约略相当。

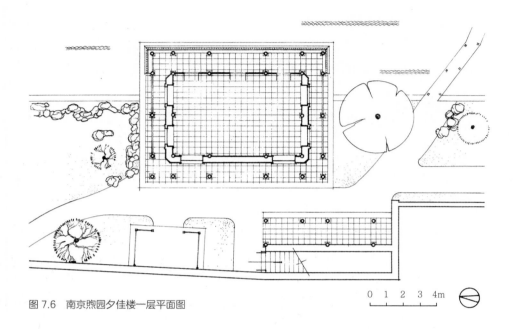

0 1 2 3 4m

图 7.6　南京煦园夕佳楼一层平面图

图 7.7　南京煦园夕佳楼东立面图

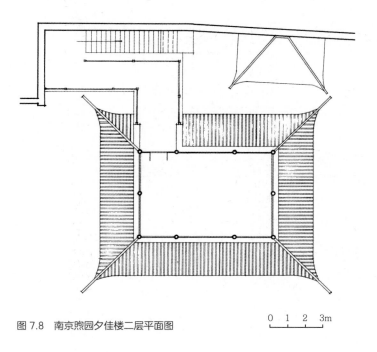

图 7.8　南京煦园夕佳楼二层平面图

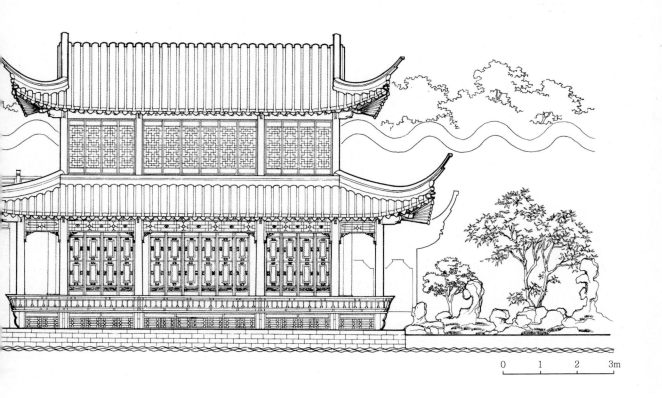

图 7.9　南京煦园夕佳楼北立面图

0　　　1　　　2m

图 7.10　南京煦园夕佳楼剖面图

0　　1　　2　　3m

3）扬州平远楼（图7.11）

坐落于扬州北郊蜀岗大明寺之东南隅，背倚蜀岗中峰，地势较高，登楼南望，隔长江隐约可见镇江金、焦二山，取宋郭熙《山水训》"自近山而望远山谓之平远"句意，题为平远楼。楼创建于清雍正十年（1732年），初为两层，后增高为三层。咸丰间毁于兵燹，同治年间（1862—1874年），两淮都转盐运使方浚颐重建，后虽经多次修葺，仍基本保持当年旧观。现存平远楼平面作三开间，高三层，硬山顶。因第二层楼面与楼后的地面相平，故北立面仅见两层，南立面则为三层。楼前庭院内有琼花一株，为当地名花。

4）苏州枫江第一楼（图7.12～图7.17）

位于苏州西郊枫桥寒山寺左前方院落内，原是城区的一座住宅楼，20世纪60年代移建此寺。平面三开间，设周围廊，进深较大，近似方形。经六边形旋转楼梯可上二楼。楼下装修作花篮厅式。惜出檐稍感短促，立面不够轻巧。

5）拙政园见山楼（图7.18～图7.25）

在苏州拙政园中部水池中，隔水南对香洲、荷风四面亭等景点，东对土山上的雪香云蔚亭，是拙政园中部的一处重要观赏点。为了符合园林环境的尺度要求，楼的体量较小，楼上檐高仅2.6米。三面外廊均设美人靠，以利坐憩凭眺。楼梯设在西面假山上，经磴道曲折而上，跨阁道而达二楼。苏州园林的小楼大多采用此法登楼，以节省室内面积。

图7.11 扬州大明寺平远楼

图7.12 苏州枫江第一楼

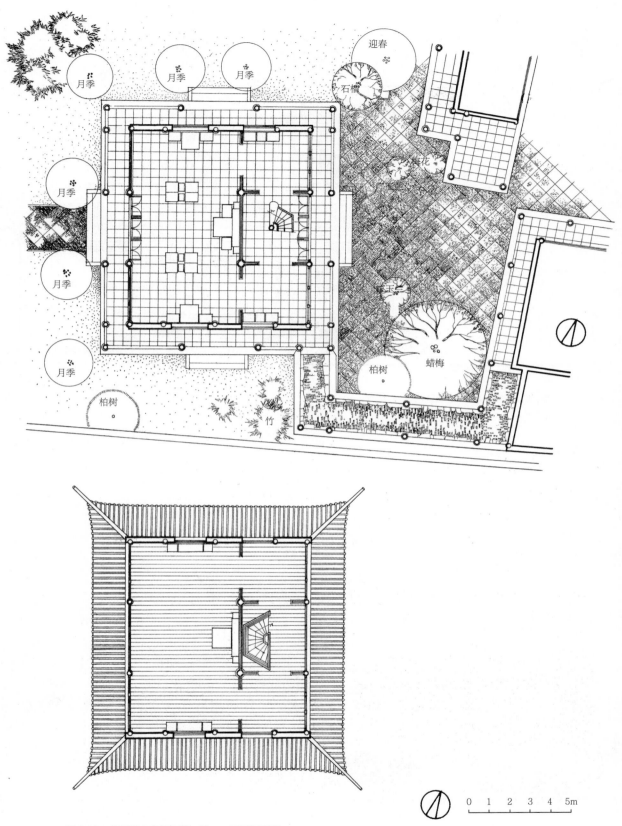

图 7.13　苏州寒山寺枫江第一楼一、二层平面图

月季

月季

月季

月季

月季

月季

迎春

石榴

荷花

玉

蜡梅

柏树

柏树

竹

0 1 2 3 4 5m

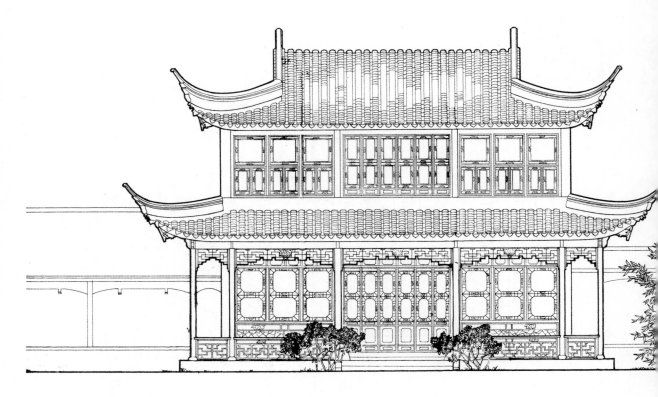

图 7.14 苏州寒山寺枫江第一楼西立面图

图 7.15 苏州寒山寺枫江第一楼南立面图

0　1　2　3m

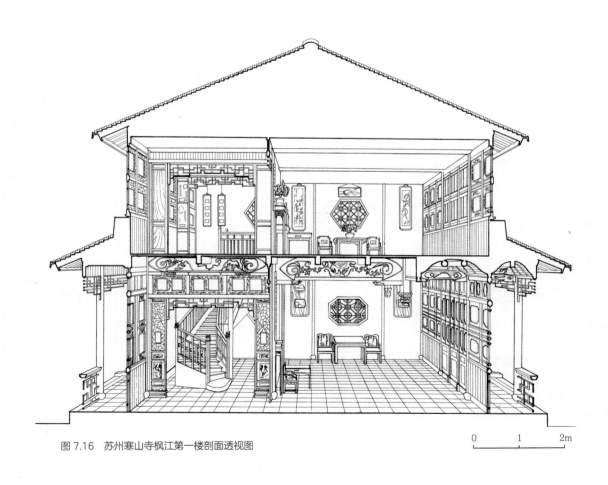

0   1   2   3m

图 7.16　苏州寒山寺枫江第一楼剖面透视图

0   1   2m

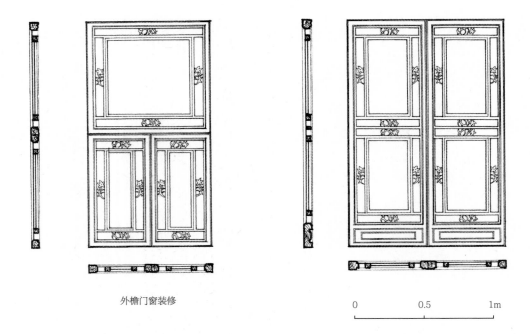

外檐门窗装修

0   0.5   1m

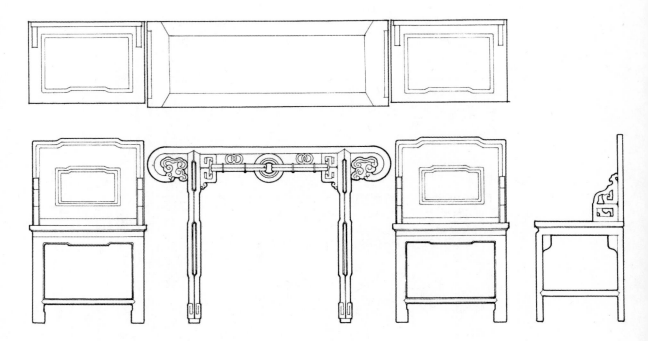

图 7.17　苏州寒山寺枫江第一楼家具门窗大样

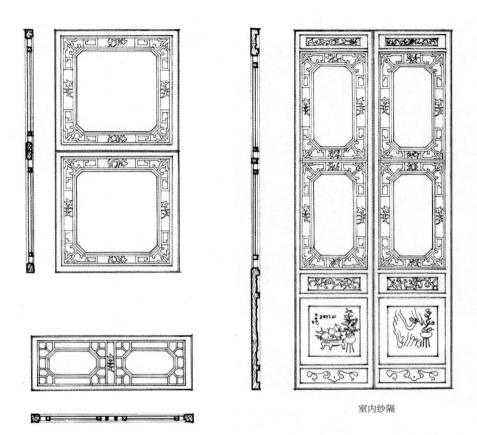

室内纱隔

图 7.17　苏州寒山寺枫江第一楼家具门窗大样（续）

图 7.18　苏州拙政园见山楼

图 7.19　苏州拙政园见山楼楼下内景

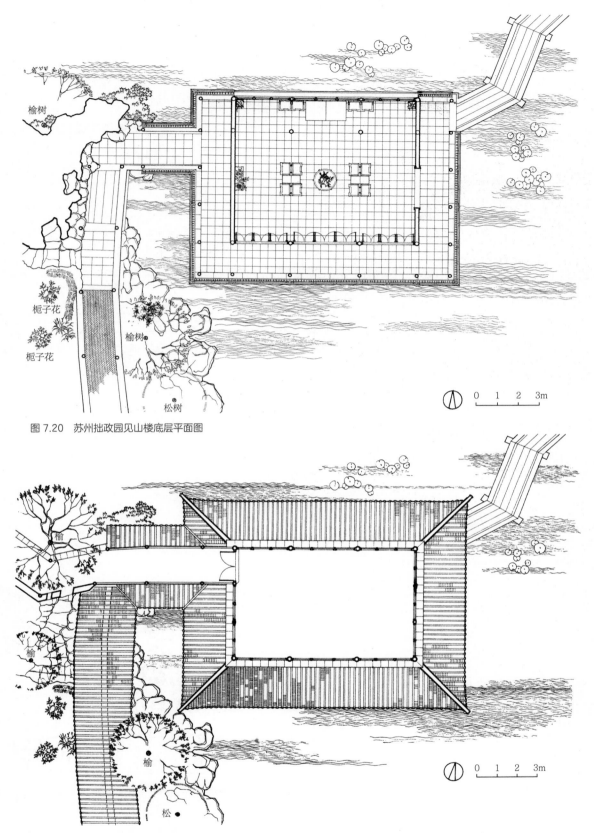

榆树

栀子花

栀子花

榆树

松树

图 7.20　苏州拙政园见山楼底层平面图

0　1　2　3m

榆

榆

榆

松

图 7.21　苏州拙政园见山楼上层平面图

0　1　2　3m

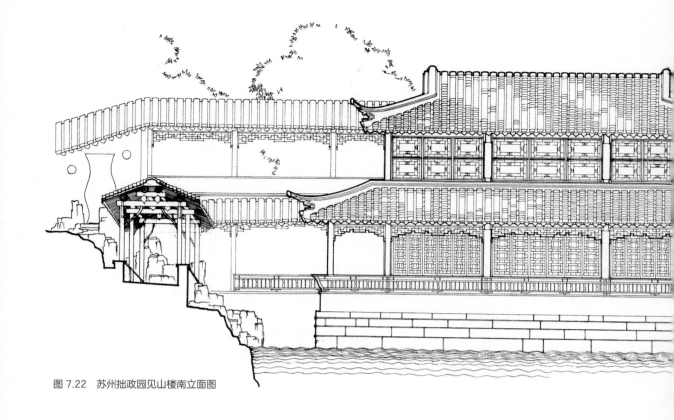

图 7.22　苏州拙政园见山楼南立面图

图 7.23　苏州拙政园见山楼东立面图

0   1   2   3m

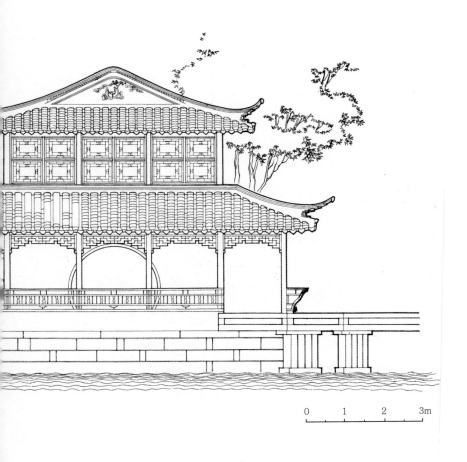

0   1   2   3m

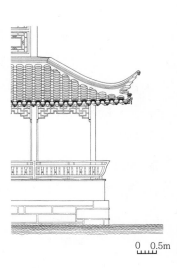

0   0.5m

图 7.24　苏州拙政园见山楼屋角大样

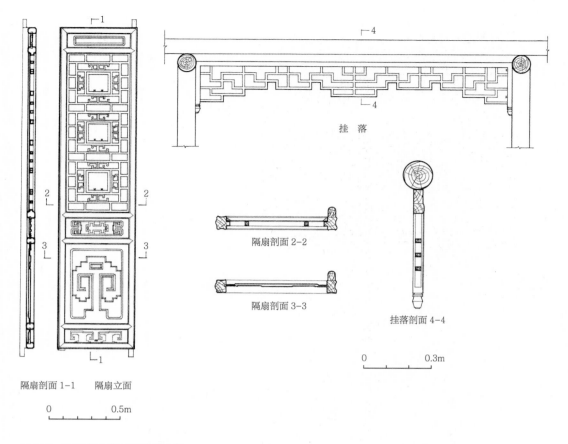

挂落

隔扇剖面 2-2

隔扇剖面 3-3

挂落剖面 4-4

0   0.3m

隔扇剖面 1-1   隔扇立面

0   0.5m

图 7.25　苏州拙政园见山楼装修大样

6）采石矶太白楼（图 7.26 ~ 图 7.31）

位于安徽马鞍山市采石矶翠螺山南坡下，是为纪念诗仙李白而建的一座专祠。李白晚年客居当涂，常来采石矶游览，留有不少吟咏采石风光的诗句，故后人建祠于此。据《太平府志》记载，楼始建于唐元和年间（806—820 年），原名"谪仙楼"，宋代以后曾多次毁而重建，清咸丰年间（1851—1861 年）又毁于战乱，光绪八年（1882 年）再建，其后屡经修缮，现存木构仍大体保持百余年前的旧貌。此楼坐北朝南，北倚翠螺山，面对锁溪河，登楼可远眺长江，风景极佳。平面作二进院落：进门是周廊环绕的前院，太白楼迎面而立；楼后依山坡建后院，正面后堂内现有李白塑像一尊。楼作三层，底层是过厅，由后院两侧廊内可拾级登楼，这是山地建筑利用前后地形高差处理楼梯的常用办法。楼的木构架属穿斗式，二、三层檐下用鹅颈状的支条及木板加以封闭，代替了斗栱的位置，这种手法广泛见于四川、湖北一带，可见此楼也有长江中游工匠的影响。

图 7.26　马鞍山市采石矶太白楼

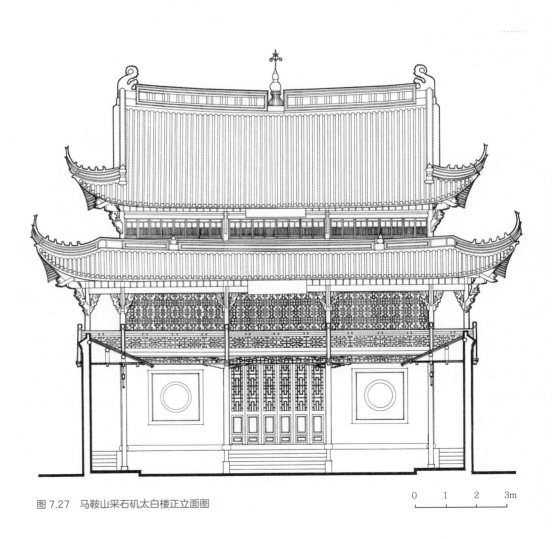

图 7.27　马鞍山采石矶太白楼正立面图

0　　1　　2　　3m

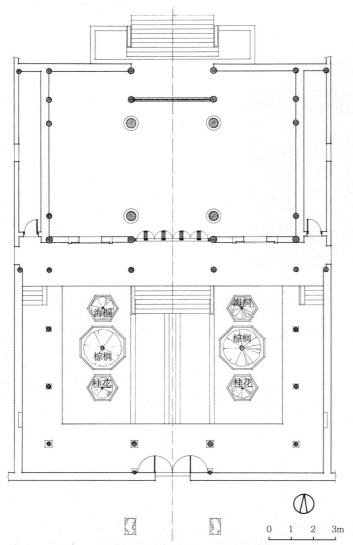

图 7.28　马鞍山采石矶太白楼一层平面图

（图中标注：海桐、棕榈、桂花、海桐、棕榈、桂花）

0　1　2　3m

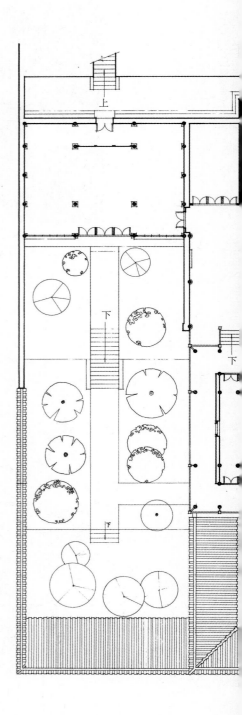

图 7.29　马鞍山采石矶太白楼二层平面图

（图中标注：上、下、下、下）

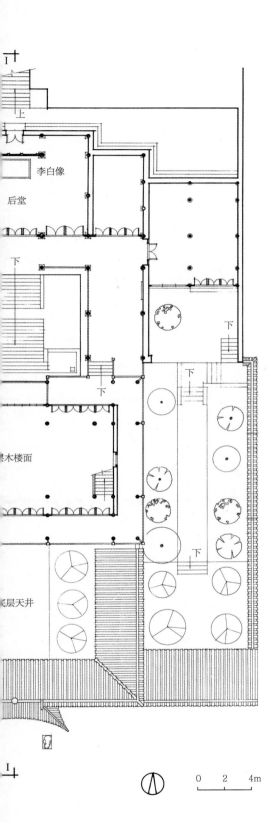

李白像

后堂

集木楼面

集层天井

0 2 4m

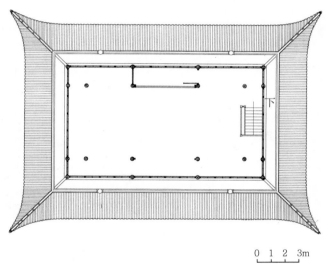

图 7.30　马鞍山采石矶太白楼三层平面图

0 1 2 3m

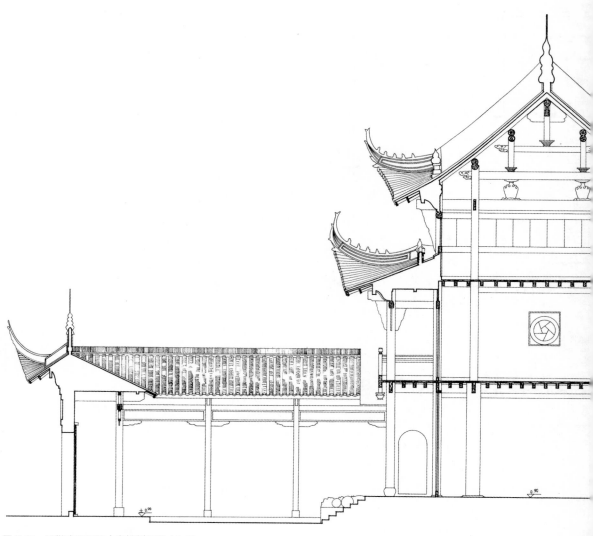

图 7.31　马鞍山采石矶太白楼剖面图（I-I）

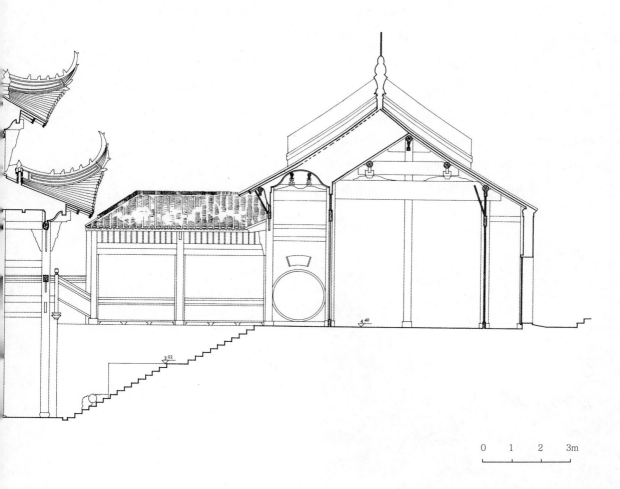

3.02

4.40

0　1　2　3m

7.1.2　亭台

亭是风景园林中数量最多的一种建筑（图 7.32 ~ 图 7.76）。人们对亭的创造已丰富到了无以复加的地步。以材料而言，木、石居多，砖亭较少。就形式而言，四角、六角、八角、圆形居多，三角形、扇形、海棠、梅花、五角形等较少。组合式的则有套方、套六角、十字形、卍字形，下方上圆（八角）、下八角上方（圆）等等，随宜变化，只要造型美观，结构合理，都可创新应用，但中国的亭子以露明结构为美，显示出我国传统建筑结构与形式的高度统一。只有当结构形式不美观时才用天花遮蔽。或因碑亭、纪念亭其规格须高出一等，则采用有斗栱的亭子做法，也以天花遮蔽梁架，以增其隆重感。井亭则需敞开其顶部，以便光线射入井中，照出水面深浅。

台在风景中仍有若干留存，如富春江的严子陵钓台，镇江、常熟的昭明太子读书台等。但这种曾独领风骚千百年的古代景观建筑，由于它不蔽风雨和简陋，已不被后人重视。一些台的遗迹也因后人改造而缺乏台的韵味了。其实，台和台榭建筑，是中国人创造的一种很有气势的建筑品类。战国时的各国君主会盟台上，汉高祖称帝后返回沛上，宴父老、唱大风之歌于台上，其气势十分磅礴。而今天所留的台，多只徒具虚名而已，或为小小平台，或为普通亭榭，当年台之雄风不再可寻。

图 7.32　南京煦园套方亭（鸳鸯亭）

图 7.33　扬州何园六柱圆亭（月亭）

图 7.34　苏州拙政园长方亭（雪香云蔚亭）

图 7.35　苏州拙政园方亭（梧竹幽居亭）

图 7.36　苏州西园寺八角重檐亭

图 7.37　苏州天平山高义园异形八角重檐亭（御碑亭）

图 7.38 马鞍山市采石矶八角加方攒尖重檐亭（清风亭）

图 7.39 杭州小瀛洲三角亭

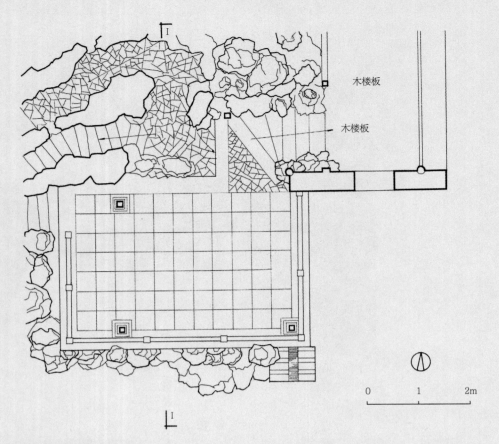

木楼板
木楼板

0　　　　1　　　　2m

图 7.40　扬州个园拂云亭平面图

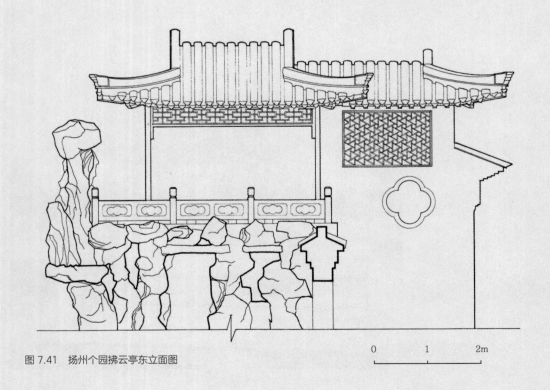

0　　　　1　　　　2m

图 7.41　扬州个园拂云亭东立面图

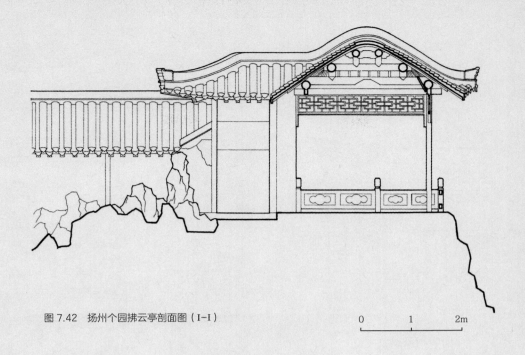

图 7.42　扬州个园拂云亭剖面图（I-I）　　　　　　0　　　1　　　2m

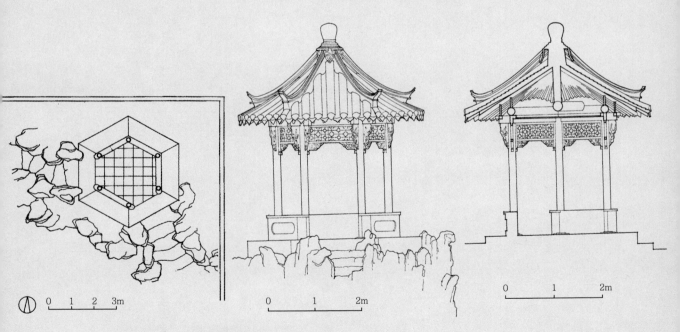

0　1　2　3m　　　　　　0　　　1　　　2m　　　　　0　　　1　　　2m

图 7.43　扬州何园月亭平、立、剖面图

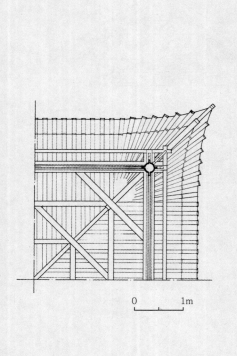
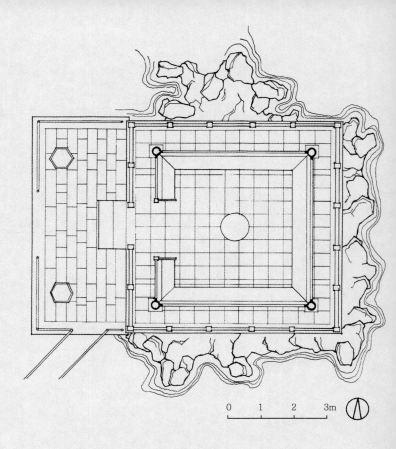

图 7.44　扬州何园水心亭平面图及局部仰视图

0　　　　1m

0　　1　　2　　3m

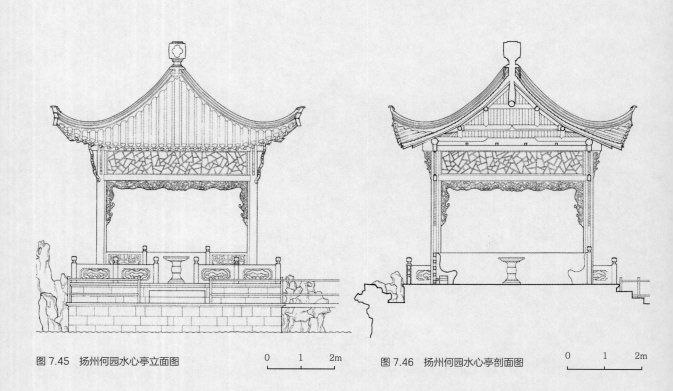

图 7.45　扬州何园水心亭立面图

0　　1　　2m

图 7.46　扬州何园水心亭剖面图

0　　1　　2m

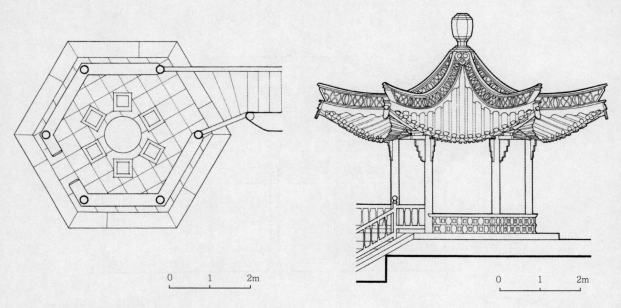

图 7.47　扬州小盘谷六角亭平、立面图

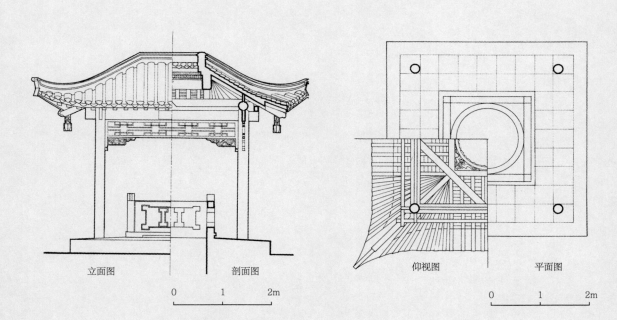

立面图　　　　　　　　剖面图

0　　　1　　　2m

仰视图　　　　　　平面图

0　　　1　　　2m

图 7.48　扬州平山堂西园池中第五泉井亭平、立、剖面图

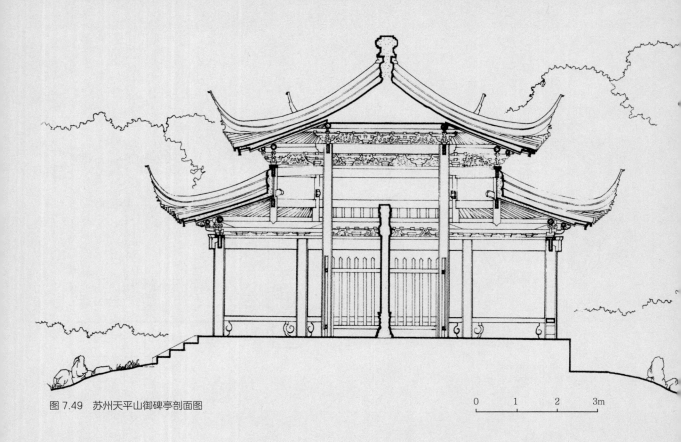

图 7.49　苏州天平山御碑亭剖面图

0　1　2　3m

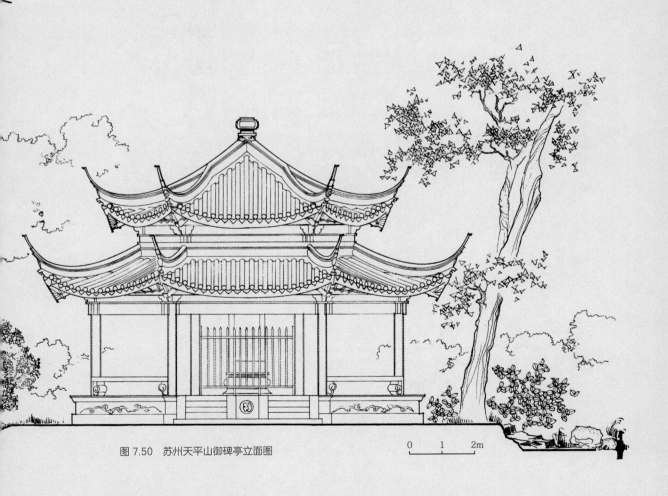

图 7.50 苏州天平山御碑亭立面图

0　　1　　2m

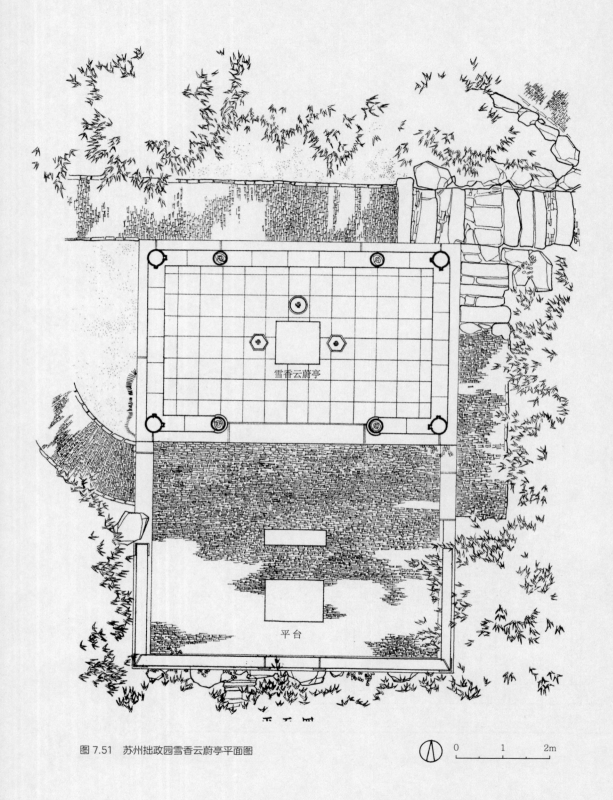

雪香云蔚亭

平台

图 7.51　苏州拙政园雪香云蔚亭平面图

0　　　1　　　2m

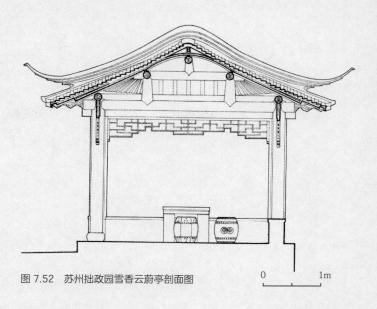

图 7.52　苏州拙政园雪香云蔚亭剖面图

0　　　　　1m

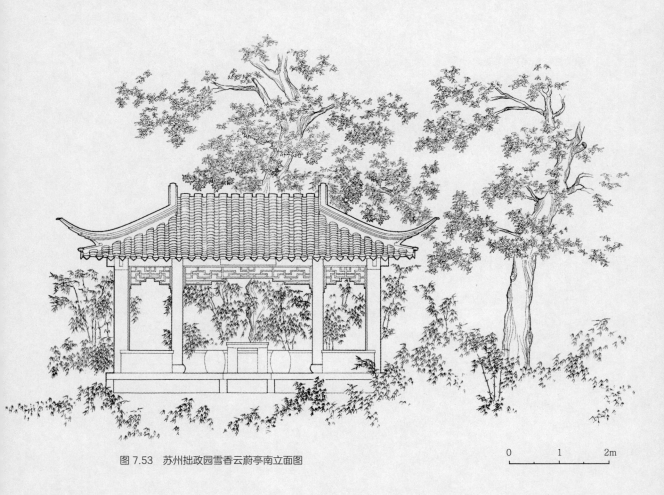

图 7.53　苏州拙政园雪香云蔚亭南立面图

0　　　1　　　2m

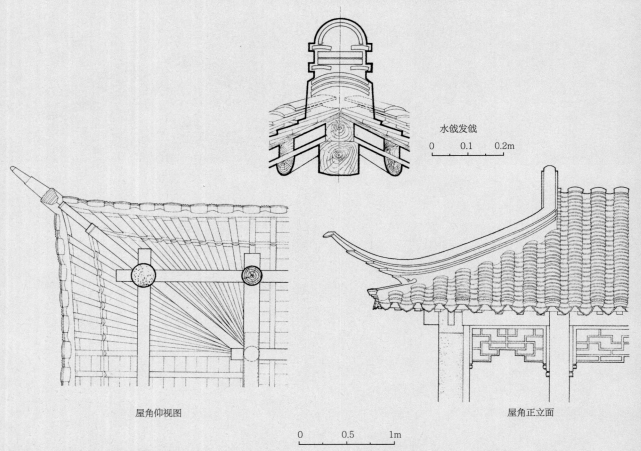

水戗发戗

0   0.1   0.2m

屋角仰视图

屋角正立面

0   0.5   1m

图 7.54　苏州拙政园雪香云蔚亭屋角大样

图 7.55　苏州拙政园梧竹幽居亭西立面图

0   1   2   3m

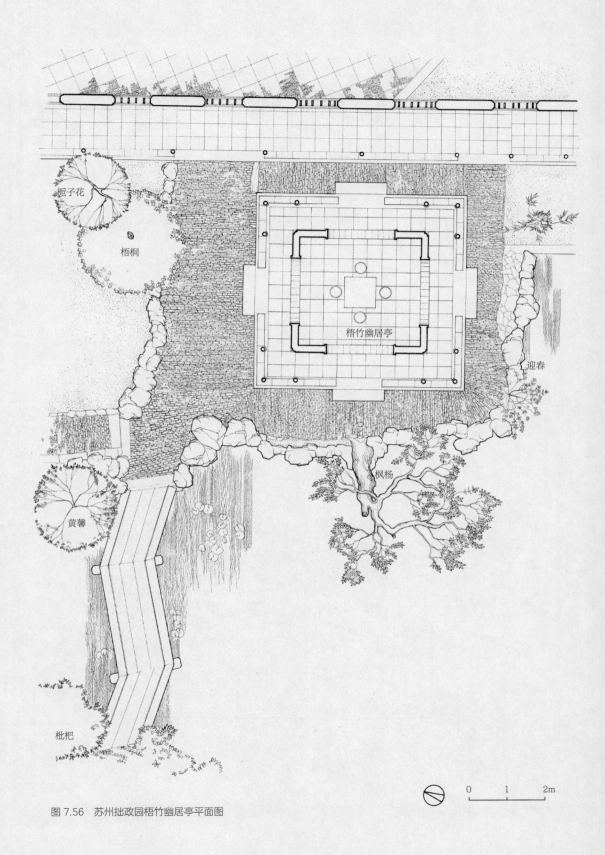

栀子花

梧桐

梧竹幽居亭

迎春

枫杨

黄馨

枇杷

图 7.56　苏州拙政园梧竹幽居亭平面图

0　　1　　2m

图 7.57　苏州拙政园梧竹幽居亭剖面图

图 7.58　苏州拙政园荷风四面亭立面图

柏

柏

荷风四面亭

0　　1　　2　　3m

图 7.59　苏州拙政园荷风四面亭平面图

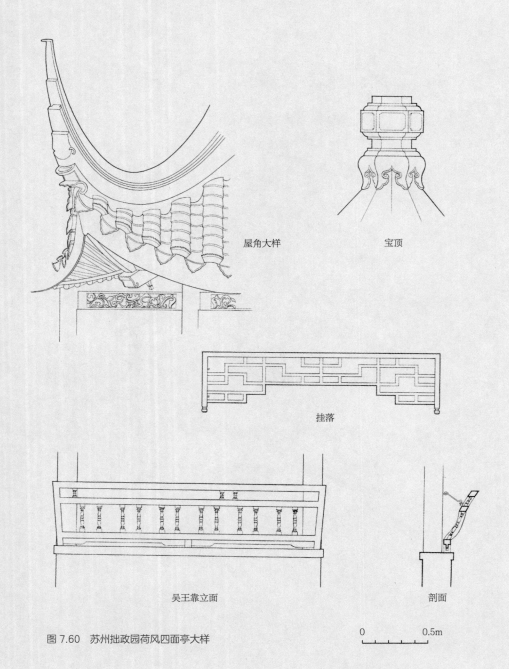

屋角大样　　　　　　　　　宝顶

挂落

吴王靠立面　　　　　　　　剖面

0 　　　　0.5m

图 7.60　苏州拙政园荷风四面亭大样

棕榈

棕榈　棕榈

花椒

塔影亭

0　　　1　　　2m

图 7.61　苏州拙政园塔影亭平面图

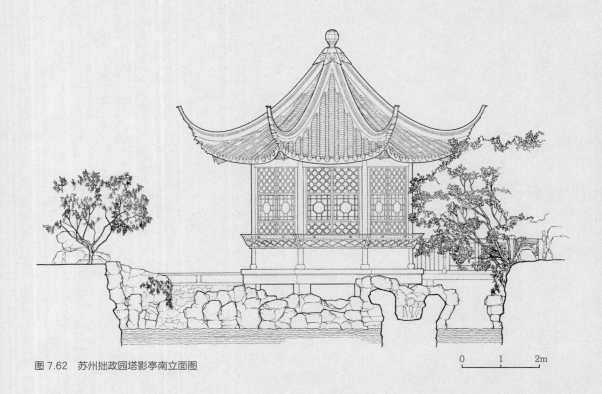

图 7.62　苏州拙政园塔影亭南立面图

0　　1　　2m

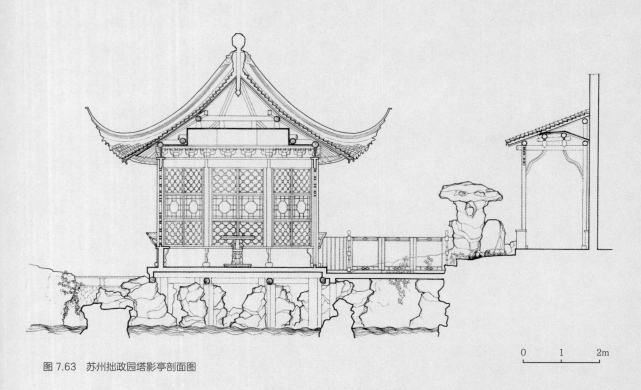

图 7.63　苏州拙政园塔影亭剖面图

0　　1　　2m

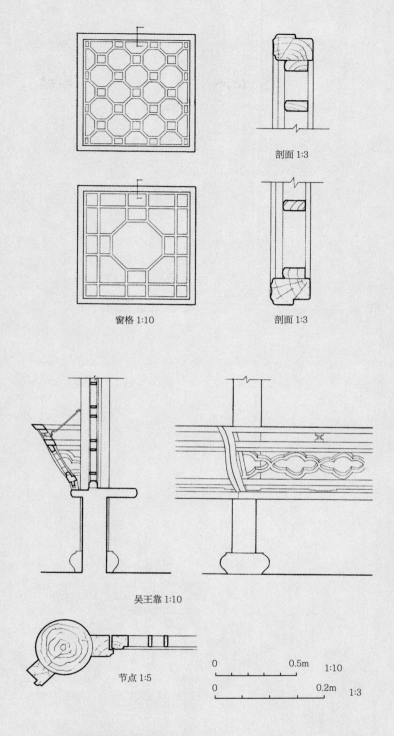

剖面 1:3

窗格 1:10

剖面 1:3

吴王靠 1:10

节点 1:5

| 0 | | | 0.5m | 1:10 |

| 0 | | | 0.2m | 1:3 |

图 7.64　苏州拙政园塔影亭大样

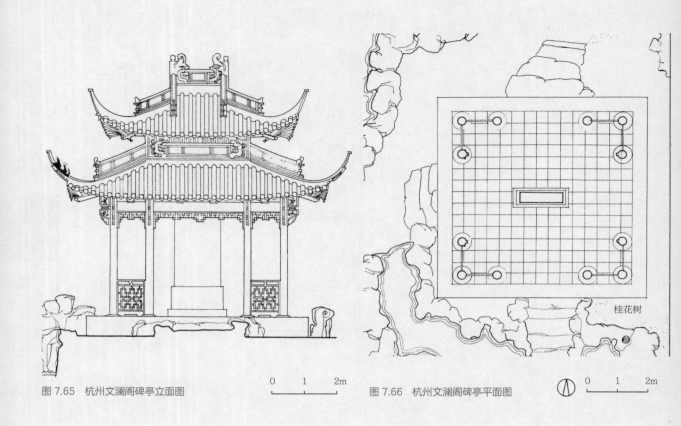

图 7.65　杭州文澜阁碑亭立面图

0　1　2m

图 7.66　杭州文澜阁碑亭平面图

桂花树

0　1　2m

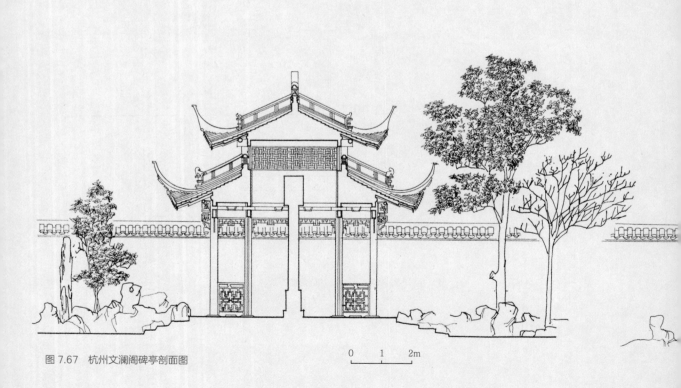

图 7.67　杭州文澜阁碑亭剖面图

0　1　2m

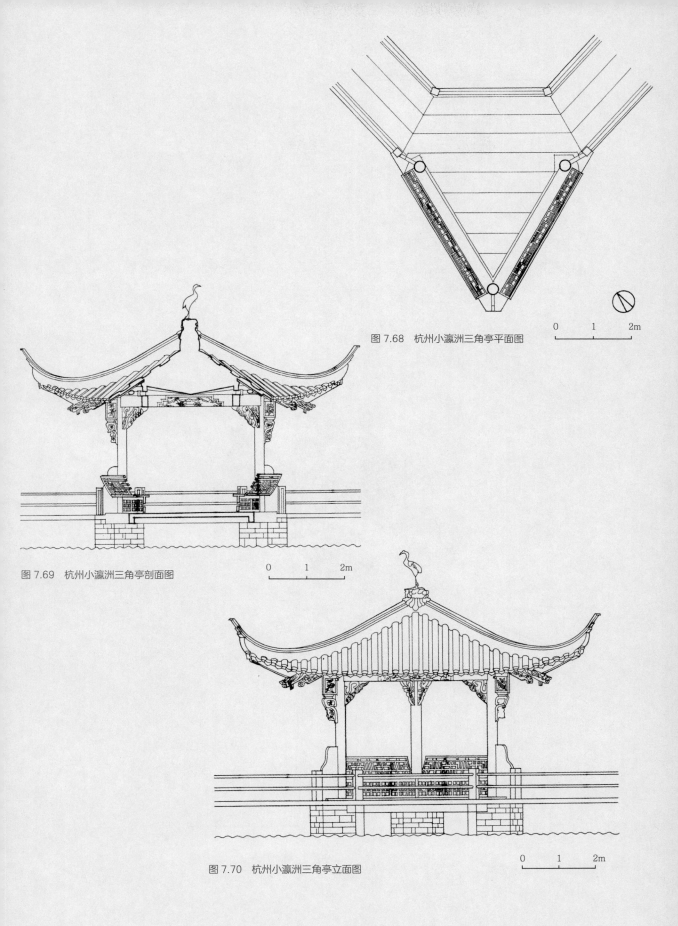

图 7.68　杭州小瀛洲三角亭平面图

0　　1　　2m

图 7.69　杭州小瀛洲三角亭剖面图

0　　1　　2m

图 7.70　杭州小瀛洲三角亭立面图

0　　1　　2m

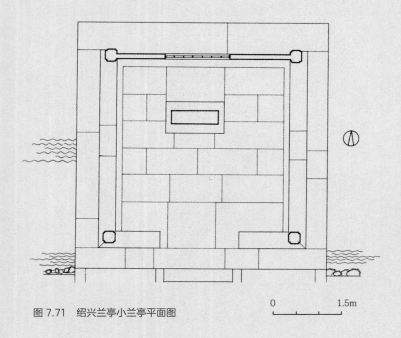

图 7.71　绍兴兰亭小兰亭平面图

0　　　　　　1.5m

图 7.72　绍兴兰亭小兰亭剖面图

0　　　1　　　2m

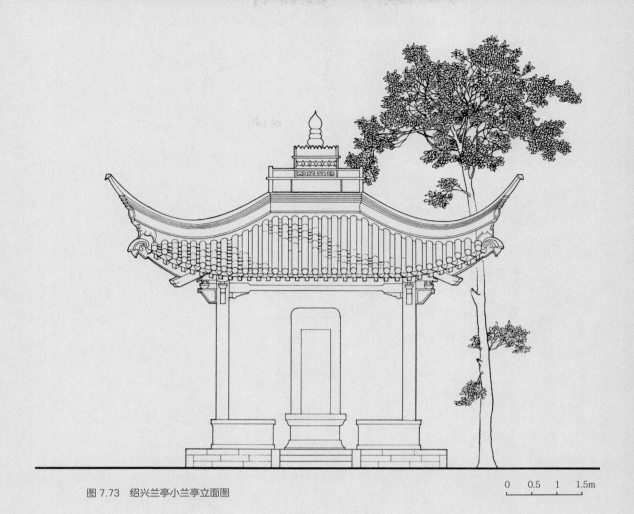

图 7.73　绍兴兰亭小兰亭立面图

0　0.5　1　1.5m

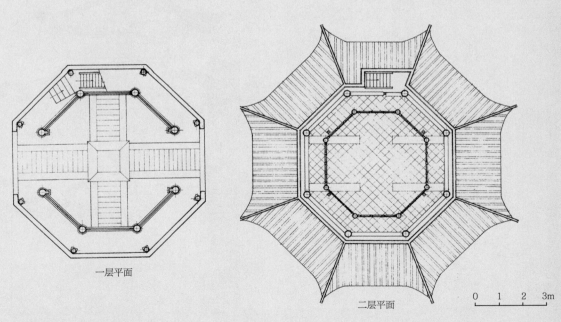

一层平面

二层平面

0　1　2　3m

图 7.74　歙县许村大观亭一、二层平面图

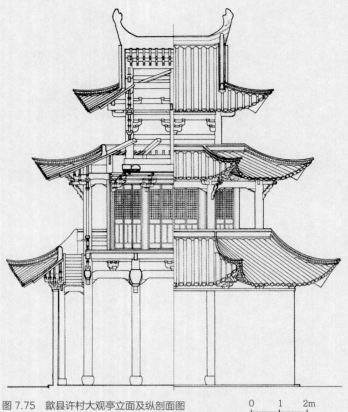

图 7.75　歙县许村大观亭立面及纵剖面图

0　　1　　2m

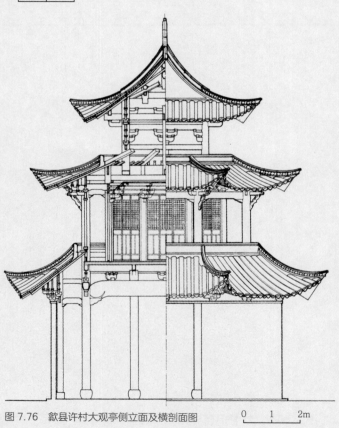

图 7.76　歙县许村大观亭侧立面及横剖面图
0　　1　　2m

7.1.3 厅堂

厅堂是私家园林中的主体建筑,它关系着整个园林的格局(图7.77~图7.103)。《园冶》因此有"凡园圃立基,定厅堂为主"的说法。以之检验苏州、扬州等地的私园也大致符合,当然不是全部。厅与堂本是一物,旧时官署中的大堂是理政听事之所,所以称为"听事",后来简化为"听"加"广"而成厅。姚承祖《营造法原》则从构造上对厅和堂进行区分:用扁方料作梁者为厅,用圆料作梁者为堂。其实,在园林中这种区分并不严格,用扁方料者也可以称"堂"或"馆",如拙政园远香堂及三十六鸳鸯馆;用圆料者亦可称"轩"或"榭",如扬州个园宜雨轩及苏州怡园藕香榭等。

厅堂的形式有五种:

1)四面厅

即四面设廊,周匝一圈,廊内可四面设落地长窗供观赏园景之用,也可前后设落地长窗或和合窗、左右设半窗。前者如拙政园远香堂、何园静香轩(船厅),后者如沧浪亭明道堂。有的厅堂虽四面有廊,但仅留三面供行走,其余一面封入室内,则属四面厅的变体,实例如扬州个园宜雨轩。

2)鸳鸯厅

即室内用罩、纱格等将厅分隔为前后空间相等的两部分,前半部向阳,宜于冬日,后半部面阴,宜于夏天。两者所用梁架各异,一为扁作,一为圆作。实例如苏州留园林泉耆硕之馆(见本书第1.3.2节庭院理景实例20),拙政园三十六鸳鸯馆。

图7.77 苏州拙政园远香堂

图7.78 扬州个园宜雨轩

图 7.79　扬州个园宜雨轩内景

图 7.80　苏州拙政园三十六鸳鸯馆内景

图 7.81　苏州留园鸳鸯厅（林泉耆硕之馆）内景

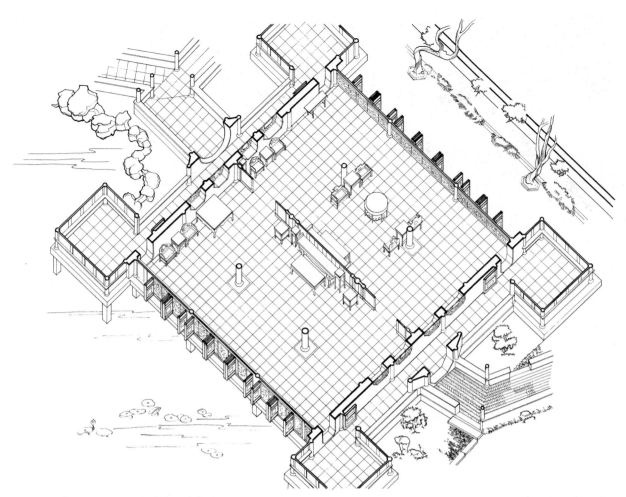

图 7.82 苏州拙政园三十六鸳鸯馆轴测剖视图

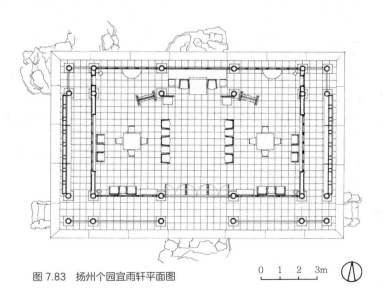

图 7.83 扬州个园宜雨轩平面图

0 1 2 3m

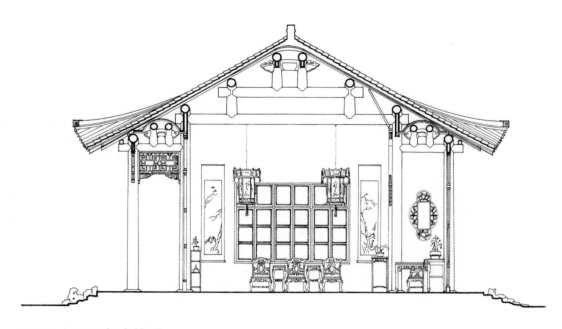

图 7.84　扬州个园宜雨轩剖面图

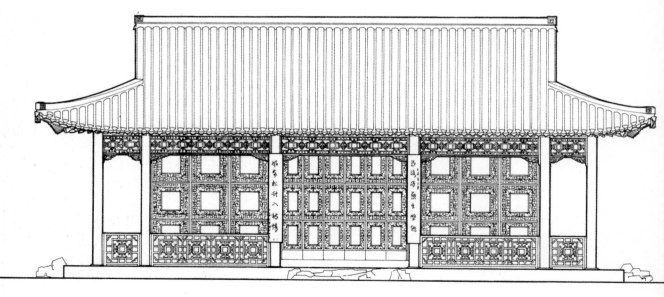

图 7.85　扬州个园宜雨轩立面图

0　　1　　2　　3m

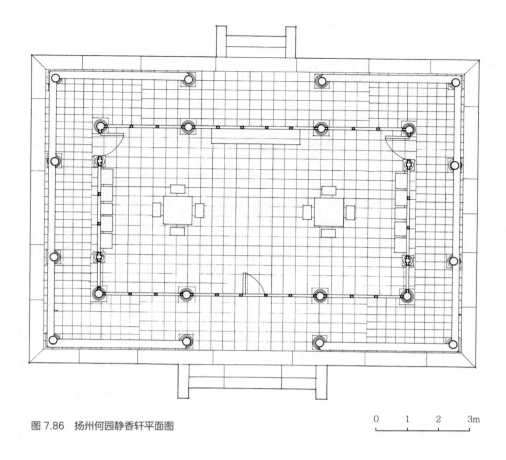

图 7.86　扬州何园静香轩平面图

0　　1　　2　　3m

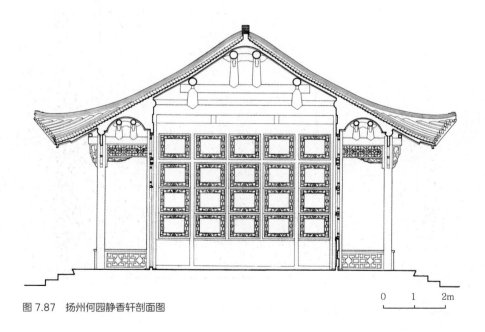

图 7.87　扬州何园静香轩剖面图

0　　1　　2m

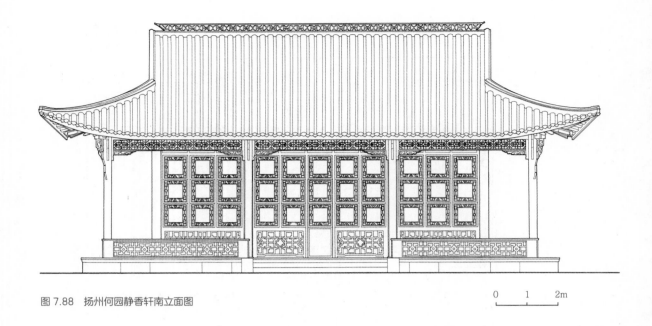

图 7.88　扬州何园静香轩南立面图

0　1　2m

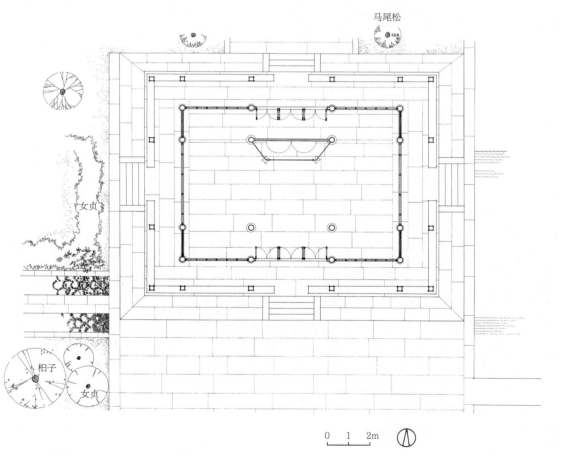

马尾松

女贞

柏子

女贞

0　1　2m

图 7.89　绍兴兰亭"流觞亭"四面厅平面图

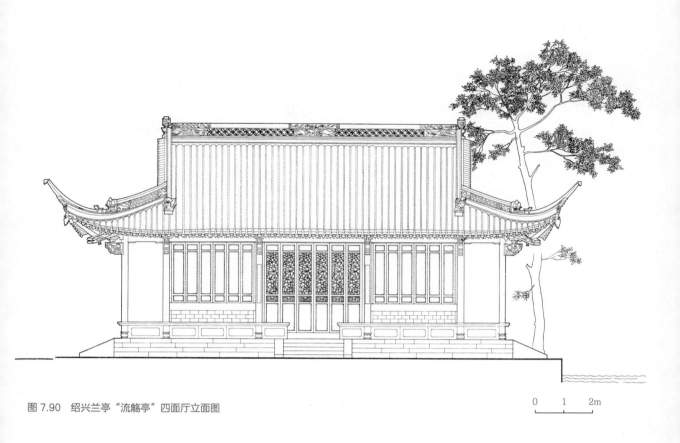

图 7.90 绍兴兰亭"流觞亭"四面厅立面图

0 1 2m

图 7.91 绍兴兰亭"流觞亭"四面厅剖面图

0 1 2m

3）花篮厅

即将厅堂明间的四根金柱（苏州称"步柱"）改为虚柱（北京称垂莲柱），以三间通长的大料托起虚柱以承屋顶重量，虚柱头则雕成花篮。如此则可增加厅内使用面积及灵活性。也有仅将两根明间金柱改成虚柱，而其余两根仍落地者，如苏州狮子林花篮厅及吴县洞庭西山东蔡村春熙堂花厅等（见本书第 1.3.1 节庭院理景实例 7，图 7.92~ 图 7.97）。

4）普通大厅

其面积体量较大，室内有轩或天花，或设前后廊，或仅有前廊，或前后廊均不设。实例如南京瞻园静妙堂、苏州留园五峰仙馆（见本书第 1.3.2 节庭院理景实例 18）。

图 7.92　苏州狮子林花篮厅内景

图 7.93　花篮厅（之一）

图 7.94　花篮厅（之二）

图 7.95　花篮厅（之三）

图 7.96　花篮厅（之四）

图 7.97　花篮厅（之五）

图 7.100 苏州拙政园玉兰堂

图 7.98 南京瞻园静妙堂

图 7.101 苏州留园五峰仙馆内景

图 7.99 南京瞻园静妙堂内景

5）楼厅

是将二楼楼板下之梁架做成扁作，并如厅堂做法在楼板下加轩（图7.103），或做成花篮厅形式，实例如苏州西山明湾村南寿轩（见本书第1.3.1节庭院理景实例10）。这种楼厅都布置在后进，楼上住人，楼下供家人宴饮聚会之用，其规格较上述四种厅稍低。

图7.102　苏州网师园万卷堂内景

图7.103　楼厅轩之做法剖示

7.1.4　画舫斋

这是一种特殊的景观建筑，它的原型是江船。早在北宋时，文学家欧阳修就在他的官邸中利用七间屋，在山墙上开门，而正面不开门，仅开窗，名之曰"画舫斋"（图 7.104 ～图 7.119）。从《清明上河图》中可以清晰地看到，当时在江中行驶的官船都像一座水上建筑，前舱为客厅，有的厅前还有敞轩、鹅颈椅可供坐憩观赏江景，中后舱为家人起居与卧息之所，再后则是船工活动范围。而欧阳修的画舫斋则是把这种官船又还原过来，以此追忆在江中游历的乐趣。看来这种舫式的斋在宋代士大夫中相当流行，如秦观有《艇斋》诗：

> 平生乐渔钓，放浪江湖间。
> 兀兀寄幽艇，不忧浪如山。
> 闻君城郭居，左右群书环。
> 有斋亦名艇，何时许追攀？
>
> ——（《淮海集》卷二）

朱熹也有《船斋》诗与《舫斋》诗，其中有句：

> 筑室水中聊尔尔，何须极浦望朱宫。
>
> ——（《朱子大全》卷三）

陆游寓所则有两间屋，狭而深，形如小舟，匾为"烟艇"，以寄托对江湖烟波的思念（陆游《烟艇记》）。这些就是明清园林中常见的石舫、旱船、船厅、画舫斋、不系舟等建筑的前驱。江南园林常见的舫类建筑有两类：一是旱船，建于水边，有小桥与岸上相通，象征此船泊于水边，有跳板可上下，这种建筑对船的摹仿比较逼真，往往有前舱、中舱、后舱，实例如苏州拙政园香洲、怡园画舫斋、同里退思园旱船、南京煦园不系舟等；二是船厅，不必建于水边，仅在狭长的房屋端部开门，两侧开窗，较抽象地摹仿江舟之意，欧阳修、陆游所为应属此类，吴江同里退思园西部船厅及苏州怡园船厅也为此类实例。

图 7.104　南京煦园不系舟

图 7.105　苏州拙政园香洲

图 7.106　苏州拙政园香洲内景

图 7.107　苏州怡园画舫斋

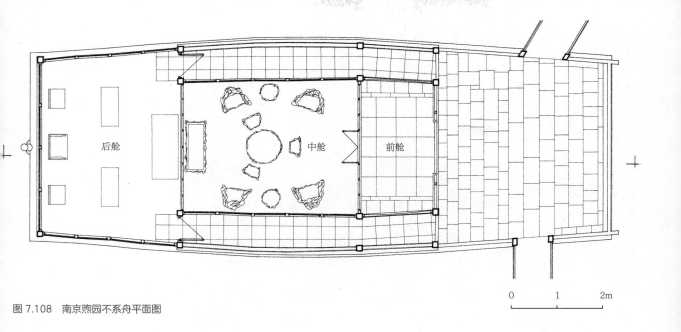

图 7.108　南京煦园不系舟平面图

后舱　中舱　前舱

0　1　2m

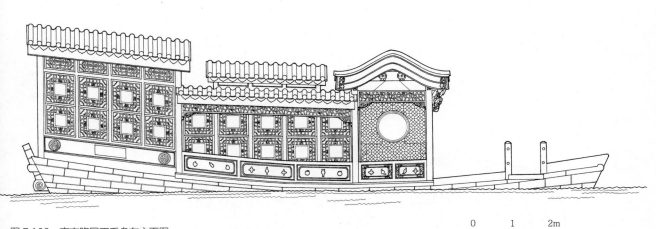

图 7.109　南京煦园不系舟东立面图

0　1　2m

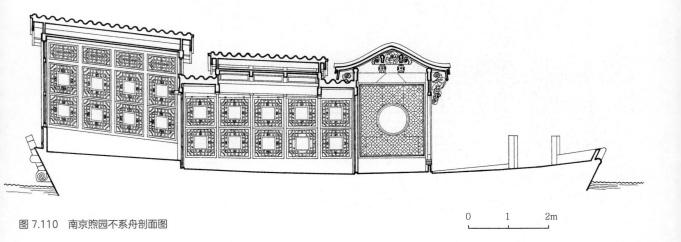

图 7.110　南京煦园不系舟剖面图

0　1　2m

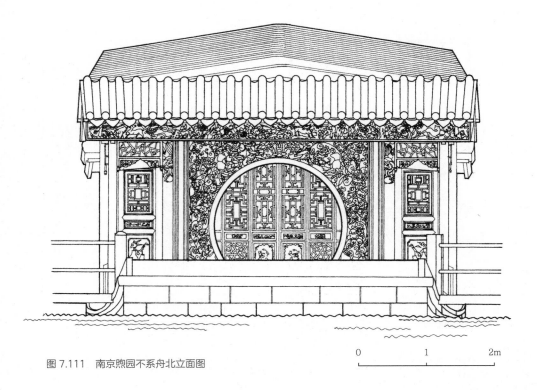

图 7.111　南京煦园不系舟北立面图

0　　　　1　　　　2m

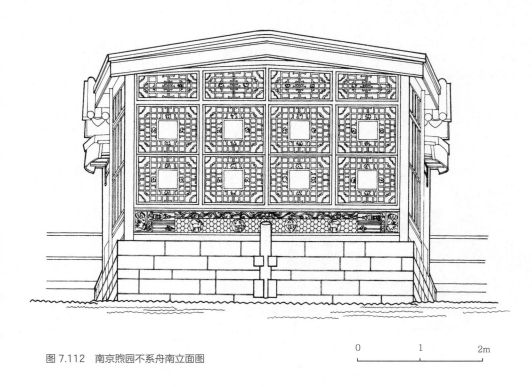

图 7.112　南京煦园不系舟南立面图

0　　　　1　　　　2m

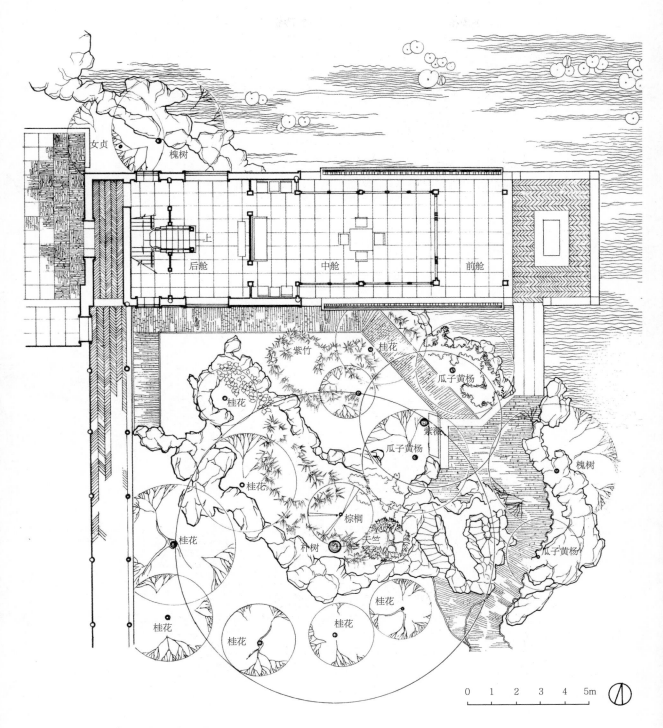

女贞

槐树

上

后舱

中舱

前舱

紫竹

桂花

桂花

瓜子黄杨

瓜子黄杨

紫薇

瓜子黄杨

槐树

桂花

棕榈

朴树

天竺

瓜子黄杨

桂花

桂花

桂花

桂花

桂花

0　1　2　3　4　5m

图 7.113　苏州拙政园香洲平面图

图 7.114　苏州拙政园香洲北立面图

0　　1　　2　　3m

图 7.115　苏州拙政园香洲东立面图

0　　1　　2　　3m

图 7.116　苏州拙政园香洲西立面图

0　　1　　2m

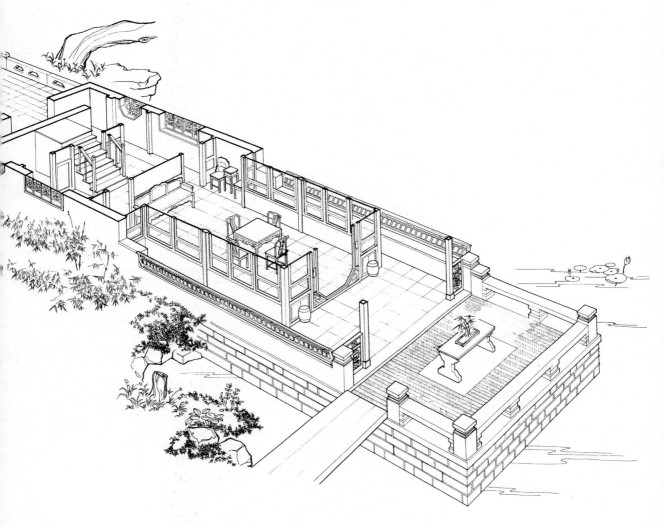

图 7.117　苏州拙政园香洲平面剖视图

图 7.118　苏州拙政园香洲剖视图

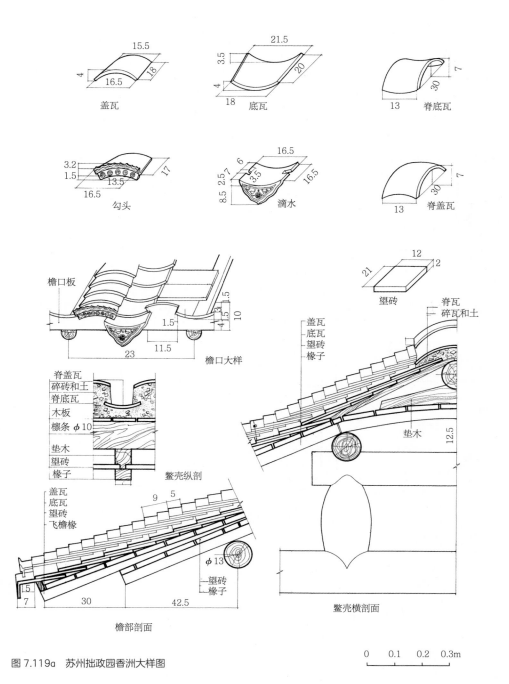

15.5

4   16.5   18

盖瓦

21.5

3.5   20

4   18

底瓦

7   30

13   脊底瓦

3.2   17

1.5   13.5

16.5

勾头

16.5

2.5 7   6

3.5   16.5

8.5

滴水

7   30

13   脊盖瓦

檐口板

4.5 3   10

4 1.5

1.5

23   11.5

檐口大样

脊盖瓦
碎砖和土
脊底瓦
木板
檩条 φ10
垫木
望砖
椽子

鳌壳纵剖

12   2

21

望砖

脊瓦
碎瓦和土

盖瓦
底瓦
望砖
椽子

垫木

12.5

鳌壳横剖面

盖瓦
底瓦
望砖
飞檐椽

9   5

φ13

望砖
椽子

1.5

7   30   42.5

檐部剖面

0   0.1   0.2   0.3m

图 7.119a 苏州拙政园香洲大样图

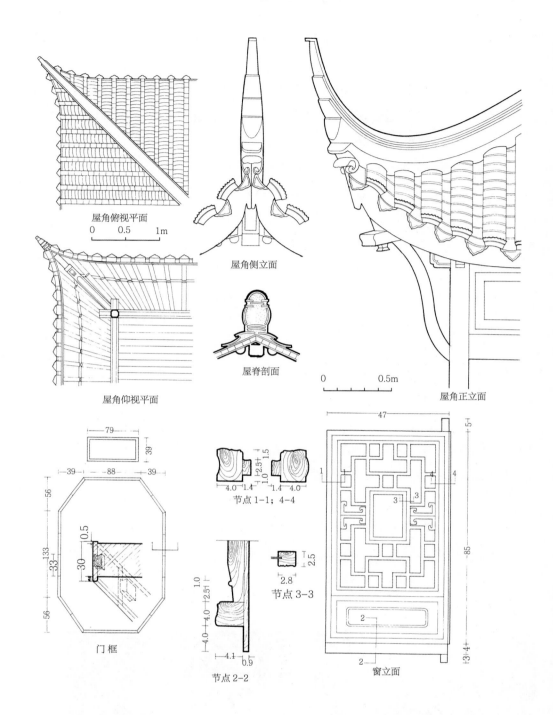

屋角俯视平面

0　0.5　1m

屋角侧立面

屋脊剖面

屋角正立面

0　0.5m

屋角仰视平面

门框

节点 1-1；4-4

节点 2-2

节点 3-3

窗立面

图 7.119b　苏州拙政园香洲大样图

7.1.5 斋、馆、轩、榭、廊、桥（图7.120～图7.161）

斋、馆、轩、榭都是比较自由活泼的建筑，在园林中或作散居，或作书房，或供暂息，其布置方式、建筑式样、装修繁简都可随宜构思，了无定格。园中厅堂通常以三间、五间为度，而此类建筑不限间数。

廊在江南园林中使用极广，一则是交通联系的纽带，可使游人免受日晒雨淋之苦；二则以其空灵活泼的造型为园景增加层次、丰富景面。一些依山就水、沿墙随屋、曲折起伏的游廊，使本来十分刻板的墙面和死角变得生动起来，它在理景中所起的巨大作用是无法取代的。廊的种类有多种，其中主要的有：

两边临空的独立廊；

一边靠墙的廊，在曲折处形成小院，院内疏植竹树，可构成许多画面；

复廊，即一片墙的两边都有廊，墙上开若干漏窗，每边廊内都可看到两边景色；

水廊，即凌水架廊，"长虹卧波"、"蛟龙戏水"之类的形容词可以用于此种水廊。

桥也是园中不可或缺的景物。园中之桥式样源于城乡交通用桥，但非直接搬用交通桥，尺度必须与园林相协调，造型更宜优美。大凡私家园林的桥都很小巧，风景区及大园林的桥也相应增大。景观桥的常见式样是拱桥、板式曲桥、板式折桥、板式平拱桥、木桥、廊桥等数种。也有以天然石料不加丝毫斤斧之工架立成桥的实例。扬州瘦西湖五亭桥构思奇特，造型丰富，成为扬州的标志性建筑。

牌坊是中国特有的一种旌表建筑，作为祠庙、村落、街巷入口的标志，能起到很好的环境提示和引导作用。虽然由于历史风云的涤荡，它们中的绝大部分都已不复存在，但皖南山区却仍保存着数以百计的石牌坊，其中歙县棠樾村的牌坊群则是其中最著名的一处（见本书3.4.2棠樾村村头理景）。

图7.120 苏州拙政园玲珑馆

图7.121 苏州拙政园玲珑馆内景

图 7.122 苏州网师园濯缨水阁

图 7.123 苏州拙政园海棠春坞小轩

图 7.124 苏州留园揖峰轩内景

图 7.125　苏州网师园殿春簃内景

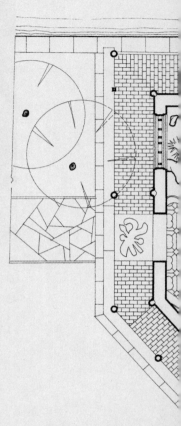

图 7.126　怡园复廊

图 7.127　南京煦园忘飞阁平面图

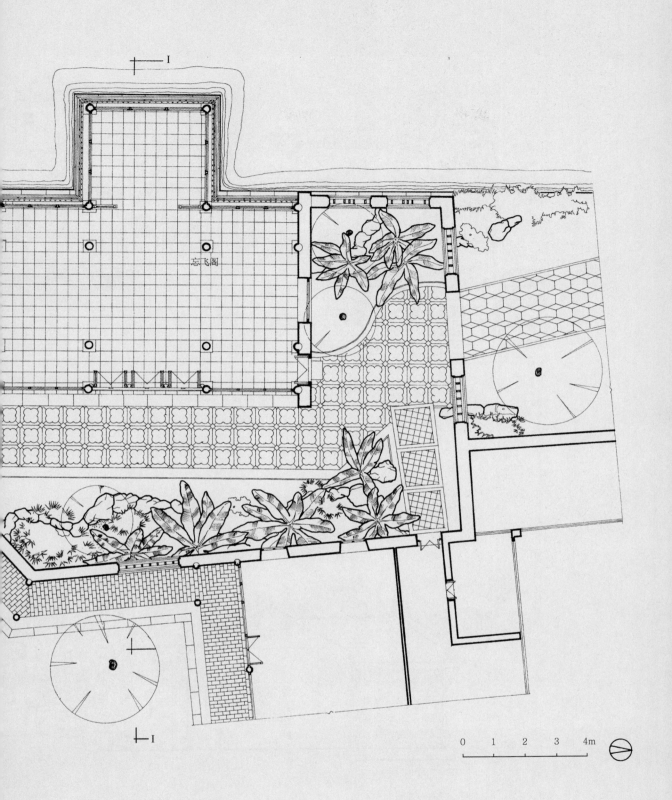

忘飞阁

I

I

0 1 2 3 4m

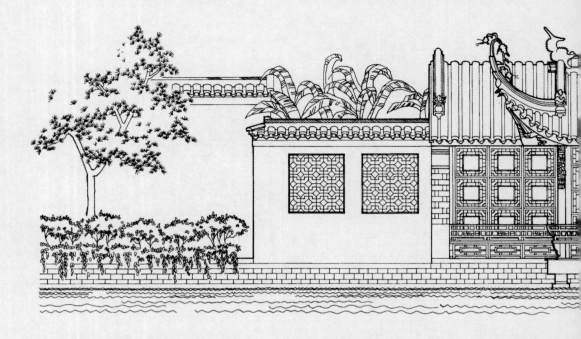

图 7.128　南京煦园忘飞阁西立面图

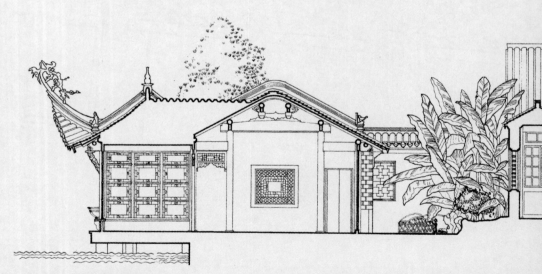

图 7.129　南京煦园忘飞阁剖面图（I-I）

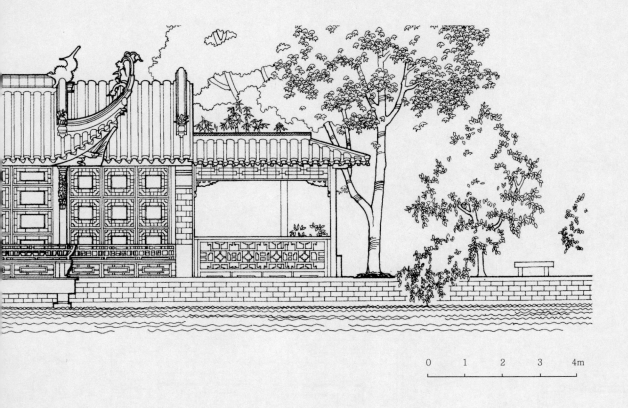

0　1　2　3　4m

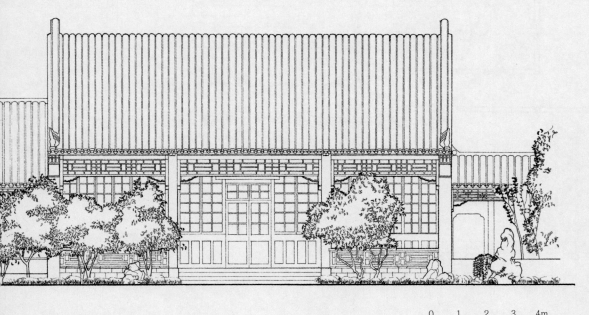

0　1　2　3　4m

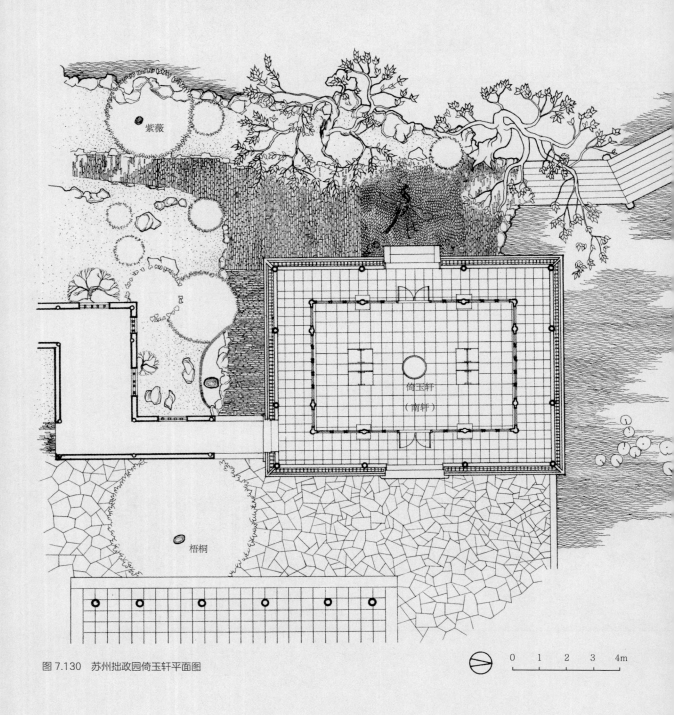

紫薇

倚玉轩
（南轩）

梧桐

图 7.130　苏州拙政园倚玉轩平面图

0　1　2　3　4m

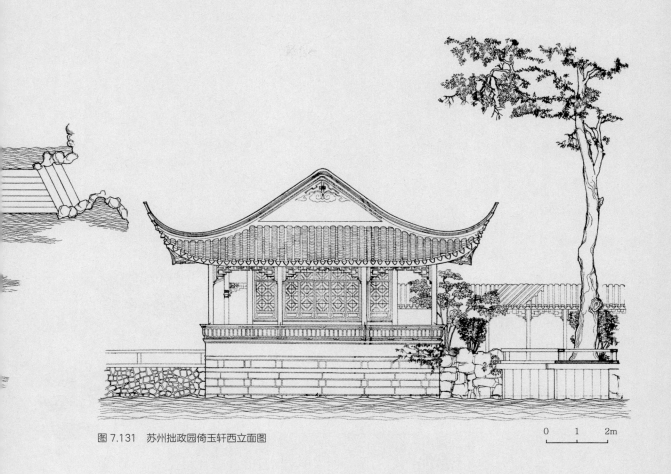

图 7.131　苏州拙政园倚玉轩西立面图

0　1　2m

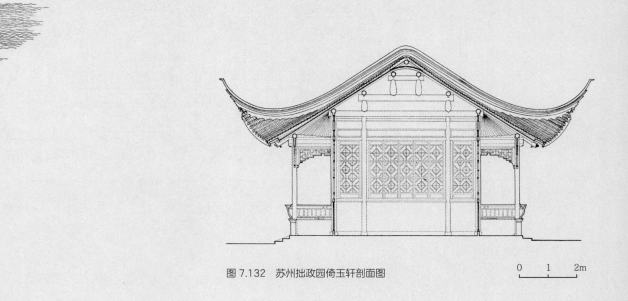

图 7.132　苏州拙政园倚玉轩剖面图

0　1　2m

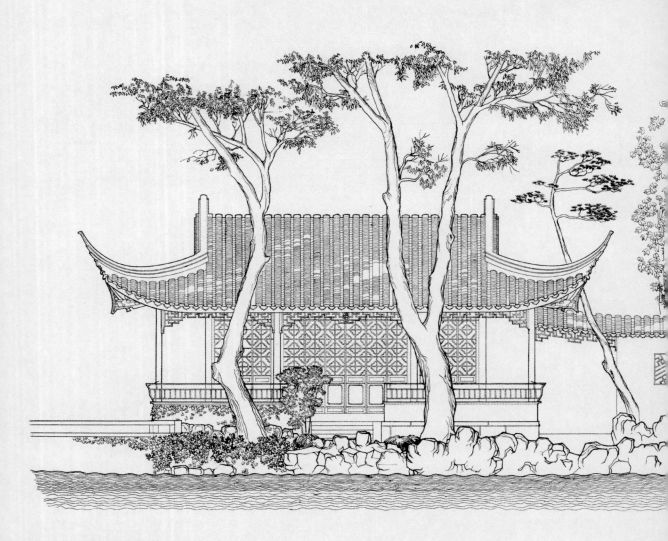

图 7.133　苏州拙政园倚玉轩北立面图

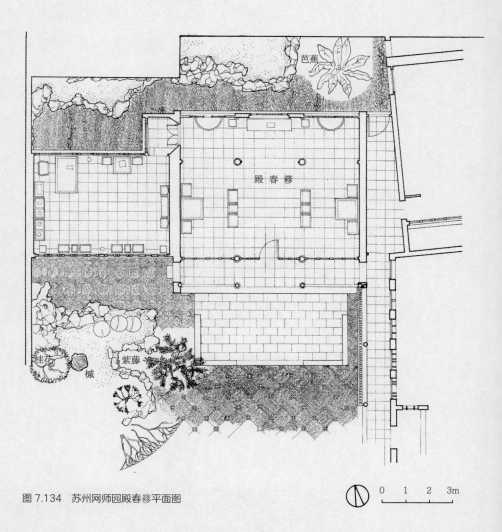

芭蕉

殿春簃

桂花
槭
紫藤

图 7.134　苏州网师园殿春簃平面图

0　1　2　3m

1　2m

图 7.135　苏州网师园殿春簃南立面图

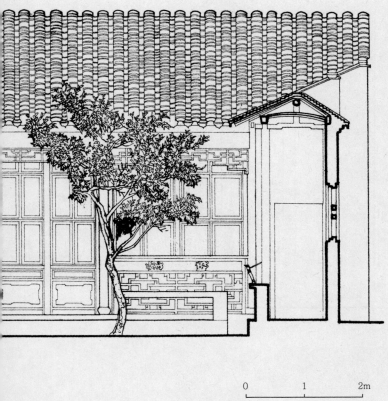

0   1   2m

图 7.136 苏州网师园殿春簃剖视图

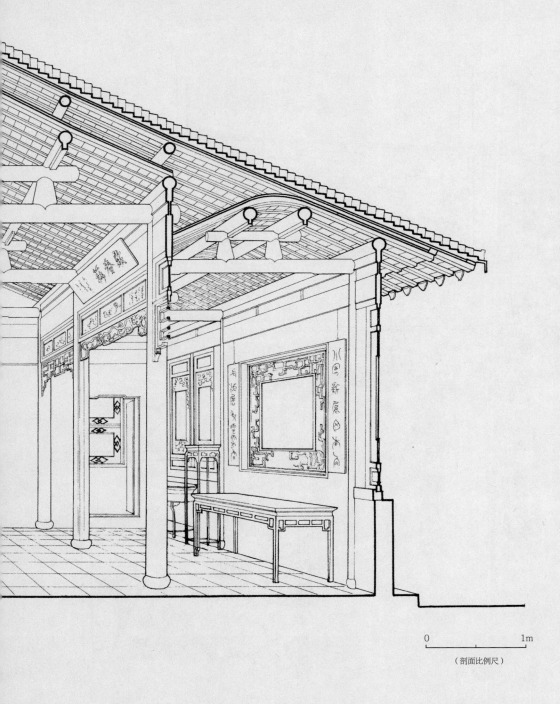

0   1m

（剖面比例尺）

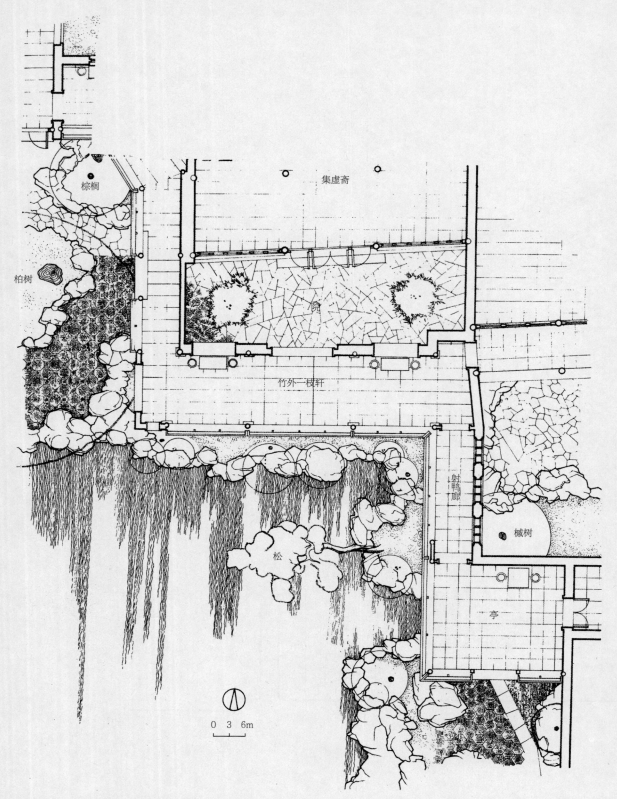

棕榈

柏树

集虚斋

院

竹外一枝轩

射鸭廊

松

榉树

亭

0 3 6m

图 7.137 苏州网师园竹外一枝轩平面图

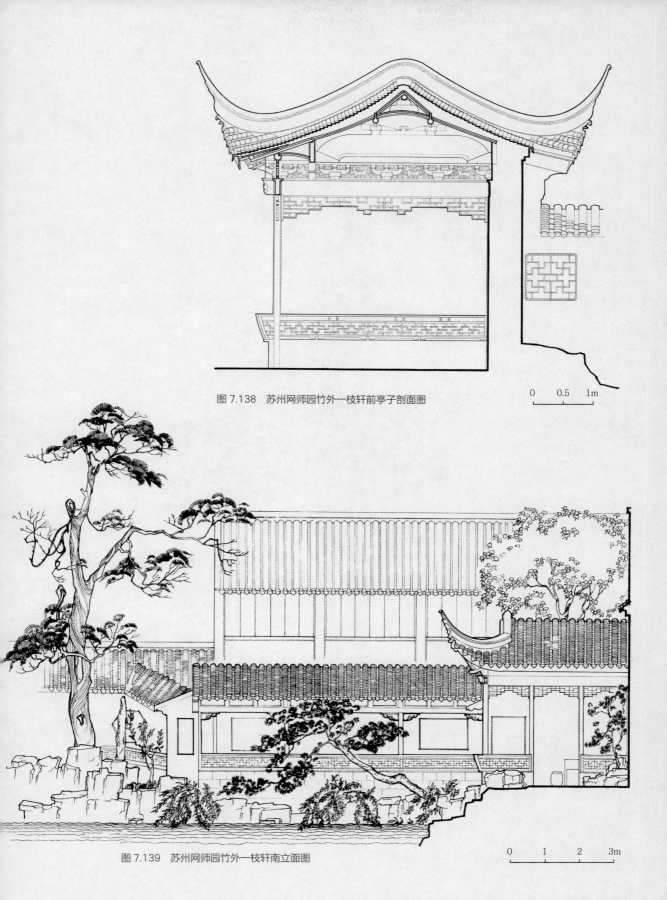

图 7.138　苏州网师园竹外一枝轩前亭子剖面图

0　0.5　1m

图 7.139　苏州网师园竹外一枝轩南立面图

0　1　2　3m

图 7.140　苏州网师园竹外一枝轩西立面图

0　　1　　2　　3m

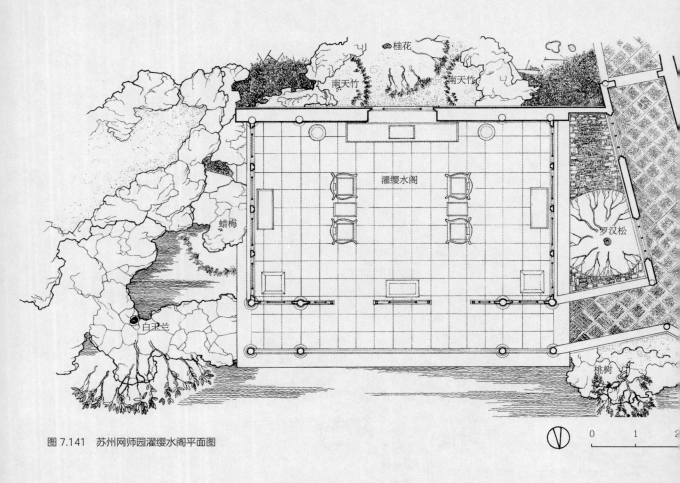

桂花

南天竹　　　　南天竹

濯缨水阁

蜡梅

罗汉松

白玉兰

桃树

图 7.141　苏州网师园濯缨水阁平面图

0　　1　　2

图 7.142　苏州网师园濯缨水阁北立面图

0　　　1　　　2m

图 7.143　苏州网师园濯缨水阁东立面图

0　　　1　　　2m

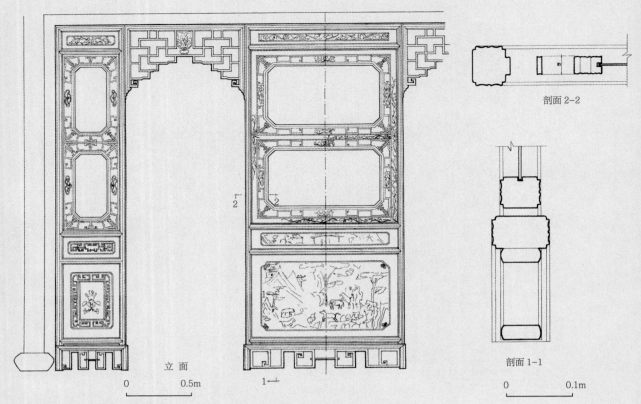

立 面

0　　　　0.5m

剖面 2-2

剖面 1-1

0　　　　0.1m

图 7.144　苏州网师园濯缨水阁装修大样

图 7.145　苏州网师园濯缨水阁剖视图

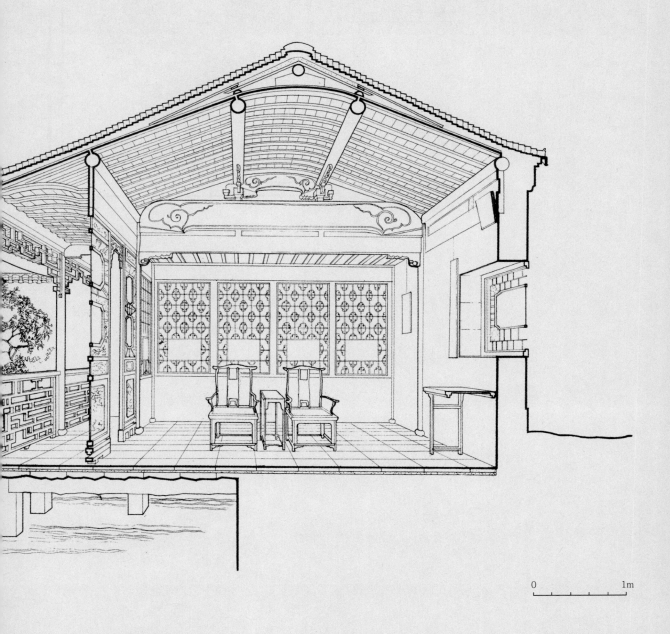

0　　　　　　　　　1m

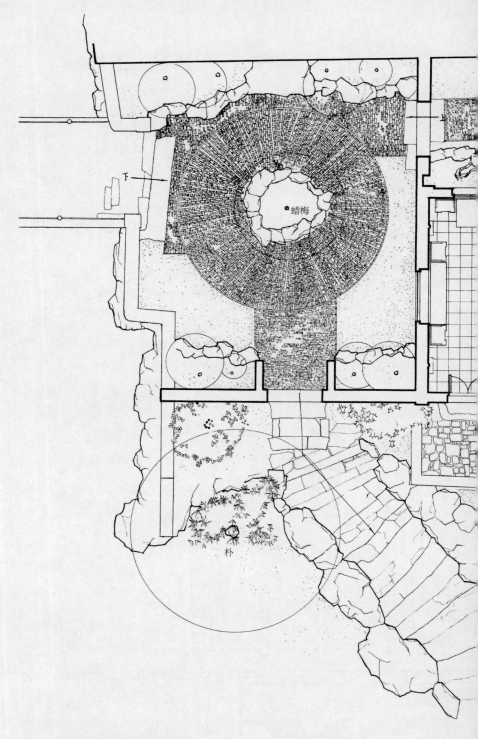

图 7.146　苏州虎丘悟石轩平面图

蜡梅

朴

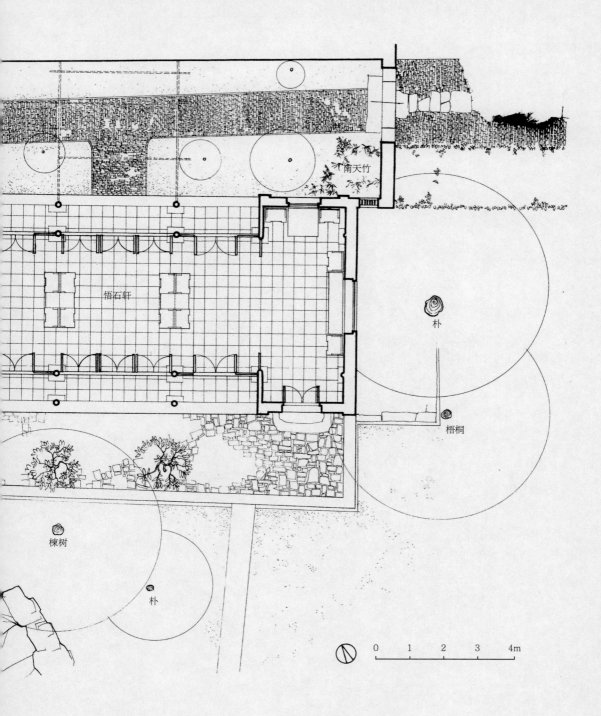

南天竹

悟石轩

朴

梧桐

楝树

朴

0　1　2　3　4m

图 7.147　苏州虎丘悟石轩南立面图

0 1 2 3 4m

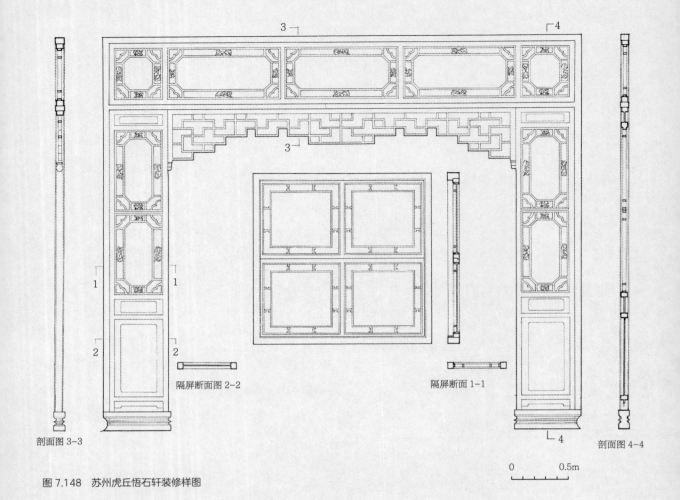

剖面图 3-3

隔屏断面图 2-2

隔屏断面 1-1

剖面图 4-4

0 0.5m

图 7.148 苏州虎丘悟石轩装修样图

图 7.149 苏州虎丘悟石轩西立面图

0   1   2m

图 7.150　苏州虎丘悟石轩剖视图

0   1m

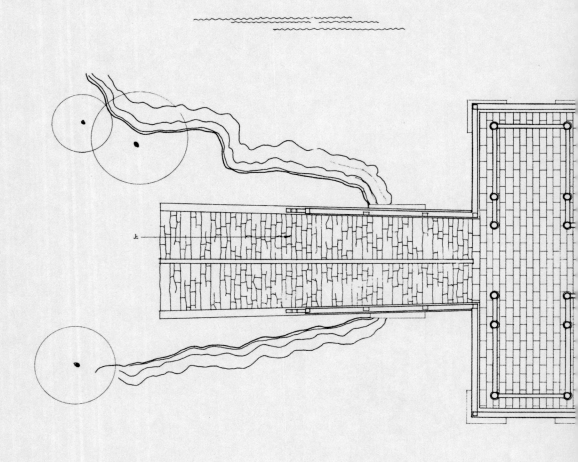

图 7.151　扬州瘦西湖五亭桥平面图

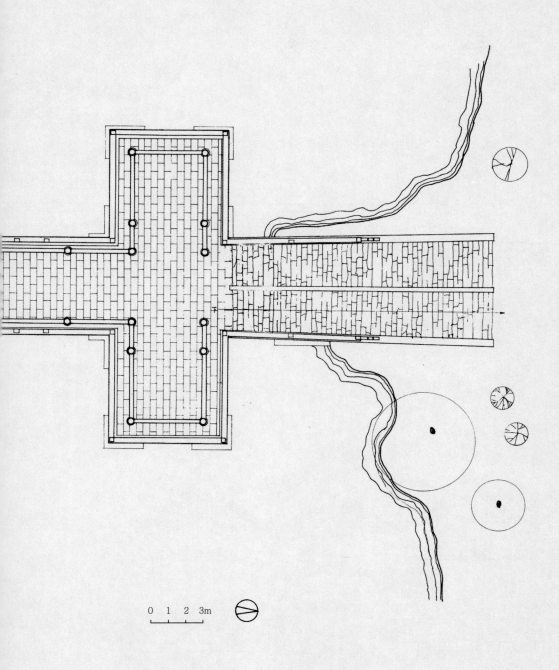

0 1 2 3m

图 7.152　扬州瘦西湖五亭桥东立面图

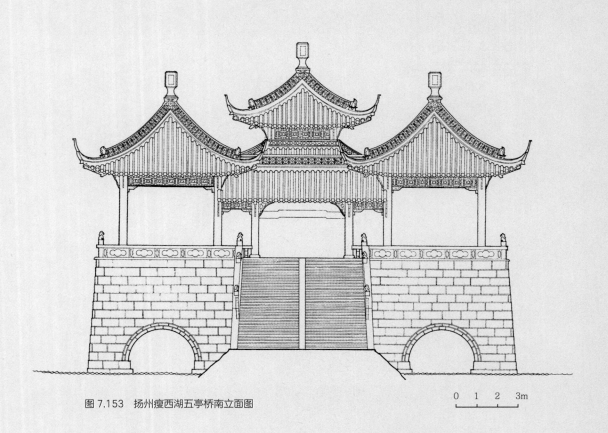

图 7.153　扬州瘦西湖五亭桥南立面图

0　1　2　3m

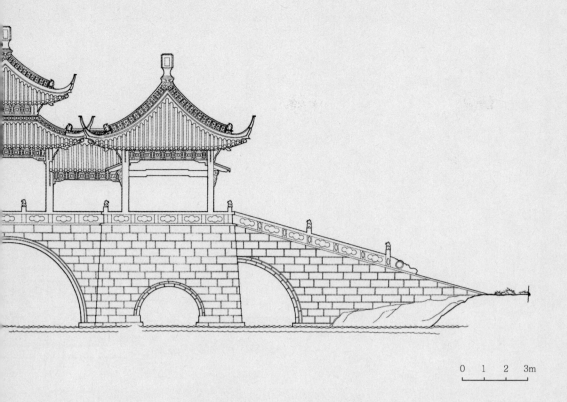

0 1 2 3m

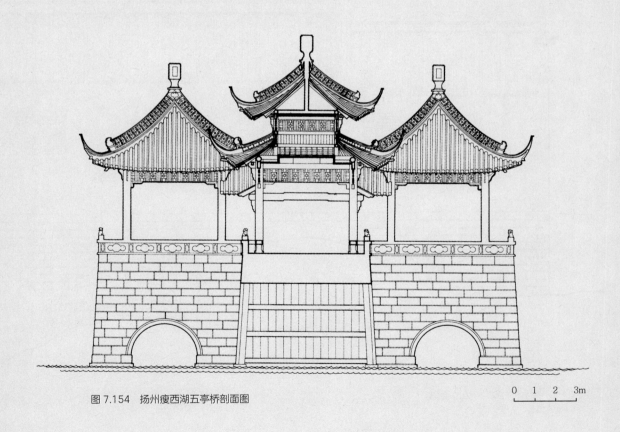

图 7.154　扬州瘦西湖五亭桥剖面图

0 1 2 3m

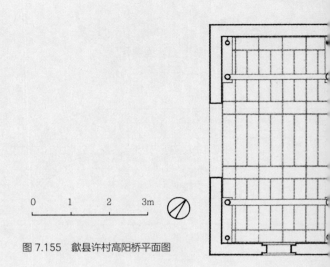

0 1 2 3m

图 7.155 歙县许村高阳桥平面图

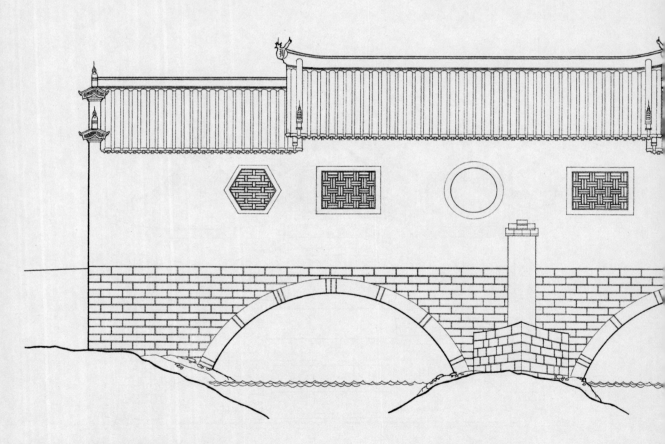

图 7.156 歙县许村高阳桥北立面图

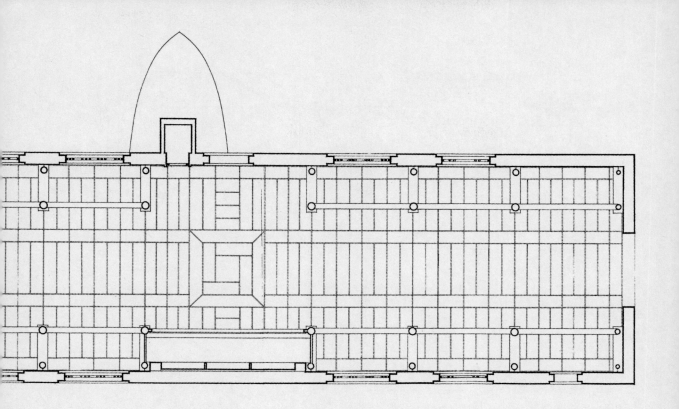

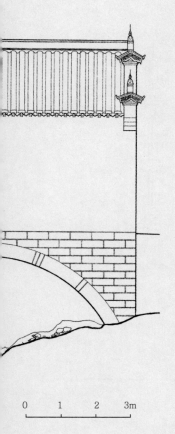

0　1　2　3m

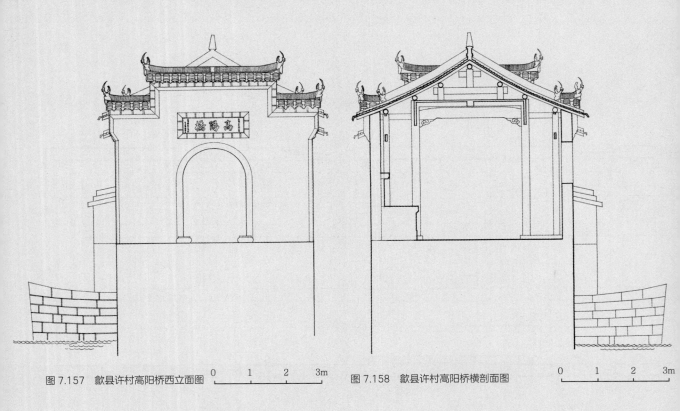

图 7.157　歙县许村高阳桥西立面图　　　　0　　1　　2　　3m　　图 7.158　歙县许村高阳桥横剖面图　　　　0　　1　　2　　3m

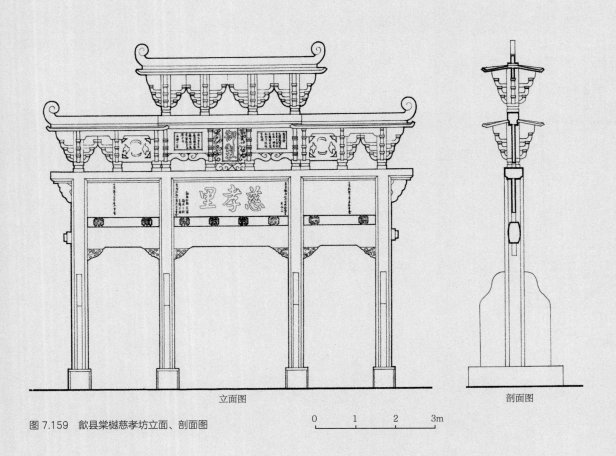

立面图　　　　　　　　剖面图

图 7.159　歙县棠樾慈孝坊立面、剖面图　　　　　　0　　1　　2　　3m

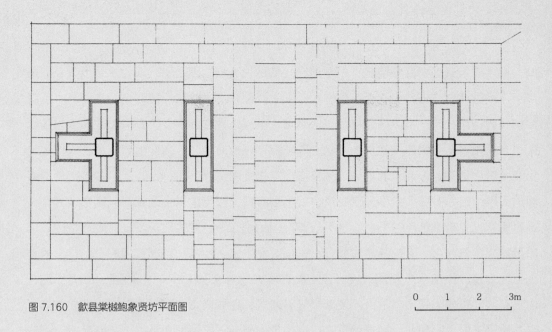

图 7.160 歙县棠樾鲍象贤坊平面图

0　1　2　3m

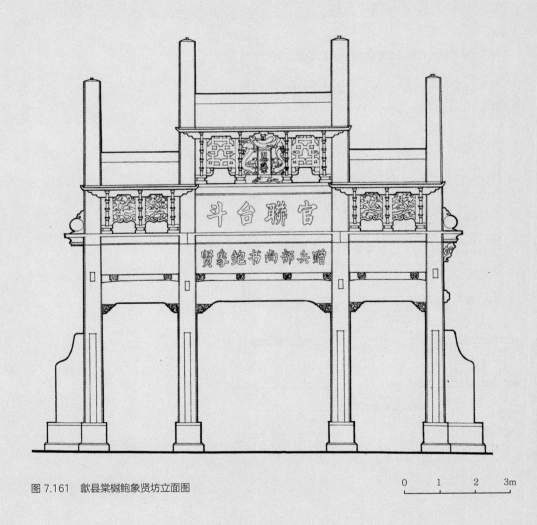

图 7.161 歙县棠樾鲍象贤坊立面图

0　1　2　3m

7.1.6　塔殿

　　塔之成为景观有两种情况：一是佛寺之塔进入风景画面之中，成为点景借景；二是风景点或园林自建塔作为点缀。前者如西湖之保俶塔、雷峰塔、镇江金山寺塔等，后者如杭州西泠印社华严塔。扬州瘦西湖之喇嘛塔虽属莲性寺佛塔，但其兴建之动因与瘦西湖"十里楼台"之突然兴起颇为相似，即乾隆下江南时为"迎驾"而建，故其式样也一反江南塔之常态，仿北京北海中之喇嘛塔而为之（图 7.162~ 图 7.163）。殿是指佛道寺观的大殿，因为一般风景中无帝王离宫就不会有殿。佛寺的殿宇建筑在江南已地方化，不再保有官式建筑的完整形制。这里应该说明的一点是：官式建筑是没有地方性的，以明代官式建筑而言，不论其建在何处——南、北、东、西都由工部或内府出图样，派官吏工匠督造。如明永乐年间造武当山道教宫观，由南京派工部侍郎及军队 20 万修造，山上有些建筑如太和山顶的金殿及紫金城石建筑，还在南京加工后水运至当地安装。建造各地藩王府也是如此。甚至曲阜孔庙也由畿内与各王府抽调各种能工巧匠赴役，而派

0　　2　　　4m

图 7.162　扬州瘦西湖白塔平面图

京官会同地方官共同督造。这些建筑虽建在地方上，但不是地方建筑而是官式建筑。习惯上把官式建筑称为北方式样是不妥的。而江南寺庙若非敕赐而由工部或内府派员督造者，必然掺入地方风格，形式较为驳杂，如太平天国之后，曾国藩重建两江总督衙门等建筑，就明显杂有湘、鄂、赣一带的风格。而元代以后苏州建筑已失去宋代沿袭下来的《营造法式》传统风格，代之以一种新形式，可能就是元代工匠大迁移时带来华南、西南一带做法所造成的结果。因此，有人把目前苏州一带的建筑屋角起翘很高的风格看成一种当地的永恒形式，是不符合实际的。

图 7.163 扬州瘦西湖白塔立面图

0   2   4m

7.2 传统景观建筑技艺

7.2.1 大木做法

风景园林建筑的大木做法比较自由，《园冶》所谓"其屋架何必拘三五间，为进多少？半间一广，自然雅称"。实例如苏州拙政园海棠春坞之轩由一大一小两室组成，留园揖峰轩则为二间半小屋，两者都很玲珑，亲切可爱。

大木构架见于《园冶》者有八种，但缺楼房做法。《营造法原》则有楼房构架四种，这些都只是当时常用式样，实际运用时可灵活变化，只要符合造园要求，都能适用。大凡露明的木构架必须整齐有序，式样美观；而被重椽、轩或天花所遮蔽的构架，则可自由构造，只求坚固，不求美观，加工可简率，故称之为"草架"（图7.164）。

斗栱是中国古典建筑的一大特点。到明清时斗栱已日趋繁琐，结构性能退化，装饰作用加强，其远观效果犹如在檐下加了一列雕饰。所以计成在《园冶》中说："升栱不让雕鸾，门枕胡为镂鼓，"对斗栱用于园林持否定态度。不过在江南园林实践中仍能看到钟情于斗栱的例子，例如苏州沧浪亭，采用五踩单翘单昂斗栱，这是江南园林建筑中使用斗栱级别最高的一例。艺圃乳鱼亭是一座明代遗构，利用抹角梁出头作斗口跳斗栱。拙政园西部的塔影亭则用一斗三升斗栱作装饰。在宋代，亭子的规格可以与小型殿堂相当，所以一般都做斗栱。到清代，风景区及帝苑中亭子用斗栱仍较普遍，而江南园林中毕竟已属少数。除亭子之外，厅堂也有用斗栱的实例，例如拙政园三十六鸳鸯馆，檐下用一斗三升平身科、梁头结点用单斗花楷（苏州称花楷为"机"）。留园林泉耆硕之馆斗栱也是如此，只是外檐仅用柱头科而无平身科。

江南风景区内佛寺殿宇的大木构架做法，明代仍受宋《营造法式》的影响，梁架斗栱做法一脉相承，只是在用料上、细部上有所改变。而一些皇帝、太后特赐的工程则是标准的官式殿堂建筑，如武当山道官殿宇。一般道观、佛庵则又与民居接近，地方手法较多，如九华山的众多佛寺都采用这一类建筑形式。

中国古代有"雕梁画栋"的传统，明代江南仍流行在梁及栋（即脊檩）上作彩画。这种彩画的构图多采用"包袱锦"、"笔锭胜"等图案。即如同用锦缎包袱裹于梁上一般，或在脊檩正中画上毛笔、金锭、方胜三件构成的图案，以谐"必定升"之音，求得吉祥口彩。到了清代，园林建筑已基本不用彩画，雕梁则仍时有所见，特别是厅堂的梁和梁垫、花楷三部分是大木施雕饰的重点所在。江南厅堂梁的形式有三种：扁作梁、圆作梁、贡式梁。扁作梁最豪华，是沿袭宋代月梁的传统发展而来，在明代官式建筑中已废弃不用，而江南住宅、园林中仍普遍使用，其做法是在木梁上加两片背板，借

图 7.164 厅堂草架结构（洞庭西山）

图 7.165 圆作梁式（断面作菱形）

以形成月梁的弓形曲线，既可节省木料，又能获得月梁的效果。圆作是用圆料略作加工，剜出梁底和斜项，也有将圆梁表面略施浅刨，浮出棱线或使断面成菱形的做法，目的是使梁的表面产生水平线条，以减少其拙笨感（图 7.165）。贡式梁也是方料，但用材小，梁背不加背板，仅于方棱处稍作线脚，并在梁下作挖底，形象简洁典雅，极宜轩、榭一类建筑使用。

屋顶翼角结构起翘，是江南园林建筑一大特色。有两种起翘做法：一为嫩戗发戗，嫩戗即子角梁，发戗即起翘，就是由子角梁起翘来达到发戗效果；另一为水戗发戗，即子角梁不上翘，仅靠水戗（即采用泥水作来做的角脊）来完成发戗效果。前者翘势高，翘度大，多用于殿宇厅堂，后者较平缓、轻松，多用于斋馆轩榭等小建筑。亭子则二者兼用。《营造法原》对嫩戗发戗的起翘角定为 129°48′，其实发戗角度与屋面大小及坡度相联系，顺角脊之势而下，翘得自然、洒脱、不呆滞即可，不必固定于某一角度。我国古代建筑经工匠们长期的总结，每个时期都有一套成熟的做法，后人应该懂得这些做法及其成因，但不可墨守其规而受其束缚。至于水戗发戗，虽说子角梁不起翘，但仍需在檐檩上搁置三角木（生头木），将翼角椽（苏州称撒网椽）微微垫高 5～10 厘米，使翼角檐口线微带曲率，如此则可将水戗之弯势轻轻托起，达到屋顶"如翚斯飞"的效果。扬州园林建筑翼角椽起翘高、生出大，角上的水戗不外挑，故其形象较官式建筑轻盈而比苏州式样凝重，可谓介于二者之间。特别引人注目的是其翼角椽与飞椽是沿檐口线切断，到角脊端部时切口已成尖锐的矛头状，犹如众矛飞指向外，视之令人悚然。

7.2.2 装修

装修，《园冶》又称装折，是可装上、卸下，便于修理、折放的轻型木构件，所以又称小木作，以相对于作为结构承重体系的大木作。装修是建筑中的重要一环，它的好坏很大程度上决定建筑质量的优劣与效果。中国古典建筑十分重视装修，《营造法式》以三倍于大木作的篇幅记述小木作，《园冶》的情况也大致相同。

装修的内容多样，有门、窗、天花、栏杆、挂落、鹅颈椅、屏门、纱格、罩等。园林装饰以朴素典雅为佳，过多雕饰与华丽的色彩与园林追求返璞归真、寻求自然意趣的本意相背，江南各地园林建筑装修以栗色、枣红、沉香、灰黄或木材本色为主，与白墙灰瓦组成和谐、清丽的色调。装修雕饰很少，多集中用于罩上。

（1）门窗

园林建筑门窗都用格子门与格子窗，苏州称为长窗与半窗。古代无玻璃，用蛎壳薄片装于门窗上采光，称为"明瓦"。蛎壳尺寸很小，所以门窗格子很密，多采用满天星方格和柳条长格。自从玻璃传入中国后，格子可以随宜放大，图案式样也日益丰富起来，昔日计成在《园冶》中极力赞扬和推荐的柳条格子，也显得过于单调而渐遭冷落。据记载，乾隆时扬州盐商的园林中已开始大量使用玻璃，清李斗《扬州画舫录》中有较详尽的记载：

> 西园曲水……水明楼，
> 窗皆嵌玻璃，使内外上下相激射。
> 南园……旁构小屋，额曰："一片南湖"，
> 是屋窗棂，皆贮五色玻璃，园中呼为玻璃房。
> ……中置两卷厅，安三尺方玻璃，其中或缀宣石，
> 或点太湖石……名之曰"玻璃厅"。
>
> ——转录陈植《中国历代名园记选注》

> 九峰园……东构小厅事，额曰：
> "一片南湖"，阁后曲室广厦，轩敞华丽，
> 窗棂皆置玻璃，大至数尺，不隔纤翳。
>
> ——《扬州画舫录》卷七

可见当时已有大至数尺的玻璃及五色玻璃。这种新材料必然对原有的门窗格子产生极

大冲击，新的形式也随之而产生。现今江南各地门窗格子的式样已远远超过《园冶》的范畴。在使用明瓦时代，为了防风与保暖，格子门窗的内侧往往还要加一层风窗。风窗用纸糊或纱覆。《园冶》载有风窗图样九种。自玻璃代替明瓦后，风窗也失去意义，改而为和合窗，分上、中、下三窗，中间一扇可以支起用风钩固定，其法与北京的支摘窗相同。

（2）轩

轩是《园冶》所称"卷"的转音，苏州称翻轩（轩读 xi）。轩在苏州特别兴盛，它广泛用于住宅、园林、佛寺、祠堂中。徽州、浙东、苏北等地也多使用，惟扬州园林中不多见。

轩的作用在于遮蔽屋盖结构，实质上是一种天花做法，只是采用椽子和望砖为材料构成，仰望犹如屋顶的椽望。至于一般书斋、小轩等建筑，要求更富于亲切感，则不用轩而用木板作天花。木板也仅作平板，不用棋盘方格。

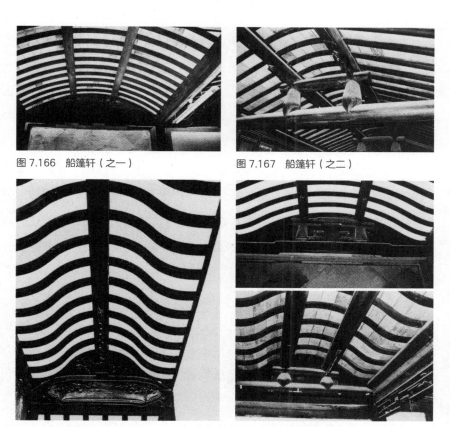

图 7.166　船篷轩（之一）　　　　图 7.167　船篷轩（之二）

图 7.168　一枝香轩　　　　图 7.169　鹤胫轩（两种）

图 7.170　波形轩（三种）

　　轩的前身是复水椽，或称重椽。早期的轩仅有船篷轩一种，即《园冶》所录"卷"
的图式，实物也仅见此种轩。现今江南园林中的轩式样繁多，有船篷轩、鹤胫轩、一支
香轩、弓形轩、菱角轩、茶壶档轩以及种种变体。笔者曾在苏州洞庭西山村居中，见到
各种轩的形式，其式样变化之丰富，比之苏州城中有过之而无不及，反映当地建筑在清
代后期曾出现高度繁荣的局面（图 7.166 ～图 7.170）。

　　轩的应用最常见的是在厅堂楼阁的前后廊，用以遮蔽廊上部的斜面以求美观。进深
较大的厅堂为避免阴暗高大的室内上部产生压抑感，就用轩或重椽加以分割降低；或分
成前后两部分，两部分大小相等者即成鸳鸯厅；或用相等的四轩连续分成四部分，则称
为"满轩"；也可作前后不等的三部分。总之可根据实际需要加以变化分割。如楼厅的
层高较大，也可用轩加以装饰。

　　（轩的制作属大木作及瓦作，但其功能属装修，故归入本节）。

　　（3）纱格、屏门
　　纱格用于分隔室内空间，是室内轻质隔断装置。其式样和落地长窗相似，但格子不
用明瓦而以纱、字画、木板覆之。
　　屏门系由屏风发展而来。唐宋时室内广泛使用纸屏、纱屏。《营造法式》小木作

已有固定的屏风做法，安于厅堂明间两后金柱之间，称为"照壁屏风骨"，这是木质的骨架，再在上面覆纱或纸就成屏风。与上述照壁屏风不同的是，屏门是由四扇或六扇、八扇组成，可以装卸，比固定的整块照壁屏风灵活，可适应厅堂内不同空间布置的需求。

屏门之前常置条几、椅子等家具。门板平整，可以挂字画。屏门可一面铺板，也可两面铺板，两面有板者可两面使用，《园冶》称之为"鼓儿门"，犹如鼓之有两面。

（4）罩、挂落

罩是一种透空的室内隔断物，犹如木质券门，虽隔犹通，但可增加室内空间层次和装饰效果。在江南园林中，罩有两种：一曰落地罩，即罩的两脚落地。实例如苏州网师园梯云室、耦园山水间、狮子林古五松园、拙政园香洲、扬州个园宜雨轩、如皋水绘园水明楼等处之罩。苏州留园林泉耆硕之馆与狮子林立雪堂内的罩，其券门内缘成一圆形，故又称圆光罩。二曰飞罩，罩的两端不落地，悬于半空，式样较落地罩简单。实例有苏州拙政园留听阁、狮子林燕誉堂、耦园山水间，扬州瘦西湖月观等处之罩。其中两端下垂特小，形似檐下挂落者，则称挂落飞罩。

罩所用木料均质地优良，利于雕镂成各种透空花纹。雕刻题材多为松、竹、梅、芭蕉、蔓枝花卉等。苏州耦园的山水间、拙政园留听阁、网师园梯云室，如皋水绘园水明楼诸处的罩，都是雕刻精美的工艺品，值得珍惜。

挂落是嵌于廊柱间枋子下的空格装饰物，无实际结构与功能作用。可以整片装卸，以利清扫与修理。图案较为简洁，以"葵式万川"挂落应用最广。另有一种金线如意挂落，图式更为减省。挂落高度应以伸手不可及为度。

（5）鹅颈椅

这是一种供楼阁、亭榭、走廊等处凭眺倚坐的固定式坐槛椅。苏州称吴王靠、美人靠，皖南称飞来椅，宋称鹅项。从宋画中可以看到当时已普遍使用这种座椅，故《营造法式》已列入小木作"阑槛钩窗"项内。此椅常受风雨侵袭，易腐蚀，故其构造应安全可靠，避免发生意外。今江南各地鹅颈椅均用木制，将靠背的榫头插入坐槛卯口，再以铁钩拉住，也有用木条代替铁钩者。或可由坐槛外侧伸起木柱多根作鹅颈状，承托上面的寻杖，其法较为坚固，南京瞻园池东半亭即如此，是由宋代"鹅项"旧法发展而来。

（6）木栏杆

木栏杆或安装于廊柱间作为护栏，或安装于半窗之下，护以木板作分隔室内外之用。

走廊内木栏杆兼作坐槛供人休息使用者，高度仅及普通木栏杆之半，故称半栏。用作分隔室内外之木栏杆如位于步柱缝上，不受风雨侵袭者，木板可安于内侧；如位于檐柱缝上，则直接暴露于风雨之中，木板应安于外侧。《园冶》专列木栏杆一卷，图样达 100 幅，可见其重视程度。苏州、扬州各园亦有丰富多姿的木栏杆式样。

（7）匾联

墙垣门框及地穴上端的门额及题字点景常用清水砖刻字。厅堂亭榭等园林建筑则榜以木制匾额，以白、墨绿、木料本色等素雅色调作地，以黑、白、绿等强反差色为字。檐柱悬挂楹联以能发人联想、深化意境者为佳，如拙政园雪香云蔚亭用南朝萧梁时王籍诗句："蝉噪林愈静，鸟鸣山更幽"作楹联，能起到很好的点景作用。楹联制作也宜用竹、木等天然材料，质朴素雅，以能与环境相协调。

7.2.3　砖瓦作

（1）屋面

江南园林建筑屋面一般均铺蝴蝶瓦，仅少数亭子用筒瓦。屋面瓦作之具特色处在戗角。苏州之戗脊端部随势挑出，线条圆和而富弹性，最后用一只勾头筒瓦作结束，曲线轮廓依靠铁条作骨再用灰泥塑出外形，屋角显得极为轻盈玲珑。扬州之戗脊端部不向外挑，其轮廓较为凝重，和北方官式建筑较为接近，但扬州园林建筑善用砖瓦叠成花脊，故又较北方建筑透空、轻巧。扬州园林建筑檐口常用垂尖华头板瓦，类似山东一带习惯。个园、何园歇山屋顶的山花上用清水砖雕出牡丹、卷草等花纹作装饰，则又与明清北京歇山屋顶上的山花结带的做法极为相似。

（2）砖细

"砖细"是清水砖作细做的简称，即用砖料经刨后做成装修。砖细所用之砖料必须细密、均匀、色浅、无砂，以便施刨或雕镂。室外经风雨处所用之砖，应选含铁量少而不易发锈变褐色者为佳。

园林建筑使用砖细大致有以下几方面：

地面及墙面铺贴方砖——用室内铺地及勒脚（墙裙）的方砖经刨光后（于侧边及正面施刨），尺寸准确，棱角整齐，拼砌后缝隙仅约 1 毫米，给人以细致、精确、光洁、淡雅的感觉。大致在明代晚期，砖细已在江南流行，现存常州青果巷 86 号所遗万历间唐荆川宅大厅内即用砖细作勒脚。

图 7.171　何园静香轩前波纹铺地

图 7.172　何园静香轩西侧松鹿图案铺地

门窗框——不论室内室外，也不论有无门扇窗扇，江南一带园林门窗框常用砖细为之，苏州称之为"门景"。其做法是在方砖背后开鸽尾形卯口，扣于木过梁与木扎子上，再分别固定于门窗孔上面及两侧墙内。砖细门窗框的宽度为一墙之厚，也有包络两端之厚而达 1 米以上者（如拙政园别有洞天之门洞）。在门孔上面两端用砖刻回纹作装饰者，苏州称之为贡式门景。扬州何园、小盘谷在砖细窗框处做较宽的贴脸，使轮廓显得厚重强烈．其风格与颐和园之什景窗颇有相似之处。

埭头——这是硬山建筑特有的构造，位于山墙两端，即山墙伸出于檐柱以外的部分，北京称为"墀头"。苏州园林中埭头有清水与混水两种。清水埭头的墙身部分与山墙做法无异，但其上部挑出四五皮砖用以承托檐口部分的式样则变化很多，有飞砖式、纹头式、书卷式、吞金式、朝板式等等。在这些挑砖之下，再用方砖雕花贴于山墙上作为装饰，苏州称为"兜肚"，犹如北京硬山建筑墀头上的戗檐砖。混水做法式样与清水相同，只是不用砖细，而用石灰（近年均用水泥）粉面做出。

园林界墙檐口与墙身相交处一般用飞砖挑出二三皮，其下贴清水砖一列形同枋子，称为"抛枋"。混水做法也可仿清水式样做抛枋，但多数园林界墙及建筑物的包檐墙往往不用抛枋，仅挑飞砖一二皮承檐口，式样更为简洁。

（3）室外铺地

巧于利用普通的材料和废料如碎石、卵石、残砖、瓦片、缸片、瓷片铺成多姿多彩的地面和道路是江南园林的一大特色。早在《园冶》一书中，计成已记录了明末江南一带丰富的园林铺地做法，如用乱石铺砌弯曲的小径，用仄砖在庭中铺成方胜、叠胜、步步胜、人字纹、席纹、斗纹，亭边台上用乱石铺成冰裂纹，不常走的路上用砖瓦为骨构成锦纹图案再用卵石铺填等等。书中还附有图样 15 幅。到了近代，更有用缸片、瓷片仄铺成各种花纹的做法，图案花式也更多样。由于铺垫基层结构的改进，锦文卵石铺地已广泛应用于园路及庭际（图7.171）。地面铺成鹤、鹿、狮球等图案虽被计成讥为"犹类狗者可笑"，但现存江南园林中仍不乏此类作品，如苏州留园、狮子林所铺之鹤、鹿、鱼、莲诸式，扬州何园东花厅侧所铺之松鹿图（图7.172），小苑春深所铺之松树等，其间也有可观者。

（4）漏窗

漏窗，或称漏明窗（《园冶》）、花墙洞（《营造法原》），是江南园林建筑的又一特色。园林须用墙垣分隔空间，但又需保持相邻空间之间适度流通，以便眺望隔墙景色，于是创造了这种既隔又通的手法。漏窗又可打破墙面的平直单调，用图案与虚实求得变化之美。《园冶》录有漏窗16种，只取其坚固者（都用薄砖砌成）。后世式样繁多，千变万化，都由工匠各自构思创作。就苏州一地而言，漏窗大致有三种类型：一是用筒板瓦做成，图案均成弧线，如鱼鳞、波浪、套钱、球纹等。二是用薄砖筑成，均成直线构图，如六角景、万字、菱花、竹节、绦环、书条等；其间亦可掺以筒瓦、板瓦，构成较复杂的图案，如六角穿梅花、万字穿海棠等。三是用铁丝为骨，以麻丝纸筋灰裹塑而成各种动植物式样，如梅、兰、竹、菊、松柏、芭蕉、牡丹、石榴、狮虎、云龙、松鹤、柏鹿等；后期甚至出现人物故事、戏文场景，则已流于庸俗。也有用木板构作冰裂纹等图案者，但木板易腐，不宜用于露天处。不论砖瓦、木板所筑漏窗，均以白灰刷饰，在阳光照射下，一日之中能产生无数光影变化，为园景增色不少。但扬州好用磨砖清水漏窗，虽无苏州白色漏窗光影变化之奇妙，却也质朴素雅，别有情趣，小苑春深及个园、何园均有此等佳例（图7.173）。浙江、皖南等盛产石材的地区，则常用石雕漏窗为饰（图7.174～图7.177）。近年一些地方将漏窗刷成黑色，则已流于粗陋与简率，失去了江南园林建筑应有的淡雅与清丽。

注释

① 唐欧阳詹《二公亭记》，《全唐文》卷五九七。

图 7.173　扬州匏庐"小苑春深"清水砖漏窗

图 7.174　黟县民居石雕松石漏窗

图 7.175　绍兴民居石雕漏窗

图 7.176　黟县民居石雕竹梅漏窗

图 7.177　黟县民居石雕夔龙漏窗

后

记

本书所用测绘图的历次测绘情况如下：

1963年6~7月　南京工学院建筑系1966届三年级学生测绘苏州、无锡庭院与园林建筑实例。指导教师：潘谷西、刘先觉、刘叙杰、杜顺宝、陈湘。

1963年12月　南京工学院建筑系1966届部分学生测绘南通、杭州庭院与园林建筑实例。指导教师：潘谷西、刘先觉、陈湘等。

1964年7月　1966届部分学生及教师绘制修改测绘图。指导教师：潘谷西。

1981年5月　潘谷西、杜顺宝、何建中测绘无锡寄畅园平面、剖面图。

1982年5月　南京工学院1982届毕业设计小组测绘洞庭西山庭院实例。指导教师：潘谷西。

1982年6月　南京工学院建筑系1983届三年级学生测绘扬州、嘉兴、杭州园林实例。指导教师：杜顺宝、庄金元、郑光复等。

1996年　东南大学李浈、查群、章忠民测绘绮园、烟雨楼。指导教师：朱光亚。其中绮园平面图原稿由浙江省文物考古研究所提供。烟雨楼原稿为东南大学1982年测绘。

1996年8月　东南大学建筑系1997届学生（部分）测绘南京、泰州园林实例。指导教师：[丁宏伟]、陈薇、李海清。

1997 年 6 月　东南大学郭华瑜、查群测绘退思园。章忠民、胡荣生测绘小莲庄。

1997 年 7 月　同济大学殷永达补测、校对并重绘豫园平面图。

1997 年 9 月　东南大学 1993 届学生补测南京瞻园平面及静妙堂。指导教师：成玉宁。胡石、冯炜补测杭州郭庄平面图。

歙县棠樾、许村、黟县南屏村的平面图及牌坊、廊桥的测绘图，系近年由东南大学建筑学院三、四年级学生测绘。指导教师为陈薇、龚恺、单踊、赵辰、成玉宁等。

本书彩色照片除署名者外，均系朱家宝所摄，其中部分照片由李国强参与拍摄。文中插图所用黑白照片除署名者外，均系作者本人所摄。

本书曾在 2001 年 4 月由东南大学出版社首次出版，2003 年又刊印了一次。事隔十余年，此次中国建筑工业出版社出手重版此书，作为新一版发行，以飨读者。对此，我甚感欣慰，并向为本书新一版而辛勤耕耘的王伯扬和陈桦等编辑致以衷心的感谢！

潘谷西

二〇一六年四月写于南京兰园

补 记

1. 撰　　文　绪论、第 1、2、7 章　　　　潘谷西

　　　　　　　第 3 章　　　　　　　　　殷永达

　　　　　　　第 4 章　　　　　　　潘谷西、陆　檬

　　　　　　　第 5 章　　　　　　　　　陈　薇

　　　　　　　第 6 章　　　　　　　　　成玉宁

2. 指导测绘　潘谷西、刘先觉、刘叙杰、杜顺宝、郑光复、庄金元、朱光亚、
　　　　　　陈　薇、丁宏伟、成玉宁

3. 摄　　影　文中图片未署名者均为朱家宝拍摄

4. 测绘制图　东南大学（原南京工学院）建筑系本科 1966 届、1982 届（部
　　　　　　分）、1983 届、1997 届（部分）及中国建筑史研究生

5. 本版校核　陈　薇、夏丝飔、是　霏

陈薇

2020 年 9 月 9 日

图书在版编目（CIP）数据

江南理景艺术 / 潘谷西等著. —北京：中国建筑
工业出版社，2016.6
ISBN 978-7-112-19482-7

Ⅰ.①江… Ⅱ.①潘… Ⅲ.①古建筑—建筑艺术—中
国 Ⅳ.① TU-092.2

中国版本图书馆 CIP 数据核字（2016）第 124085 号

策　　划：王伯扬
责任编辑：陈　桦
书籍设计：付金红　李永晶
责任校对：王　烨

江南理景艺术

潘谷西　等　著
*
中国建筑工业出版社出版、发行（北京海淀三里河路9号）
各地新华书店、建筑书店经销
北京方舟正佳图文设计有限公司制版
北京富诚彩色印刷有限公司印刷
*
开本：880毫米×1230毫米　1/16　印张：40　插页：7　字数：798千字
2021年4月第一版　2021年4月第一次印刷
定价：**259.00**元
ISBN 978-7-112-19482-7
（28731）